STEFAN BLUMENTHAL • GRÜSSE AUS DER LUFT

Dem Motor- und Segelflieger Erik Blumenthal – meinem Vater – in Dankbarkeit gewidmet (Fotokarte einer Heinkel He 72 D »Kadett«, 1937)

Stefan Blumenthal

Grüße aus der Luft

100 Jahre Luftfahrt auf alten Postkarten

Motorbuch Verlag Stuttgart

Schutzumschlag: Gunar Braunke unter Verwendung von fünf Motiven aus der Sammlung des Autors

Bildnachweis: Stefan Blumenthal

ISBN 3-613-01336-3

1. Auflage 1991

Ein Unternehmen der Paul Pietsch-Verlage GmbH & co.

Druck: Gulde-Druck GmbH, 7400 Tübingen 1.
Bindung: Heinrich Koch, 7400 Tübingen.
Printed in Germany.

Inhalt

Vorwort

Fliegen: Faszination – Wunsch – Wirklichkeit

Seit Jahrhunderten hat die Menschen die Sehnsucht begleitet, es den Vögeln gleichzutun und frei von den irdischen Fesseln sich hoch in die Lüfte zu erheben, ihren Horizont zu erweitern, in ferne Gegenden und unbekannte Länder zu gelangen, die zu Fuß oder über das Wasser überhaupt nicht, bzw. nur mühsam und mit großen Gefahren zu erreichen waren. Philosophen und Schriftsteller haben sich ausgedacht, wie es sein könnte, wenn Länder und Völker nicht mehr durch starre Grenzen voneinander getrennt wären, sondern diese »menschlichen Grenzen« im Flug überwunden werden könnten. Die Hoffnung, durch die Luftfahrt zur Völkerverständigung und dadurch zum ewigen »Völkerfrieden« zu gelangen, war bis zum Anfang unseres Jahrhunderts weit verbreitet.
Diese Idee, daß der Kontakt und die Kommunikation mit seinen Nachbarn zur Verbesserung der Verständigung und des Umgangs miteinander führen könnte, stand wohl auch hinter dem Vorschlag des preußischen geheimen Oberpostrates Heinrich von Stephan, den er 1865 auf der Allgemeinen Deutschen Postkonferenz in Karlsruhe machte, nämlich ein Postblatt einzuführen, das offen verschickt werden könnte. Dieser Vorschlag wurde heftig diskutiert, kam dann aber erst vier Jahre später in Österreich mit der Correspondenz-Karte zum Tragen. 1870 zogen der Norddeutsche Postbezirk und das Königreich Bayern nach und brachten Correspondenz-Karten an die Schalter. Diese Karten wurden von der Bevölkerung begeistert aufgenommen. Die allgemeine Schulbildung hatte inzwischen weite Bevölkerungskreise dem Schreiben und Lesen zugeführt, so daß ein Bedürfnis bestand, sich seinen Verwandten und Bekannten im In- und Ausland durch kurze Botschaften mitzuteilen.
1872 schließlich versah man eine offizielle Postkarte mit dem Stationsgebäude der Schneekoppe im Riesengebirge. Diese Karte kann daher als älteste deutsche Ansichtskarte gelten. In den kommenden Jahren wurden diese Ansichtskarten immer prächtiger ausgestattet. Große Kunstverlage wie Franz Scheiner in Würzburg oder Stengel & Co in Dresden nahmen sich besonders der Ansichtskarte an und bildeten neben Landschaften und Heimatorten bald voller Stolz die Errungenschaften der aufkommenden Industrialisierung und die technischen Erfolge der Ingenieure und Erfinder ab.
1897 starb Heinrich von Stephan, der »Vater der Postkarte«, und ihm wurde eine prächtige Gedenkkarte gewidmet, da zu diesem Zeitpunkt die »Ansichtspostkarte« von allen Postverwaltungen offiziell zugelassen war.
Zurück zur Fliegerei: Hier lassen sich erstaunliche zeitliche Parallelen zwischen der Idee, der Einführung und Verbreitung der Postkarte und den Ideen, der Konstruktion und den Versuchen des »Vaters der Fliegerei«, Otto Lilienthal, herstellen. 1867 experimentierte der damals 19jährige Lilienthal zum erstenmal mit einem Flügelschlagapparat. Wenige Jahre später, als von der Schneekoppe die ersten »Ansichtskarten« geschrieben wurden, hatte Lilienthal schon seine ersten Flugmodelle gebaut und seine damaligen Erkenntnisse in einem öffentlichen Vortrag dargestellt. Das Jahr 1889 brachte zwei wichtige Ereignisse: Otto Lilienthals grundlegendes Buch »Der Vogelflug, als Grundlage der Fliegekunst« sowie die künstlerisch recht anspruchsvollen Ansichtskarten aus dem Verlag Franz Scheiner in Würzburg. Ebenfalls in diesem Jahr kam die erste kolorierte Ansichtskarte (Ansicht von Helgoland) auf den Markt.
Als Lilienthal schließlich 1891 seine ersten Gleitflüge von 15 Metern und mehr unternahm, hatte sich auch die Ansichtskarte fest etabliert. Von da an dauerte es nicht mehr lange, bis die Fliegerei und Luftschiffahrt zum Gegenstand der Abbildung wurde.
Naturgemäß waren es auch hier die Ballone, die als erste dazu ausersehen waren, auf einer Ansichtskarte dokumentiert zu werden. Schon 1870, während des deutsch-französischen Krieges, waren einfache Postkarten »par ballon monté« aus dem belagerten Paris ausgeflogen worden. Ansichtskarten mit Ballonen wurden jedoch dann erst in den 90er Jahren gedruckt. Hier war es meist eine Gewerbeausstellung, die als Attraktion für die Besucher einen Frei- oder auch Fesselballon aufließ und dies stolz auf den Plakaten und Ansichtskarten dokumentierte.
Darauf ging es Schlag auf Schlag. Im Jahre 1900 wurde der erste Zeppelinaufstieg im Ansichtskartenbild festgehalten, die ersten Flüge der Gebrüder Wright in Europa wurden dargestellt, und auf der Internationalen Luftschiffahrtausstellung (Ila) 1909 in Frankfurt wurde so ziemlich alles, was mit dem Fliegen zu tun hatte, auf Ansichtskarten veranschaulicht. So sind wir heute in der glücklichen Lage, die »Eroberung der Luft«, wie sie unsere Väter und Großväter erlebt haben, in Ansichtskartenabbildungen nachvollziehen zu können. Die Ansichtskarten begleiteten die Entwicklung der Luftfahrt bis in unsere heutigen Tage und vermitteln in weit besserem Maße den Zeitgeist dieser frühen Epoche, als dies ein Foto tun könnte.
Stellt man diesen Bilddokumenten noch die Erlebnisberichte der frühen Luftfahrer hinzu, so wird sich kaum ein Leser der Faszination des Fliegens entziehen können und miterleben, wie aus dem Traum vom Fliegen Wirklichkeit wurde.

I. Leichter als Luft

Die Freiballone

Erster Internationaler Wettflug 1906

Seit die Menschen gelernt hatten, sich im dritten Element – der Luft – zu bewegen, kam auch bald der sportliche Ehrgeiz auf, es noch weiter, noch höher und noch schneller als ein Konkurrent zu schaffen. Nach und nach wurden in Deutschland Vereine für die Luftschiffahrt gegründet. Bei dem zunehmenden Interesse für Freiballonfahrten hatte dies zur Folge, nicht nur die Leistungsfähigkeit der Ballonführer untereinander in Wettfahrten auf die Probe zu stellen, sondern es war für die aufkommende Industrie und das Militär eine Gelegenheit, die Güte des Ballonmaterials zu testen. Als die deutschen Vereine über ein Dutzend Ballone verfügten, schlossen sie sich 1902 zu einem nationalen Verband zusammen. Später, 1905, traten sie der »Fédération Aéronautique Internationale« bei.

Anläßlich des 25jährigen Bestehens des Berliner Vereins für Luftschiffahrt im Oktober 1906 wurde die erste internationale Wettfahrt in Deutschland ausgeschrieben. Seine Majestät der Kaiser hatte einen wertvollen, silbernen Pokal als ersten Preis gestiftet. 17 Ballone waren am Start zu einer »Weitfahrt mit Handikaps für Ballone jeder beliebigen Größe« versammelt. Für die Bewertung sollte die Anzahl der geflogenen Kilometer entscheidend sein, dividiert durch die Zahl der im Ballon enthaltenen Kubikmeter. Am 14. Oktober um 15 Uhr begann das Aufsteigen der Ballone. Der spätere Sieger Dr. Bröckelmann schildert die Wettfahrt folgendermaßen: »Inmitten einer ungeheuren Zuschauermenge erhob sich der ›Ernst‹ als fünfter Ballon um 3.15 auf dem Startplatz in Tegel mit 4 Säcken Ballast zu je 15 Kilogramm und schlug die Richtung nach Südosten über Berlin ein. In 700 Meter Höhe segelte ich langsam über das Häusermeer der Millionenstadt und hätte mich gern noch lange geweidet an dem herrlichen, unter mir liegenden Bilde, dem Blick auf den im Glanz der untergehenden Oktobersonne wie flüssiges Gold erscheinenden Tegeler See und den Startplatz, wo noch 12 Ballons darauf harrten, ihrer Fesseln entledigt zu werden. Aber es war nicht viel Zeit, das prächtige Panorama zu bewundern, denn bis zum Einbruch der Dunkelheit mußten allerhand Beobachtungen vorgenommen werden. Zunächst konnte ich sehr leicht die Windrichtung und Geschwindigkeit in verschiedenen Höhenlagen an den vier vor mir aufgestiegenen Ballons feststellen, und es ergab sich, daß der Wind mit zunehmender Höhe nach rechts drehte und an Stärke abnahm. Mit Rücksicht auf den kleinen Ballon und die geringe Menge des mir zur Verfügung stehenden Ballastes war daher mein Plan bald gefaßt: Ich mußte mich möglichst tief halten, um den in den unteren Luftschichten stärker wehenden Wind auszunutzen und um nördlich des Erzgebirges, Iser- und Riesengebirges zu bleiben. Andererseits durfte ich nicht am Schlepptau fahren, um die Fahrt nicht zu verlangsamen und in die Gefahr des Hängenbleibens zu geraten. Ich ließ daher den Ballon langsam fallen und segelte, immer mehr absteigend, über die Vororte Berlins an der Oberspree und den von unzähligen Booten belebten Müggelsee. Mit dem Ballast mußte äußerst sparsam umgegangen werden, denn zwei Säcke waren schon verbraucht, bis der Ballon seine Gleichgewichtslage erreicht hatte, und um

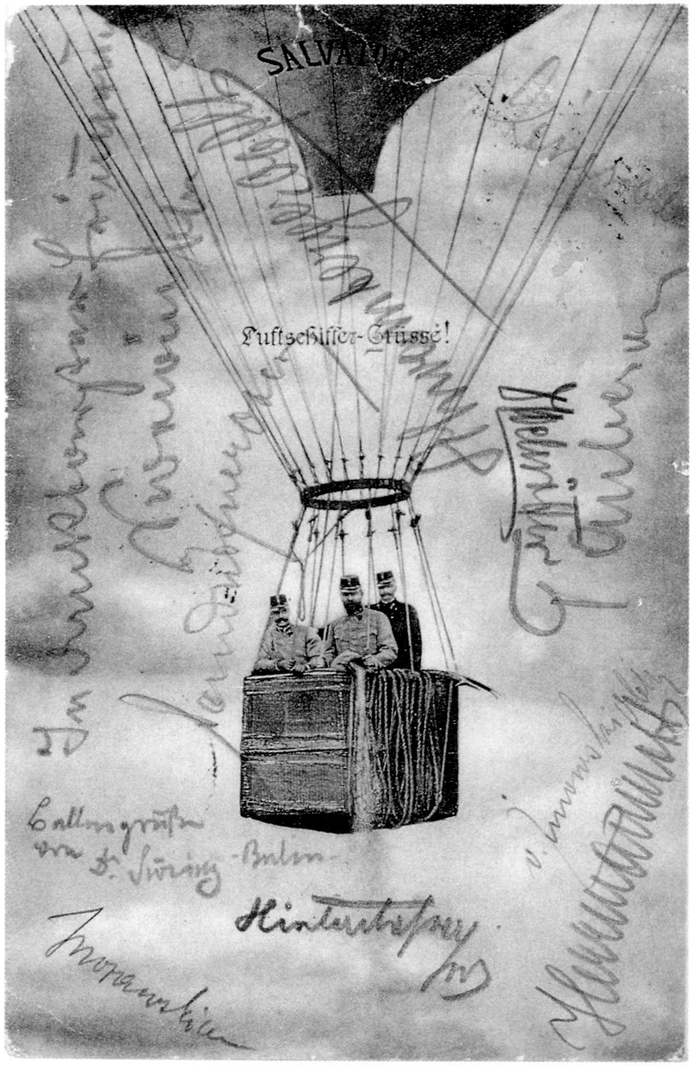

21 **Karte an Hauptmann Sperling vom Luftschifferbataillon in Reinikkendorf mit Grüßen von bekannten Ballonfahrern (1902).**

9 Uhr hatte ich nur noch einen Sack voll Sand. Ich fuhr nun beständig in etwas über 100 Meter Höhe und gab sofort eine Hand voll Sand aus, wenn das Schlepptau die Baumwipfel berührte.
Die Nacht war stockfinster, Feld und Wald waren mit dem Auge nicht zu unterscheiden, nur helle Landstraßen, größere Wasserflächen und beleuchtete Orte zu erkennen. Totenstill lag die Landschaft unter mir, wenn nicht der Schrei eines Hirsches oder der Ruf des Käuzchens die Ruhe der Nacht gellend unterbrach. Um Mitternacht überflog der Ballon ein großes Überschwemmungsgebiet der Oder, in welchem Flüge von Enten schnatternd aufstiegen, und am Ufer brach ein Rudel von Wildschweinen grunzend durch das Rohrdickicht. Später gewahrte ich vor mir ein großes Industriegebiet in der Nähe von Breslau, wo aus großen, elektrisch beleuchteten Fabrikanlagen ein betäubendes Getöse zu mir heraufdrang. Aber als wenn der ›Ernst‹ die gefährliche Nähe der funkensprühenden Essen, der Drahtseilbahn und Starkstromleitungen scheute, bog er sorgfältig vor diesen Hindernissen aus und nahm seinen Kurs südlich Breslau vorbei. Bei Tagesgrauen passierte ich die Oder und traute kaum meinen Augen, als ich feststellte, daß der Ballon vom rechten zum linken Ufer hinüberfuhr. Aber der Kompaß belehrte mich, daß meine Fahrt unzweifelhaft nach Südwesten gerichtet war, ich mich also Berlin wieder näherte. Sobald ich daher ein freies Feld unter mir sah, zog ich das Ventil und landete sehr bequem Punkt 6 Uhr nach 14¾stündiger Fahrt 7 Kilometer hinter Brieg in Oberschlesien, 334 Kilometer von Tegel.«[1]

9 **Internationale Ballon Wettfahrten »Gordon Bennett-Wettfahrten« in Schmargendorf bei Berlin. Aufgenommen am Tage der ersten Wettfahrten, 10. Oktober 1908. »Heute sind hier 23 große Ballone aufgestiegen – es war riesig schön.«**

Gordon Bennett-Wettrennen 1908

Den hervorragendsten Platz unter den Ballonwettfahrten nahmen die Gordon Bennett-Wettfahrten ein.
James Gordon Bennett, der Besitzer des »New York Harold«, hatte den richtigen Augenblick erkannt, um einen kostbaren Wanderpreis für Freiballone zu stiften, der endgültig demjenigen Land zufallen sollte, das ihn dreimal hintereinander gewinnen würde. Als 1907 die Gordon Bennett-Wettfahrt, die in St. Louis stattfand, von Erbslöh/Clayton gewonnen wurde, fiel satzungsgemäß die nächste Wettfahrt einem deutschen Verein zu. Der Berliner Verein, der Oskar Erbslöh seinen Siegesballon ›Pommern‹ gestellt hatte, wurde mit der Ausrichtung beauftragt. Die Veranstaltung hatte man auf 3 Tage konzipiert, mit einer internationalen Zielfahrt am 10. Oktober, der Gordon Bennett-Wettfahrt am 11. Oktober und einer internationalen Dauerfahrt am 12. Oktober. Es wurde eine der größten bisherigen Veranstaltungen, da nicht weniger als 77 Ballone aufstiegen. Für die Berliner war dies ein einmaliges Spektakel. Zu Tausenden strömten sie an diesen Tagen zum Füllplatz bei der Berliner Gasanstalt in Schmargendorf. Abgesehen von den vielen zu Ehren der Wettfahrer veranstalteten Festlichkeiten, war es auch in sportlicher Hinsicht eine Veranstaltung ersten Ranges.
Für das Gordon Bennett-Rennen hatten sich 9 Nationen mit 23 Ballonen gemeldet. Auf dem Platz befanden sich die 23 Füllstellen für die Ballone sowie die abschließbaren Schuppen für die Aufbewahrung der Ballongeräte, wovon jedes Land einen zur Verfügung gestellt bekam. Die Füllung nahm um 12 Uhr mittags ihren Anfang, und pünktlich um 3 Uhr begann der Start. Alfred Dierlamm berichtet: »Sämtliche Ballone schlugen zunächst eine südöstliche Richtung ein, so daß man annahm, die Landungen würden in Südrußland und Rumänien stattfin-

10 **Gordon Bennett Wettfahrten, Berlin, 1908. »Die Fahrt zum Gordon Bennett-Rennen war einzig. Der amerikanische Ballon ›The Conqueror‹ ist kurz nach dem Aufstieg undicht geworden, kam aber glücklich zur Erde.«**

den. Doch es kam ganz anders. In der Nacht vom 11. auf den 12. Oktober schlug der Wind vollständig um und trieb die Ballone der Nordseeküste zu. Verschiedene Führer wagten es, auf das offene Meer hinauszufahren, doch nur einer konnte die Küste wieder erreichen, die anderen fielen ins Meer. Die Wettfahrt selbst wurde von einigen Unglücken überschattet. Zunächst gab es schon während des Startes einen Zwischenfall. Der als neunter startende amerikanische Ballon ›Conqueror‹ stieß bei der Abfahrt an die Einzäunung des Platzes, riß verschiedene Planken ab und verlor dabei einige Säcke Ballast. Infolge dieser momentanen Erleichterung stieg er sehr rasch mehrere 100 Meter in die Höhe. Das sich in der dünneren Luftschicht der höheren Regionen rasch ausdehnende Gas mußte nun durch den geöffneten Füllansatz entweichen. Dieser war jedoch fehlerhaft konstruiert; er war zu eng und viel zu lang. Infolgedessen fand das Gas nicht schnell genug seinen Ausweg und drückte mit großer Kraft auf die Hülle. Die Hülle, die nur aus einfach gefirnißtem Baumwollstoff bestand, hielt dem starken Innendruck des Gases nicht mehr stand und platzte. Der Ballon stürzte ab. Sein Fall wurde dadurch etwas abgeschwächt, daß der obere Teil der Hülle, der wohl infolge des Zusammenhalts durch das darüberliegende Netz nicht riß, als eine Art Fallschirm wirkte. Die Landung vollzog sich auf dem Dach des Hauses Wilhelmshöherstr. 7 in Friedenau bei Berlin. Der Korb, der das Dach einschlug, klemmte sich am Kamin fest, während die Hülle auf der Gartenseite des Hauses herabhing. Die beiden Luftschiffer A. Holland Forbes und Augustus Post kamen ohne jede Verletzung davon und ließen sich in Gemütsruhe auf dem Dache mitsamt ihrem Ballon photographieren.

Der zweite Unfall traf den spanischen Ballon ›Montanes‹. In der Nähe von Magdeburg löste sich in 2000 m Höhe plötzlich die Reißbahn von selbst, und der Ballon entleerte sich rasch. Der Führer, Herrera y Sotolonga, warf 40 Sack Ballast ab, um den Aufprall abzuschwächen. Auch er kam ohne ernste Verletzungen davon. Die weiteren Zwischenfälle ereigneten sich sämtlich auf dem Wasser. Der amerikanische Ballon ›St. Louis‹ überflog am 12. Oktober abends 10 Uhr 15 die Weser und geriet dann in dichten Nebel. Als der Nebelschleier sich gegen 10 Uhr 30 (p.m.) etwas verzog, sahen die Luftschiffer unter sich die See. Sie zogen sofort Ventil und gingen nördlich der Jademündung, westlich vom Leuchtschiff, auf das Wasser herab. Gegen 11 Uhr 30 nachts wurden sie von einem Boot des Lotsendampfers ›Wangeroog‹ aufgenommen. Der leere Ballon verschwand in nordwestlicher Richtung. Er wurde später aufgefischt und in Grimsby in England geborgen. Der Führer des spanischen Ballons ›Castilla‹ fuhr ebenfalls auf das hohe Meer hinaus. Nach ca. 38stündiger Fahrt konnte er sein Fahrzeug nicht mehr in der Luft halten; es stürzte ins Wasser. Der sich mit einem Fischkutter in der Nähe befindende Fischer Weiß aus Blankenese rettete die Luftschiffer mitsamt ihrem Gerät.«[2]

Am dramatischsten verlief jedoch die Fahrt des späteren Siegerballons ›Helvetia‹. Oberst Schaeck und Oberleutnant Messner berichten darüber: »Es war 4 Uhr nachmittags, als die ›Helvetia‹ in die Lüfte stieg und schnell hoch kam. Zunächst nahm die Orientierung unsere Aufmerksamkeit in Anspruch. Wir stellten fest, daß wir in der Richtung nach Südosten flogen und machten uns mit dem Gedanken vertraut, auf russischem Gebiet zu landen. Aber es kam anders, ganz anders. Die Fahrt ging über Bremerhaven, über die Weser, den Jadebusen – auf das Meer zu. Können wir es wagen, über das Meer zu gehen? so fragten wir uns und berieten uns lange. Schließlich einigten wir uns dahin: wir können es wagen, wenn die Verhältnisse sehr günstig sein sollten. Als wir in die Nähe der Nordsee kamen, hat Oberleutnant Messner beschlossen, hinüber zu fahren. Ich selbst war den ganzen Tag wach geblieben und schlief gerade; als ich erwachte und fragte: ›Wo sind wir?‹, da antwortete mein Kamerad: ›Seit zwei Stunden auf der Nordsee!‹ Mein Gefährte hatte ganz recht daran getan und wußte, daß ich damit durchaus einverstanden sein würde. In fast völligem Gleichgewicht flogen wir in einer Höhe von ca. 700 Meter dahin, manchmal etwas tiefer, manchmal etwas höher. Die Richtung konnten wir genau konstatieren. Erst war es Nordwest, dann Nord. Nach dem Wellenschlag, den wir deutlich unter uns sahen und hörten, konnten wir die Richtung nicht bestimmen. Wir gingen bis an das Schlepptau auf die Oberfläche herunter und konnten dann mit Hilfe des Striches, den das Tau im Wasser zog, und des Kompasses genau die Richtung bestimmen. Unsere Geschwindigkeit war während der Seefahrt sehr groß. Während der Nacht kamen wir aus dem Nebel überhaupt nicht heraus. Erst als es wieder tagte, sahen wir ein Stück Himmel und gewannen freien Ausblick. Nach Osten und Westen ließen uns große Ballen von Wolken Land vermuten. In der folgenden dritten Nacht hielten wir abwechselnd über den gleichmäßig unter uns rauschenden Wellen Wache. Zwischen 1 und 2 Uhr morgens bis Sonnenaufgang übernahm ich die Wache. Eine Zeitlang machten wir, indes der Ballon wieder zu steigen begann, gemeinsame Beobachtungen, dann ruhten wir beide gleichzeitig, da jetzt nichts geschehen konnte. Ausruhen aber mußten wir uns, denn welche Anforderungen an Kraft und Ausdauer noch an uns herantreten würden, konnten wir nicht wissen. Mußten wir doch auf alles gefaßt sein!«[3]

Zu diesem Zeitpunkt schrieb Messner folgende Zeilen als letzten Gruß für die Hinterbliebenen auf sein Hemd: ›Auf die Nordsee getrieben, war es uns unmöglich Land oder Hilfe zu finden, vom 12. Okt. Nachts bis Nachmittags hielten wir unseren Ballon Helvetia flott über Wasser. Was uns die Nacht vom 14. auf den 15. bringen wird, bleibt abzuwarten. Hoffentlich werden wir gegen Land getrieben, denn von Schiffen scheint diese Gegend gänzlich unbefahren zu sein, da zwei Tage und Nächte noch keines gesichtet. Wir stehen beide im Nebel Oberst Schaeck & E. Messner, les Victimes du Ballon Helvetia.‹

»Am Abend kamen wir wieder in eine Nebelschicht, die 600 bis 700 Meter dick sein mochte. Wir ließen den Ballon fallen, bis das Schlepptau auf 30 bis 40 m Länge im Wasser war. Der Ballon näherte sich allmählich den Wellen. Der Korb durfte nicht ins Wasser fallen. Es gelang uns, dies zu vermeiden. Der Nebel verband die Wolken wie Täler und Höhen, und einmal kamen wir an den Rand einer solchen Höhe. Da sahen wir den Schatten unseres Ballons, deutlich, mit allen Details und im Kreise umgeben von den frischen Farben des Spektrums. Bei eintretender Abkühlung sank der Ballon wieder tiefer, und wieder schwammen wir, wenn auch im Gleichgewicht, so doch im Nebel, bis der neue, vierte Tag anbrach und die Sonne wieder zum Vorschein kam. Da ging es nun wieder hinauf, und bald waren wir 4000 m hoch. Unsere Situation hatte sich noch immer nicht geändert. Wir sahen Himmel und Nebel und hörten den Wellenschlag. 10 Uhr vormittags war's. Da sahen wir in weiter Ferne etwas, was uns lebhaft interessierte: Land! Schon mehrere Male hatten wir uns getäuscht. Bald hatten wir geglaubt, Glockenläuten zu hören, bald Küstengebirge zu erkennen, und nachher waren es nur Gebilde des Nebels. Nun beobachteten wir gemeinsam und erkannten: es ist wirklich Land! Freilich war es weit von uns entfernt, mindestens 50 km, und wir selbst wurden abseits getrieben, aber es war bald genug deutlich zu sehen, und wir reichten uns stumm die Hände. Wir bemühten uns, auf ein niedrigeres Niveau zu kommen, und plötzlich sahen wir ein Schiff. Es kam von der Küste her und fuhr parallel mit uns. Wir riefen hinunter. Nach zweistündiger Schleppfahrt wurden wir in Bergset bei Molde an Land gebracht, die Reißleine wurde gezogen und der Ballon entleert. Wir waren 73 Stunden in der Luft gewesen, viele Stunden länger als je ein Freiballon zuvor. Es war eine Weltrekord-Dauerfahrt, und wir gewannen den Bennett-Cup für unser Land.«[3]

15 **Fotokarte: Ballon ›Württemberg‹ nach der Füllung.**

Nachtfahrt Stuttgart–Prag 1908

Nicht nur in den großen Vereinen wurde damals ernsthaft und mit viel Enthusiasmus die Ballonfahrt betrieben. Der 1907 gegründete »Württembergische Verein für Luftfahrt« tat sich durch eine spektakuläre Nachtfahrt hervor. Der Fabrikant Albert Hirth (Fortuna-Werke) als Gründungsmitglied sowie Alfred Dierlamm als Vorsitzender des Vereins beschlossen etwas Neuartiges, Außergewöhnliches zu wagen. Sie wollten eine Nachtfahrt mit dem neuen Freiballon »Württemberg« unternehmen. Mit von der Partie war auch Hellmuth Hirth, der hier seine ersten Schritte als Aviatiker unternahm.

Wir schreiben das Jahr 1908: Nach gründlichen Vorbereitungen wird am 15. September im Schein der Taschenlampe die ›Württemberg‹ startklar gemacht. Um viertel nach acht ertönt das Kommando »Ballon auf«, und leicht und elegant gleitet der Ballon vom Startplatz des Gaisburger Gaswerkes in die Lüfte empor und verabschiedet sich mit einem lauten, langen »tuut« aus dem mitgeführten Signalhorn. Es weht ein milder Nordostwind, der den Ballon in Richtung Tschechei trägt. Nun überfliegen sie eine Ortschaft, wo gerade Kirmes ist, so niedrig,

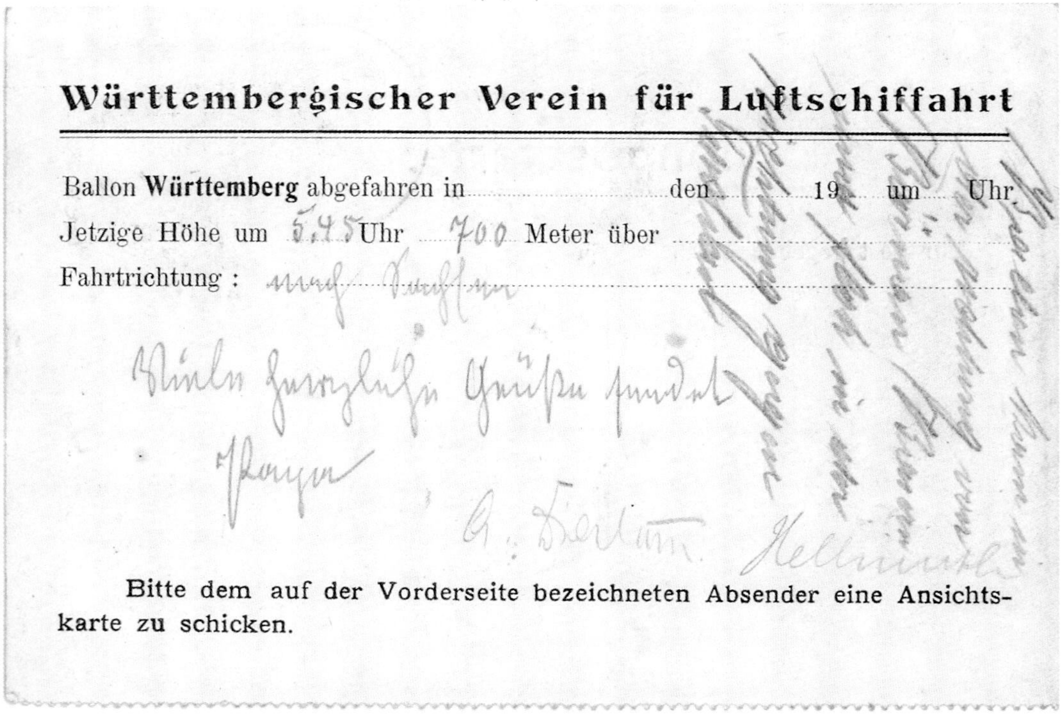

Württembergischer Verein für Luftschiffahrt

Ballon **Württemberg** abgefahren in .... den ...... 19 ... um ... Uhr

Jetzige Höhe um 5.45 Uhr 700 Meter über ....

Fahrtrichtung : ....

Bitte dem auf der Vorderseite bezeichneten Absender eine Ansichtskarte zu schicken.

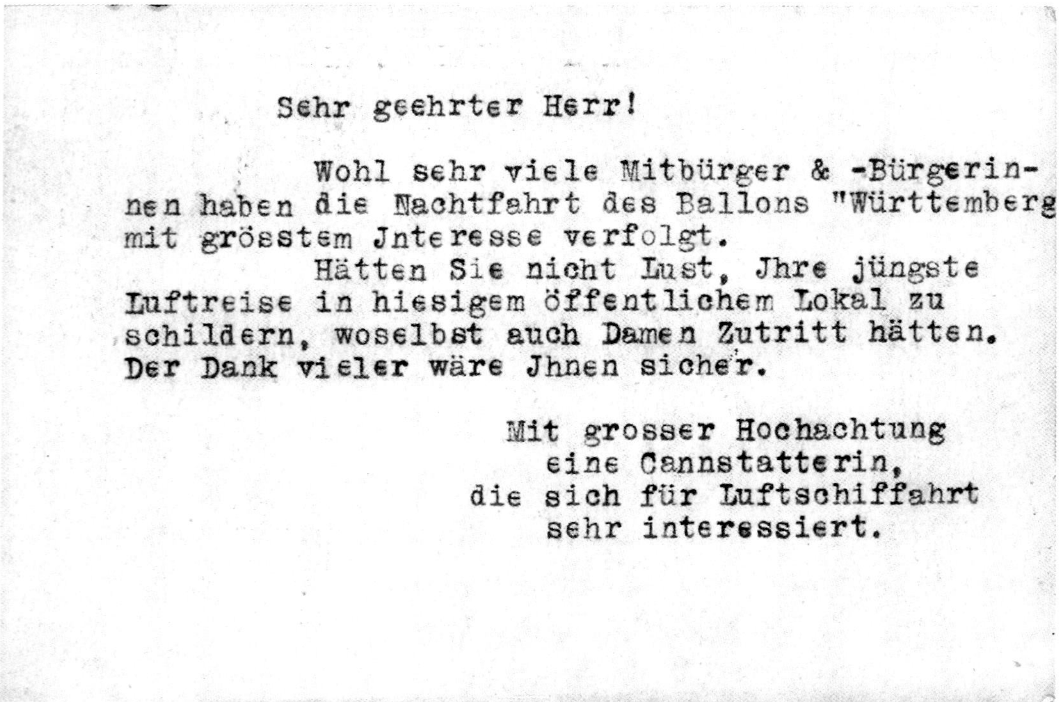

Sehr geehrter Herr!

Wohl sehr viele Mitbürger & -Bürgerinnen haben die Nachtfahrt des Ballons "Württemberg mit grösstem Jnteresse verfolgt.

Hätten Sie nicht Lust, Jhre jüngste Luftreise in hiesigem öffentlichem Lokal zu schildern, woselbst auch Damen Zutritt hätten. Der Dank vieler wäre Jhnen sicher.

Mit grosser Hochachtung
eine Cannstatterin,
die sich für Luftschiffahrt
sehr interessiert.

▲ *17* Fertig zum Aufstieg: Fotokarte mit Hellmuth Hirth, Albert Hirth, Alfred Dierlamm, Prof. Hergesell (von links nach rechts).

16 Links oben: Ballonpostkarte, abgeworfen von Albert Hirth während der Nachtfahrt nach Prag, 1908.

18 Links unten: Postkarte einer Cannstätterin an Albert Hirth (1908).

11 **Oben: Fahrt am Schleppseil. Württembergischer Verein für Luftschiffahrt 1. September 1909. »Fliegen über Thüringen in 800 m und haben eine herrliche Fahrt.« Geschrieben von Albert Hirth**

12 **Unten: Werke der Daimler Motoren-Gesellschaft in Untertürkheim. Württembergischer Verein für Luftschiffahrt, 13. Februar 1910. »Über Plieningen in 900 m, mäßiger Sonnenschein.« Geschrieben von Albert Hirth**

daß die Besucher die Ballonfahrer mit großem »Hallo« vom Boden aus zum Mitfeiern einladen. Weiter geht es über Dörfer, die schon tief im Schlaf liegen. Die ›Württemberg‹ bläst mit dem Horn ein Signal, so daß manch einer erschrocken aus dem Bett springt und das Fenster aufreißt.
Kurz vor Nürnberg treffen sie auf eine Gleisstrecke, auf der ein Zug fährt. »Mal sehen, wer schneller ist«, sagt Dierlamm, und sie veranstalten eine Wettfahrt, aus der der Ballon als Sieger hervorgeht. Um viertel vor sechs, die Sonne ist gerade aufgegangen, überqueren sie eine kleine Ortschaft. »Hallo, ihr da unten, wo sind wir?« »In Tachau«, schallt es zurück. Nachdem sie sich orientiert haben, fliegen sie an Pilsen vorbei. Bald haben sie Prag erreicht und kommen bei Chrudin ins Fallen. Die Landung schließlich erfolgt bei Auritz (in der Nähe von Königgrätz) auf freiem Feld. So hat die ›Württemberg‹ in dieser Nacht ca. 520 km zurückgelegt, eine beachtliche Leistung von Hirth sen., Hirth jun. und Alfred Dierlamm. Die Bevölkerung und die Presse nehmen regen Anteil an der geglückten Fahrt. Eine Cannstätterin bittet die Luftschiffer in diesem Zusammenhang dann auch, ihre Erlebnisse in einem »hiesigen öffentlichen Lokal zu schildern, woselbst auch Damen Eintritt hätten«.

Von Dresden nach Rumänien

In den Jahren vor 1910 wurden eine ganze Reihe von Fernfahrten durchgeführt, die oft über Hunderte von Kilometern in benachbarte Länder gingen. Ausgangspunkt von der hier zu berichtenden Fahrt war das nationale Wettfliegen, das Ostern 1910 in Dresden stattfand. Ballonführer Hugo v.

19 **Nationales Ballonwettfliegen, Dresden-Reick, Ostern 1910. Fotokarte von der Füllung der Ballone.**

Abercron berichtet: »An dem zweiten Teile der Veranstaltung, einer großen Weitfahrt, beteiligten sich 16 Konkurrenten.
Um den Ehrenpreis des Königs von Sachsen, eine herrliche, große Vase aus Meißner Porzellan, starteten die Ballone der Klasse V von 1600 bis 2200 m³ Gasinhalt. Der Aufstiegplatz auf der Radrennbahn neben der Gasanstalt in Reik war sehr günstig gewählt. Das Schauspiel der Ballonwettfahrt hatte eine große Anzahl von Menschen angelockt. Der König mit den königlichen Prinzen und Gefolge erschienen. Um 5 Uhr 56 Minuten nachmittags stiegen wir mit 38 Sack Ballast mit Kurs gegen S.-O. auf und fanden bald eine Gleichgewichtslage in 240 m Höhe. Kumulus-Stratus-Wolken mit Durchblicken zum Himmel hatten wir auf etwa 2000 m, ein herrliches Abendrot zeigte sich im Westen. Bald nachdem Dresden mit seinen Türmen im Abenddunkel verschwunden war, erreichten wir die Sächsische Schweiz mit ihren wunderbaren Felsbildungen. Wir sind in der Nacht am Iser- und Riesengebirge entlang gefahren, nicht genau wissend, wo wir uns befanden. Als es taghell geworden, kreuzten wir die March bei Göding und flogen zwischen den weißen und kleinen Karpaten hindurch. Ein stolzer Moment war es, als wir mit 41 km Geschwindigkeit in 1800 m Höhe die Donau bei Nyerges überflogen. Wir flogen einige km westlich Budapest vorbei und erkannten den Ballon ›Leipzig‹. Um 10 Uhr hatten wir in 3000 m Höhe Schnee und unterhielten uns in 3500 m Höhe mit den Insassen des Ballons ›Bürgermeister Mönkeberg‹, die noch 4½ Sack Ballast hatten und sich bereits in der Nähe von Belgrad wähnten. Südlich Szegedins, nach der Überschreitung der Theiß, türmten sich vor uns Riesenkumuluswolken auf, von denen eine vor die Sonne kam und einen sofortigen starken Fall des Ballons bewirkte. Nach der reichlichen Ballastabgabe stiegen wir mit 4 bis 5 m Geschwindigkeit pro Sekunde bis auf 5000 m, und wir müssen hier eine sehr große Kälte gehabt haben, da uns das Bier gefror. Zwei Ballons kamen im Westen in Sicht, unter uns war

20 **Nationales Ballonwettfliegen, Dresden-Reick, 1910. Fotokarte vom Aufstieg der 26 Ballone.**

eine geschlossene Wolkenkette. Die letzte Thermos-Flasche mit Tee, der bereits kalt geworden war, wurde getrunken. Nach dem Überschreiten der Donau passierten wir den nordöstlichen Teil von Serbien, unter uns die rauhen und baumlosen Berge des westlichen Balkans. Die Landschaft war ernst und großartig. Bereits an dem heruntergelassenen Schleppseil kreuzten wir die Donau und erreichten damit Rumänien. In der Wallizischen Tiefebene fuhren wir eine Zeitlang an dem Schleppseil und wurden von Zigeunern bemerkt, die unter lautem Schreien auf ihren kleinen struppigen Pferden im langen Galopp kilometerweit hinter uns herkamen, bis ihnen ein großes Moor Halt gebot. Eine solche Fahrt am Schleppseil über ein fremdes Land, dicht über der Erde schnell dahinsegelnd, hat einen ganz eigenartigen prickelnden Reiz.
Als wir bereits an die Landung dachten, begann der Ballon um 5 Uhr 15 Minuten nachmittags stark zu steigen, und wir erreichten trotz vielfachen Ventilziehens eine Höhe von 2600 m. Da wir nur noch drei Sack Ballast besaßen und ich nicht die Absicht hatte, in die zweite Nacht hinein und aus Rumänien heraus zu fahren, wurde die Landung beschlossen und bei Barka glatt durchgeführt. In wenigen Minuten waren wir von wildausschauenden Burschen mit schwarzen Augen, im weißen Anzuge und weißen Pelzjacken bekleidet, umringt. Keiner verstand auch nur ein Wort deutsch oder französisch. Als ich gerade anfing, mich mit den Leuten zu verständigen, kam in Karriere auf einem weißen Araber ein Gendarm angesprengt, der etwas französisch verstand und uns außerordentlich behilflich war. Als die Menschenmenge allzu sehr anwuchs und auf eine Aufforderung des Gendarmen und seines Gehilfen nicht gleich auseinander ging, zogen beide sofort ihre Säbel und schlugen einfach drauf los, worauf die meisten kreischend die Flucht ergriffen. Der Administrator des Gutsherrn Mirinca forderte uns auf, bei ihm zu wohnen und zu essen. Nur zu gern wären wir geblieben und am anderen Tage nach Bukarest gefahren. Leider verbot dies der Zeitmangel. Bis an den Bahnhof wurden wir begleitet und fuhren um Mitternacht im Schlafwagen unter lautem Hurra ab. In Wien erhielten wir das uns außerordentlich beglückende Telegramm, daß wir die größte Distanz zurückgelegt und voraussichtlich den Preis Seiner Majestät des Königs von Sachsen gewonnen hätten. Wir haben annähernd 1100 km in 24 Stunden und 20 Minuten zurückgelegt.«[4]

Eine Hochfahrt auf 7800 Meter

Neben den Fernfahrten, die zur großen sportlichen Herausforderung bei den zahlreichen Wettbewerben der Freiballone wurden, wagten sich nur wenige Aviatiker in die Höhe, da dies mit ungleich höheren Gefahren verbunden war. Dabei war nicht nur Gefahr für das eigene Leben durch die große Höhe gegeben – zu dieser Zeit war noch kein Ballon mit einer Druckkabine ausgerüstet –, sondern ebenso die Gefahr des Absturzes durch Platzen des Ballones, da die gefirnißten Leinenstoffe noch nicht die Stabilität heutiger Materialien besaßen. Einer dieser tollkühnen Ballonfahrer war Dr. Schlein. Er berichtet: »8 Uhr 25 Minuten morgens ist es, als ›Jupiter‹ am Platze des Aero-Klub im k. k. Prater zu Wien zum Aufstieg gerüstet ist und auf Kommando ›Los!‹ den Händen der Bedienungsmannschaft entschwindet. Mit 398 kg Sand in acht größeren und 11 kleineren Säckchen an Bord trete ich heute meine Himmelreise an. Schon bewegt sich der Schreibstift des Barographs unter dem Tick-Tack des Uhrwerkes, das den Schreibzylinder um seine Achse dreht, von der Ausgangslage allmählich, der vorgezeichneten Kurve entlang, abwärts. Immer kleiner werden Menschen und Häuser, immer mehr entferne ich mich vom Prater, und immer schwächer wird der Lärm der Großstadt, bald wird es nurmehr ein geheimnisvolles Rauschen sein.
Auch meinen kleinen großen Reisebegleiter vergesse ich nicht und weise ihm in meinem offen im Korbe liegenden Psychrometerkasten einen gar bequemen Platz zu; es ist ein männlicher, prächtiger Hirschkäfer, lucanus vervus, nennt ihn der Naturforscher, den ich kurz vor dem Aufstieg auf unserem Klubplatze eingefangen und zur Beobachtung im Ballon bestimmt habe. Munter kriecht er jetzt noch in seiner nunmehrigen Behausung umher und ahnt wohl nicht sein Schicksal, heute Höhen zu erreichen, wie keiner seinesgleichen.
Ich flog vom Klubplatz aus zunächst nach Nordnordwest, fast parallel zur Donau, stand über der Kronprinz Rudolfstraße, dort, wo sie die Vorgartenstraße kreuzt, und schwebe jetzt, es ist 8 Uhr 37 Minuten morgens, gerade über der Kronprinz Rudolfbrücke und der Kaiser Ferdinand Nordbahnbrücke in einer Höhe von 1194 m. Um 8 Uhr 48 Minuten schweben wir schon über den Nußdorfer

22 **Preßburg von 7000 m Höhe aus aufgenommen (1905). Karte von Dr. Schlein, »die bisher höchste Ballonaufnahme der Erde«.**

Donauschleusen, die ebenfalls, von 1689 m aus, photographiert werden. Die Windgeschwindigkeit hat, seit wir die Erde verlassen, stetig zugenommen, sie stieg bisher von 8,6 auf 35,4 km pro Stunde. Nunmehr aber treten wir in eine windstille Region der Atmosphäre ein, die weit nach aufwärts reicht. Denn von 8 Uhr 48 Minuten an bis 9 Uhr 5 Minuten, in welcher Zeit wir von 1689 bis 2444 m steigen, verharren wir unbeweglich über dem nördli-

chen Ende der Nußdorfer Donauinsel. Nun finde ich Zeit, das Ankerseil anzulegen, die Feder meines Barographs mit Tinte zu versorgen, das nasse Thermometer meines Psychrometers abermals zu befeuchten, die Karten für die Weiterreise im Korbe zurecht zu legen und schließlich auch an das mitgenommene Frühstück zu denken, das in drei frischen Teebuttersemmeln mit vorzüglichem Prager Schinken besteht. An Getränken habe ich eine Flasche guten Weißwein und ein Fläschchen Kognak bei mir. In 4935 m Höhe ist die Temperatur der Luft schon 1,3° unter Null. Ich stehe jetzt, es ist 9 Uhr 52 Minuten, gerade über Leopoldsdorf, und drei Minuten später sind wir bereits 5105 m hoch und unser Ballonballast ist um sieben große und zwei kleine Säcke vermindert. Über 5544 m Höhe fahren wir in eine lebhafte, nach Ostsüdost gerichtete Luftströmung ein, die bis 6343 m Höhe hinauf eine mittlere Geschwindigkeit von 88,2 km pro Stunde oder 24,5 m in der Sekunde hat. So sind wir, von dieser Luftströmung erfaßt, schon um 10 Uhr 15 Minuten über der Einmündung der March in die Donau, über der Stromenge von Theben, 6343 m hoch, in einer Temperatur von 10,2° unter Null. Kein Laut stört die heilige Ruhe und Einsamkeit der Regionen, die ich jetzt durchwandere, nur das Surren des Psychrometeruhrwerkes und das leise Tick-Tack der Uhr des Barographs tönen verhallend durch das weite All.
Nun stellt sich bei mir eine rasch zunehmende Mattigkeit ein, das Herz fängt heftig an zu klopfen, und die Augen kann ich nur mehr mit großer Anstrengung offen halten. Ganz langsam, unbemerkt scheint auch das Bewußtsein zu schwinden. Die Wirkungen des großen Sauerstoffmangels und des jetzt herrschenden geringen Luftdruckes. Gleichwohl wird noch im weiteren Steigen sorgfältig das Barogramm beobachtet und allmählich noch der sechste und siebente und achte Ballastsack über Bord geworfen. Auch das Barometer beobachte ich jetzt mit erhöhter Aufmerksamkeit, um seinen tiefsten Stand wahrzunehmen; es zeigt um 10 Uhr 30 Minuten eine Höhe von 7538 m an, nach weiteren zwei Minuten 7595 m. Ich notiere noch diese beiden Barometerablesungen – meine Schrift ist fast schon unleserlich – Totenstille und Grabesruhe im Korbe. Der Korbinsasse ist ohnmächtig im Korbe zusammengesunken und liegt nun bewußtlos im Korbe. Jupiter aber trägt, noch langsam, doch stetig höher steigend, den Schlafenden mit großer Schnelligkeit von Theben aus über Preßburg bis über die große Schüttinsel. Wie hoch stieg Jupiter? Der Barograph kündet es. Ich erreichte schlafend eine Höhe von 7800 m. Da erfährt plötzlich der ganze Ballonkorb eine heftige Erschütterung, ich erwache aus dem traumlosen Schlafe der Bewußtlosigkeit und Ohnmacht, erfasse sofort die Situation, beuge mich schnell über den Korbrand und sehe zur Erde. Meine Uhr zeigt momentan 10 Uhr 55 Minuten vormittags, mein Barograph weist jetzt auf 6600 m. Ich wußte also 23 Minuten lang nichts von mir und erwachte erst, als ›Jupiter‹ schon um 1200 m gefallen war. Einiger Frostschauer erfaßt mich jetzt nach dem plötzlichen Erwachen aus dem Schlafe der Bewußtlosigkeit. Der ganze Körper erzittert, und die Zähne schlagen heftig zusammen, wiewohl ich schon wieder in wärmerer und sauerstoffreicherer Luft schwebe. Ein Rauschen und Brausen ertönt indes durch die Luft; der fast leere Ballon faltet sich tausendfach zusammen und wirkt beinahe nur mehr wie ein großer Fallschirm. Wiewohl ich jetzt in einer mittleren Geschwindigkeit von ungefähr 6 m in der Sekunde mich der Erde nähere, lasse ich Jupiter vollkommen frei fallen. Die noch vorhandenen drei kleinen Sandsäcke werfe ich erst in einer Höhe von nur mehr 800 m über der Erde aus, um doch einigermaßen noch kurz vor dem Anprall des Korbes auf dem Boden den raschen Fall zu mildern. Zudem wird noch im richtigen Moment der Anker ausgeworfen und dadurch der Ballon auch noch um das Gewicht des Ankers leichter, indes sich auch das lange, schwere Schleifseil auf den Boden legt. Hinauf auf den Korbtauen, den Anprall parieren! Krach !!!! Nur wenige Schritte werde ich durch ein Maisfeld geschleift. Dann ist Jupiter gefesselt; am Stamm eines mächtigen Baumes faßte der Anker.«[5]

Gordon Bennett-Wettfahrt 1912

Nach 1908 wurde die Gordon-Bennett-Wettfahrt zum zweitenmal von Deutschland ausgetragen, da die Ballonfahrer Hans Gerike/Otto Duncer das Rennen in Kansas City/USA 1911 gewonnen hatten.
Dieses Ereignis sollte die größte internationale Bal-

26 **Gordon Bennett-Wettfahrt, Stuttgart, Oktober 1912. Fotokarte: Die ersten Ballone sind gestartet.**

Wichtige Entwicklungen der Luftfahrt:
Werbekarten der Firma Pilz-Socken, um 1910

1 Leichter als Luft: Drachen-Fesselballon

2 Leichter als Luft: Parseval, Lenkbarer Ballon

3 Leichter als Luft: Zeppelin, Lenkbares Luftschiff

4 Schwerer als Luft: Lilienthal's Flugapparat

5 Schwerer als Luft: Wright, Flugmaschine

6 Schwerer als Luft: Blériot, Aeroplan

7 Sächsisch-Thüringische Industrie- und Gewerbeausstellung in Leipzig, 1897. Es handelt sich um eine sehr frühe Ballon-Motivkarte. Zu sehen ist das Ausstellungsgelände.

8 Deutsche Städte-Ausstellung zu Dresden, 1903. Abgebildet ist das Panorama von Dresden.

14 Gordon Bennett-Wettfliegen, Zürich, 1909. Offizielle Postkarte Schweizer Ballon »Helvetia« in den Wolken. Entwurf: Schaupp

13 Gordon Bennett-Wettfliegen, Zürich, 1909. Offizielle Postkarte »Herzliche Grüße vom Füllplatz.«

23 Gordon Bennett-Wettfahrt, Stuttgart, Oktober 1912. Offizielle Postkarte. Entwurf: Stattmann.

24 Gordon Bennett-Wettfahrt, Stuttgart, Oktober 1912. Offizielle Postkarte. Entwurf: Stattmann.

32 Werbekarte der »Allgemeinen Zeitung« von der Parsevalfahrt nach Chemnitz, 1910. Entwurf: Willy Stöwer.

31 Vergnügungsfahrt mit einem Parseval-Luftschiff. Offizielle Postkarte der Parseval-Luftfahrzeug-Gesellschaft, München, 1910. Entwurf: Zeno Diemer.

33 Parsevals Luftschiff über München. Offizielle Postkarte der Parseval-Luftfahrzeug-Gesellschaft, München, 1910.

34 Parsevals Luftschiff über der Bavaria. Offizielle Postkarte der Parseval-Luftfahrzeug-Gesellschaft, München, 1910. »Habe Dir grade eine Karte aus dem Hofbräuhaus geschickt.«

lonveranstaltung in Deutschland vor dem I. Weltkrieg werden. Nach verschiedenen Ausscheidungsfahrten in Dresden, Breslau und Leipzig wurde Stuttgart mit dem »Cannstatter Wasen« als Austragungsort ausersehen. Die Bedeutung der Wettfahrt wurde durch den parallel dazu stattfindenden XI. Deutschen Luftfahrertag noch erhöht.
Das Rennen selbst wurde auf den 26. bis 27. Oktober 1912 festgelegt, da zu dieser Jahreszeit gleichmäßige Temperaturen und geringe Gewitterneigung zu erwarten waren und außerdem diese Tage auf eine Vollmondphase fielen. Dies war wichtig, da die Ballonfahrer bei Nachtfahrten für jede Helligkeit dankbar waren. Das Rennen wurde mit »deutscher Gründlichkeit« vorbereitet. Neue Bauten für Presse, Post, Organisation und Wetterdienst wurden errichtet. Die bekannte Ballonfabrik Riedinger (Augsburg) erstellte ein Material- und Ersatzteillager, und mit behördlicher Genehmigung wurden von der Gasfabrik Gaisburg unter dem Neckar hindurch die Rohrleitungen zum Füllen der Ballone direkt auf das Festgelände gelegt.
Die Organisation stand unter der Leitung des bekannten Ballonfahrers Alfred Dierlamm (Stuttgart), der viele Techniker, Offiziere, Beamte und Wirtschaftsleute mit wichtigen Aufgaben betraute. Zu nennen wären hier: Prof. A. Baumann (Bauabteilung), Gustav Eyb (Propaganda), Adolf und Paul Daimler (Verkehr), Berthold Fein (Festabteilung), Albert Hirth (technische Abteilung und sportlicher Leiter) und Dr. F. Linke (Wetterdienst).
Besonders um das geistige und leibliche Wohl der Ballonfahrer war man bemüht. Neben den offiziellen Begrüßungen durch die Honoratioren der Stadt standen Theaterbesuche (Uraufführung der »Ariadne auf Naxos«), Pferderennen und Festbankette auf dem Programm. Um auch den Zuschauern möglichst viel »zum Sehen« zu bieten, war das Programm auf zwei Tage verteilt. Neben unzähligen Starts, die zum Training der Ballonfahrer dienten, wurde am ersten Tag eine »Nationale Zielfahrt« veranstaltet. Dabei sollte eine erst kurz vor dem Start bekanntgegebene Straßenkreuzung nordöstlich von Weckrieden (bei Schwäbisch Hall) als Zielort erreicht werden. Während der Vorbereitungen flog Leutnant Miller mit einem Albatros-Doppeldecker mehrere Runden um das Startfeld. Unter großem Interesse des Publikums starteten dann 30 Ballone innerhalb kurzer Zeit – ein imposantes Bild.
Die Veranstaltung wurde durch die Anwesenheit des Königs und der Königin von Württemberg so-

25 **Gordon Bennett-Wettfahrt, Stuttgart, Oktober 1912. Fotokarte: Kurz vor dem Start.**

wie anderer Vertreter des Adels für das Publikum zum »großen Ereignis«. Sieger wurde der Ballon ›Bürgermeister Mönckeburg‹ unter Führung von Dr. Perlewitz/Schwark (Hamburg), der in einem Abstand von nur 490 m von der Straßengabel niederging.
Der eigentliche Start des Gordon-Bennett-Rennens war dann für Sonntag 16 Uhr vorgesehen. Am Vormittag hatte schon der Vorbeiflug des Luftschiffes ›Viktoria Luise‹ die Stuttgarter auf die kommende Luftfahrtveranstaltung aufmerksam gemacht. Insgesamt hatten sich 22 Ballonmannschaften aus 9 Nationen gemeldet. Deutschland hatte sich mit dem Vorjahressieger Hans Gericke gute Chancen auf einen erneuten Sieg ausgerechnet. Dieser stürzte jedoch einige Wochen vor dem Start tödlich ab, und so konnten nur noch zwei deutsche Mannschaften gemeldet werden: ›Ballon Harburg III‹ mit F. Eiermacher/Dr. Pratje sowie Ballon ›Reichsflugverein II‹ mit Otto Korn/Dietel.
Die Organisationsleitung hatte die Mannschaften mit Pässen, die Visa für Frankreich, Rußland und die Türkei enthielten, versehen. Eine Vorsichtsmaßnahme, die sich als recht nützlich erwies, da ein Nordostwind die Mehrzahl der Ballone bis nach Rußland trieb. Außerdem erhielten die Ballonfahrer

eine Anzahl von Ballondepeschen, die von Zeit zu Zeit aus dem Ballon geworfen werden sollten, mit einer Anweisung und Belohnung für den Finder. Jener sollte sie nach Stuttgart weiterleiten, damit die Sportkommission über die Fahrten der einzelnen Ballone stets auf dem Laufenden gehalten würde. Um 13 Uhr begann für die Ballone das Füllen mit Gas. Dieser Vorgang wurde von einem Unglück überschattet, da der amerikanische Ballon ›Kansas City‹, nachdem er zu ¾ gefüllt war, wegen schlechten Materials platzte. Zum Glück wurde bei dem Unfall niemand verletzt. Den Organisatoren gelang es sogar, dem Ballonführer John Watts einen Ersatzballon zur Verfügung zu stellen, so daß er außer Konkurrenz starten konnte. Bei der Abfahrt überreichte die Sektkellerei Kessler, Esslingen, den Mannschaften ein Frühstückskörbchen mit Flaschen »Kessler extra cuvée« sowie die Nährmittelgesellschaft Dr. Theinhardt, Cannstatt, Probedosen ihres »Hygiama«, damit die Ballonfahrer bei Landungen in abgelegenen Gebieten sich an diesem »eisernen Bestand« erfreuen könnten.
Als erster stieg um 16 Uhr der französische Ballon ›Picardie‹ mit seinem Führer Maurice Bienaimé auf. Danach folgten die anderen, und bereits um 17 Uhr 30 waren alle Ballone in der Luft. Die Windverhältnisse waren zunächst recht schwach, nahmen jedoch in der folgenden Nacht stetig zu und trieben die Ballone quer über Europa nach Rußland.
Bienaimé, der spätere Sieger, wurde über Warschau gesichtet, als er mit einer Geschwindigkeit von 110 km/h in einen Schneesturm geriet. Der belgische Pilot Ernest Demuyter flog über Österreich nach Rußland. Beim Überqueren der Grenze wurde sein Ballon von Soldaten heruntergeschossen. Demuyter hatte Glück im Unglück und überlebte den Absturz. Die beiden deutschen Ballone flogen mit 33 Stunden Flugdauer (1385 km Ballonführer: Korn) und 28 Stunden Flugdauer (1110 km Ballonführer: Eiermacher) weit bis nach Rußland hinein und erreichten damit den 6. und den 11. Platz.
Bienaimé schaffte es, fast 46 Stunden in der Luft zu bleiben und erst in Rjäsaa, einer Stadt östlich von Moskau, zu landen. Mit 2191 km (Entfernungsrekord) erhielt er damit den berühmten Gordon Bennett-Wanderpreis. Dieser Preis, der ein Luftschiff, das von einer allegorischen Figur getragen wird, darstellt, war aus 22 kg Tafelsilber – einem damaligen Wert von 12500 FF. – hergestellt. Dazu kamen noch die Hälfte der Nenngelder sowie weitere Preise im Wert von zusammen 10000 Mark.

Die Fesselballone

Zu Ende des 19. Jahrhunderts hatte sich der Kugelballon für Überlandfahrten durchgesetzt. Natürlich bekundete auch schon zu dieser Zeit das Militär sein Interesse an dem neuen Fortbewegungsmittel. Neben Illusionen wie die der Invasion Englands durch die Luft, wurden Ballone in verstärktem Maße in Amerika während des Sezessions-Krieges zur Beobachtung feindlicher Bewegungen eingesetzt. Bei dieser Gelegenheit unternahm auch Graf Zeppelin seinen ersten Ballonaufstieg, als er zum Studium in Amerika weilte. Nach und nach stellte sich jedoch heraus, daß ein gefesselter Freiballon den Nachteil hatte, durch Winde in Rotation versetzt zu werden, oder daß bei stärkeren Böen der Korb fast bis zur Waagrechten ausgeschlagen wurde. Um diesem Problem gerecht zu werden, entwickelten die Offiziere August von Parseval und Bartsch von Sigsfeld 1893 einen länglichen Ballon, der sich bei Luftbewegungen automatisch mit der Stirnseite zum Wind stellte. Da das hintere Ende beschwert war, kam so zu dem Auftrieb des Gases noch der Auftrieb der Schrägfläche des Ballones hinzu. Man nannte diese Ballone daher auch Drachenballone.
In der Ballonfabrik Riedinger in Augsburg wurden diese Ballone weiterentwickelt und kamen vor allem während des I. Weltkrieges zum Einsatz. Mittlerweile waren sie mit Telephonverbindung zum Boden, Landkarten, Kameras, Ferngläsern und einem Fallschirm ausgerüstet. Der Auftrag der »Ballonschiffereinheiten« war ebenso wie Jahrzehnte zuvor, feindliche Stellungen und Bewegungen auszukundschaften und möglichst schnell die Beobachtung an die kommandierenden Generäle und die Artillerie weiterzuleiten. Dazu wurde der Ballon an einer Motorwinde auf ca. 2000 m hochgelassen. Was in den ersten Kriegsjahren noch recht gut gelang, wurde ab 1916 durch die zahlreicher werdenden feindlichen Flugzeuge schwieriger. Dem Beobachter blieb, da er nicht bewaffnet war, bei Angriff eines feindlichen Flugzeuges nichts anderes übrig, als sich schnell einholen zu lassen, oder im Notfall, wenn etwa sein Ballon in Brand geschossen wurde, mit dem Fallschirm abzuspringen. Ein damaliger Beobachter, Leutnant Peter Rieper, berichtet darüber folgendes: »Ich wurde im Sommer 1915 Beobachter im Fesselballon bei der Feldluftschifferabteilung 7, später Ballonzug 19, oder vielmehr nicht nur im Fesselballon, denn wenn der Wind zu stark war, hingen wir den Korb an fünf bis zwölf Kastendrachen. Nachdem ich im Oktober 1917 am Chemin des Dames brennend abgeschossen worden war, erreichte mich auf dem Vormarsch am 3. Juli 1918 das gleiche Schicksal. Am Tage davor waren von den sechs Ballonen meiner Abteilung fünf von feindlichen Fliegern abgeschossen worden. Ich hatte also doppelt zu tun mit der Beobachtung.
Während dieser Arbeit machte mir eine Batterie ihre Aufwartung mit Brennzündergeschossen und sichtbarer Flugbahn. Scheußlich, wenn man die Dinger an ihrer Rauchbahn so auf sich zukommen sieht! Vor allem dieses unheimliche Sausen und Zischen des fliegenden Geschosses. Gottlob, daß die Batterie das Feuer nach etwa zwanzig Schuß einstellt, während deren man mich an der Winde auf dem Acker hin und her fährt, um dem feindlichen Richtkanonier seine Arbeit etwas zu erschweren. Ich kann also weiter beobachten. Tacktacktack! Donnerwetter! Abspringen, Herr Leut... Ich sehe nichts von einem Flieger, reiße aber automatisch den Schnurstöpsel aus dem Batteriekasten meines um den Kopf geschnallten Fernsprechers, um mich nicht dran aufzuhängen, will mich mit beiden Armen an den Leinen über den Korbrand hinwegheben, Tacktacktack! Mein erhobener rechter Arm fällt herunter und läßt sich nicht mehr heben. Schußbruch, Oberarm. Die langen Beine kommen auch ohne Armhilfe über den Korbrand. Der Ballon ist sicher auch getroffen! Brandmunition! Ich lasse mich am Korb heruntergleiten und fühle nach wenigen, ungewissen Augenblicken den Ruck, als sich der Fallschirm entfaltete. Der böige Ostwind treibt mich von dem rasch fallenden brennenden Ballon ab gegen den Feind... Tacktacktack! Kommt der elende Bursche noch einmal auf mich heruntergestürzt und durchlöchert noch den zum Glück feuersicher imprägnierten Schirm. Ich falle und treibe. Schon ist der Boden da. Frisch gepflügtes Land. Unmöglich mit dem linken Arm an der Fallschirmleine allein

27 **Allgemeine Deutsche Sport-Ausstellung, München, 1899. Offizielle Postkarte, München mit Fesselballon.**

Klimmzug zu machen; harter Aufprall, rechts Wadenbeinbruch. Zu allem Überfluß noch stark böiger Bodenwind, der den Fallschirm prall hält. Ich bin hingefallen, und der Schirm schleppt mich bei jeder einsetzenden Böe ein Stück über den Sturzacker. Mehrere hundert Meter. Es ist mir nicht möglich mit der linken Hand allein den Leibgurt zu öffnen und mich vom Fallschirm frei zu machen, bis mich einige Infanteristen endlich aus meiner Lage befreien und für den Transport auf den Verbandsplatz sorgen.«[6]

28 **Gruß aus dem Manöver. Luftschiffer-Abteilung mit ihrer »Divisionswurst«.**

Die Luftschiffe

Unstarres System von Parseval

Bei der schnell voranschreitenden Industrialisierung am Anfang unseres Jahrhunderts hat es keines großen Erfinders bedurft, um auf die Idee zu kommen, einen Ballon mit einem Motor auszurüsten. Wie bei so vielen Gegebenheiten des Lebens besteht aber ein großer Unterschied zwischen der Idee und ihrer Umsetzung, sprich zwischen Theorie und Praxis. In der Zeit zwischen 1900 und 1910 entbrannte ein erbitterter Kampf um die »Eroberung der Luft«: dies nicht nur zwischen den einzelnen Ländern (Amerika, Frankreich, Deutschland, England), sondern auch zwischen den einzelnen Systemen. Einmal waren die Aviatiker in Befürworter und Gegner des »Schwerer« oder »Leichter als Luft« gespalten, zum anderen gab es auch innerhalb des Leichter-als-Luft-Lagers einen harten Kampf um das unstarre (z.B. v. Parseval, Santos-Dumont), das halbstarre (z.B. Groß-Basenach, Lebaudy) und das starre System (z.B. Zeppelin, Schütte-Lanz). Wenden wir uns zunächst dem unstarren System zu.
Major v. Parseval und Bartsch von Sigsfeld, die große Erfolge bei der Konstruktion der Fesselballone hatten, verfolgten diesen Gedanken folgerichtig weiter und konstruierten ein dem französischen Motorballon von Santos-Dumont ähnliches Prallluftschiff. Major v. Parseval schreibt darüber: »Der Parsevalballon stammt seiner Entstehung nach aus dem Jahre 1902. Zu dieser Zeit wurde der Entwurf fertiggestellt und das Schiff in den Hauptteilen, Ballon und Gondel, ausgeführt. Zu einer Fertigstellung gelangte das Schiff jedoch damals nicht, und die Versuche ruhten mehrere Jahre. Erst als im Jahre 1905 eine neue Gondel mit einem zuverlässigeren Motor eingebaut war, konnte das Schiff im Frühjahr und Sommer 1906 beim Luftschifferbataillon vorgeführt werden. Schon damals wies es die Vorzüge auf, welches es noch heute charakterisieren; geändert hat sich in der Zwischenzeit außer einer Anzahl kleiner Verbesserungen hauptsächlich die Form des Ballons. Dieser letztere ähnelt nunmehr einem Fisch, er hat wie dieser einen kurzen stumpfen Kopf und ein langes, spitz auslaufendes Hinterteil.«[7]
Das Parsevalluftschiff hatte einige gewichtige Vorzüge. So konnte es in entleertem Zustand auf zwei Pferdewagen transportiert werden, was vor allem für die Militärverwaltung ein unschätzbarer Vorteil zu sein schien. Allerdings war das Luftschiff in seinen Abmessungen wesentlich kleiner als ein »Zeppelinkreuzer«, und daher konnte es auch nicht so viel Nutzlast mit sich befördern. Hauptaufgabengebiet waren im militärischen Bereich Aufklärungsfahrten, im zivilen Bereich Vergnügungsfahrten mit 4–5 Passagieren.
Im Oktober 1909 gelangen v. Parseval Fernfahrten von Frankfurt aus in viele größere Städte des Reichsgebietes (Nürnberg, München, Stuttgart, Köln) und trugen zu seiner Popularität bei. Er selbst spielte mit dem Gedanken, den Nordpol mit einem Parsevalluftschiff zu erobern: »Man hat die Frage an mich gerichtet, ob es möglich sei, im Luftschiff den Nordpol zu erreichen. Ich muß gestehen, daß ich anfänglich der Sache sehr skeptisch gegenüber stand, da ich Witterungsverhältnisse ähnlich denen Mitteleuropas im Auge hatte, und so beantwortete ich denn die Frage zunächst mit einem runden Nein.
Nun aber setzte man mir auseinander, daß die Wetterverhältnisse im Sommer in jenen arktischen Breiten ganz andere, viel günstigere seien als in Mitteleuropa. Wenn sich tatsächlich die Dinge so verhalten, dann muß ich meine Ansicht ändern, dann ist der Gedanke keine Utopie, und die Erreichung des Pols im Luftschiff ist möglich.
Zur Ausreise muß man einen dem Pol möglichst nahe gelegenen Startplatz aufsuchen, und ist hierbei nicht auf die Insel Spitzbergen beschränkt. Vielmehr

29 **Parsevals Luftschiff über Frankfurt a. M. Grußkarte von der Internationalen Luftschiffahrt-Ausstellung, 1909.**

30 **Parseval VI in Dresden am 12. 7. 1910. Originalaufnahme von der Ankunft auf dem Landeplatz Heller.**

Halbstarres System von Groß und Basenach

Das zweite System, das zur Stabilisierung der Ballonzelle einen starren Kiel benutzte, hatte den Vorteil, daß das Luftschiff bei schwerer Belastung durch Sturm oder schwerer Ladung nicht so schnell in der Mitte einknickte. Durch diese Konstruktionsverbesserung gelang es, die Ballonhülle zu entlasten und so das Gewicht gleichmäßiger zu verteilen. Dadurch konnte einem Wunsch der Heeresverwaltung nachgekommen werden und größere Luftschiffe mit größeren Traglasten (z.B. zur Beförderung von Bomben) gebaut werden. Jenes System, das vor allem in Frankreich Anhänger fand (Lebaudy- und Clément-Bayard-Luftschiffe), wurde in Deutschland von Major Groß, der beim Luftschiffbataillon in Reinickendorf seinen Dienst versah, und Oberingenieur Basenach bevorzugt. Basenach schreibt dazu: »Der Grundgedanke des halbstarren Systems, zwischen Gondel a und dem unstarren

35 **Karte des Lebaudy-Luftschiffes mit Zusatz: »Gruß von der Internationalen Luftschiffahrt-Ausstellung, Frankfurt am Main, 1909.«**

kann das Expeditionsschiff im Eise bis etwa an den 82. Breitengrad vordringen. Hier soll das Luftschiff auf einem der gewaltigen Eisfelder gefüllt und in Gang gesetzt werden. Man hätte dann zum Pol ca. 900 Kilometer, ein Weg, der zweimal zurückgelegt werden muß. Am Pol selbst muß eine entsprechende Zwischenlandung möglich sein.
Für die Aufgabe kann nur ein unstarres Parseval-Luftschiff in Frage kommen. Nur ein solches läßt sich bequem transportieren und auf dem Eise in wenigen Stunden füllen und montieren.«[8]
Diese Idee wurde zwar zu diesem Zeitpunkt nicht verwirklicht, später jedoch von Nobile und Amundsen wieder aufgegriffen. Parsevals Prallluftschiffe bewährten sich jedoch so gut, daß bis 1914 bereits über 20 Luftschiffe gebaut wurden, die von den Heeresverwaltungen aus 6 Staaten angekauft wurden.

▲ *38* Karte des Militär-Luftschiffes M 3 (Major Groß) in der Gothaer Luftschiffhalle. »Diese Halle ist so groß, daß Zeppelin, Parseval und Militär-Luftschiff alle drei zur gleichen Zeit Platz finden können.«

36 Links oben: Werbekarte der Firma Continental Ballonstoff mit dem französischen Luftschiff Clément-Bayard.

◀ *37* Werbekarte der Firma Continental Ballonstoff mit dem Militär-Luftschiff II und dem Parseval-Luftschiff II.

Tragekörper b ein starres Gerippe c zu legen, um dadurch dem Tragekörper eine größere Festigkeit der Längsachse zu geben, stammt von dem französischen Ingenieur Julliot, dem Konstrukteur der von den Gebrüdern Lebaudy erbauten Schiffe ›Le Jeaune‹, ›La Patrie‹, ›La République‹. Auf dieser Konstruktionsgrundlage wurde im Jahre 1906 beim Luftschifferbataillon in Reinickendorf bei Berlin ein in der übrigen Konstruktion von den französischen Schiffen jedoch vollständig abweichendes kleines Versuchsschiff gebaut, das seine Probefahrten im April 1907 aufnahm und bereits im Sommer desselben Jahres den Rekord in der Fahrtdauer von 8¼ Stunden für das Jahr 1907 aufstellte. Die Propeller sind an das Versteifungsgerüst hinausgelegt und dadurch dem Widerstandsmittelpunkt nahegerückt. Der Motor, ein 24 PS Gaggenau-Automobilmotor, sitzt im hinteren Teile der Gondel quer zur Längsachse des Schiffes und treibt die Propeller durch Seilantrieb. Die Geschwindigkeit dieses Versuchsluftschiffes war in Anbetracht des schwachen Antriebsmotors nur gering, ca. 8½ Meter in der Sekunde, genügte jedoch, um die Fragen der Betriebsbedingungen eines derartigen Fahrzeuges unter verschiedenen Wetterlagen eingehend zu studieren. Es machte in den Jahren 1907 und 1908 über 60 Fahrten, wobei es stets den Ausgangspunkt mit eigner Kraft wieder erreichte.

Auf Grund der mit diesem Schiffe gemachten Erfahrungen wurde im Jahre 1908 beim Luftschifferbataillon ein größeres Luftschiff nach dem halbstarren System erbaut, das in demselben Jahre seine Probefahrten aufnahm. Durch Einbau zweier 75 PS Körtingmotoren wurde die Geschwindigkeit des Schiffes ganz erheblich gesteigert. Der Seilantrieb wurde beibehalten. Die beiden Motoren können nach Wahl einzeln oder zusammen auf eine doppelte Seilscheibe arbeiten, von der je ein Triebseil nach den oberhalb der Gondel am Versteifungsgerüst angebrachten dreiflügeligen Propellern führt. Das Versteifungsgerüst ist aus konstruktiven Gründen in drei gelenkig miteinander verbundene Teile zerlegt. Die beiden hinteren Teile sind durch Drahtseilverspannungen zu einem festen Ganzen vereinigt. An dem vorderen Teile des Versteifungsgerüstes ist ein kastenförmiges Höhensteuer angebracht. Die Aufrechterhaltung der prallen Form des Tragekörpers bei Gasverlust wird durch zwei Ballonets ermöglicht, die durch einen im Mittelteil des Versteifungsgerüstes angebrachten Zentrifugalventilator aufgeblasen werden können. Am 21. September 1908 gelang es diesem Schiff, bei windigem Wetter eine Dauerfahrt von über 13 Stunden ohne Zwischenlandung auszuführen.«[9]

Bis 1914 wurden 4 halbstarre Luftschiffe von Groß & Basenach und 1 Luftschiff nach dem System von Veeh gebaut. Zweifellos hatten die halbstarren Formen der Luftschiffe gute Fahreigenschaften, aber auch hier stieß man an eine Grenze der Kapazitätsbelastung. Die Form des Luftschiffes war nach wie vor durch ein Zusammenwirken von Gasdruck und vorgegebener Hülle (z. B. Ballonets) gegeben. Um ein Luftschiff nun noch tragfähiger zu machen, mußte man den Gasdruck im Inneren des Schiffes erhöhen. Dies bedeutete aber, daß die Ballonhülle reißfester sein mußte, damit aber auch dicker und schwerer. Dies wiederum hatte zur Folge, daß das zusätzliche Gewicht der dickeren Hülle die durch die Vergrößerung gewonnene Tragfähigkeit des Luftschiffes wieder minderte oder aufhob. Eine Vergrößerung des Luftschiffes und damit eine Vergrößerung der Nutzlastbeförderung ließ sich nur mit einem völlig starren Luftschiff verwirklichen, einem Luftschiff, das seine Form und Stabilität auch dann noch behalten würde, wenn kein Gas in den Ballonets enthalten wäre.

Diese Erkenntnis setzte sich erst durch zahllose Versuche sowie finanzielle und menschliche Opfer nach und nach durch. Ein Mann, den man spöttisch den »Narr vom Bodensee« nannte, mußte dies schon sehr früh geahnt haben: Graf Ferdinand von Zeppelin.

Durch ihn wurde eine Entwicklung eingeleitet, die die Luftschiffahrt prägte.

Starres System von Zeppelin

Der Name, der untrennbar für alle Zeit mit dem starren Luftschiff und damit mit der Luftschiffahrt schlechthin verbunden sein wird, ist der von Graf Ferdinand von Zeppelin. Selten hat ein Mensch so viele Schicksalsschläge, so viele Tiefen und Höhen erlebt wie dieser geniale Erfinder, und selten wurde ein Erfinder vom ganzen Volk zuerst so verspottet, dann aber gefeiert, verehrt und geliebt. Als gebürtiger Schwabe befaßte sich Graf Zeppelin erst sehr spät mit der Materie, die zur Bestimmung seines Lebens werden sollte. Als er als 52jähriger seinen Dienst bei der Armee quittierte, hatte er die Idee, einen »lenkbaren Luftfahrzug mit mehreren hintereinander angeordneten Tragkörpern« zu konstruieren. 1891 reichte er die erste Patentanmeldung ein. Es sollten jedoch noch einige Jahre vergehen, bis er 1899 mit dem Bau seines ersten starren Luftschiffes beginnen konnte. Unter Verwendung eines Großteils seines Vermögens und weiterer Spenden konnte der Bau des LZ 1 fertiggestellt werden, und am 2. Juli 1900 wurde der erste Aufstieg gewagt. In der Zeitschrift »Gartenlaube« berichtet darüber ein Augenzeuge: »Es ging lebhaft zu um die kleine Ortschaft Manzell am Bodensee am 30. Juni dieses Jahres (1900). In weitem Bogen lag auf dem See eine ›Flotte‹, wie sie vereint auf dem Schwäbischen Meer nicht so bald wieder auftreten wird: Dampfer, Motorboote, Segel- und Ruderfahrzeuge, mit Menschen dicht besetzt, und an dem Ufer dicht gedrängt eine tausendköpfige Menge. Aller Augen richteten sich auf den langgestreckten Holzschuppen, der festverankert vor Manzell lag: die Halle, welche das vom Grafen Zeppelin ersonnene und mit vielem Geldaufwand und großer Mühe gebaute Luftschiff

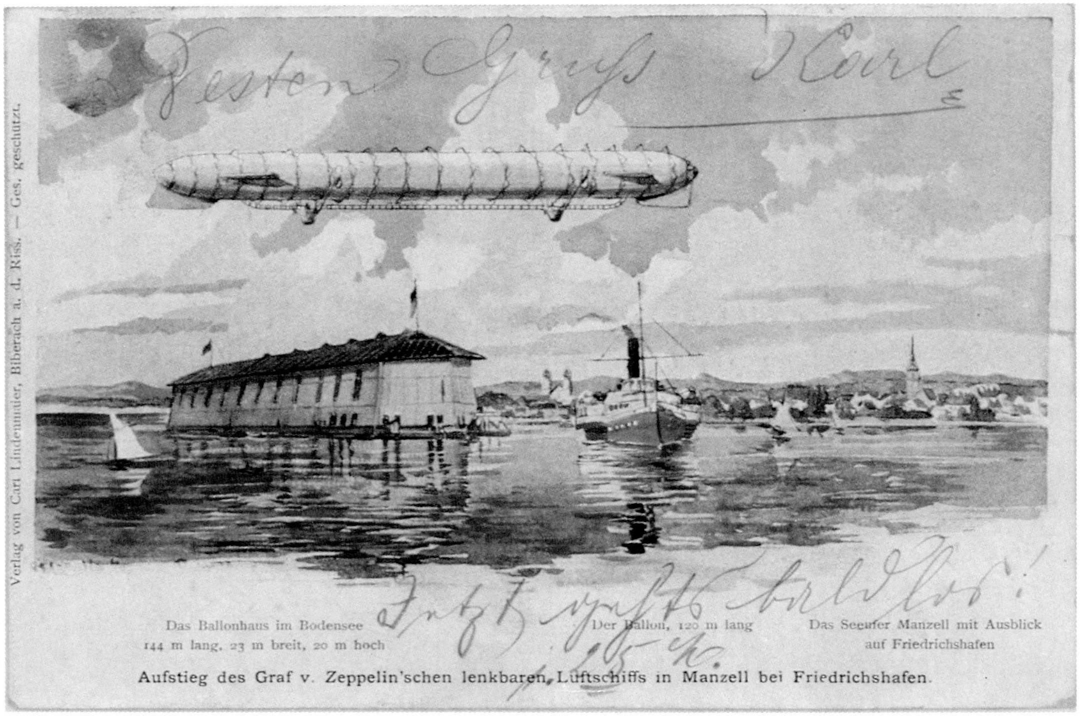

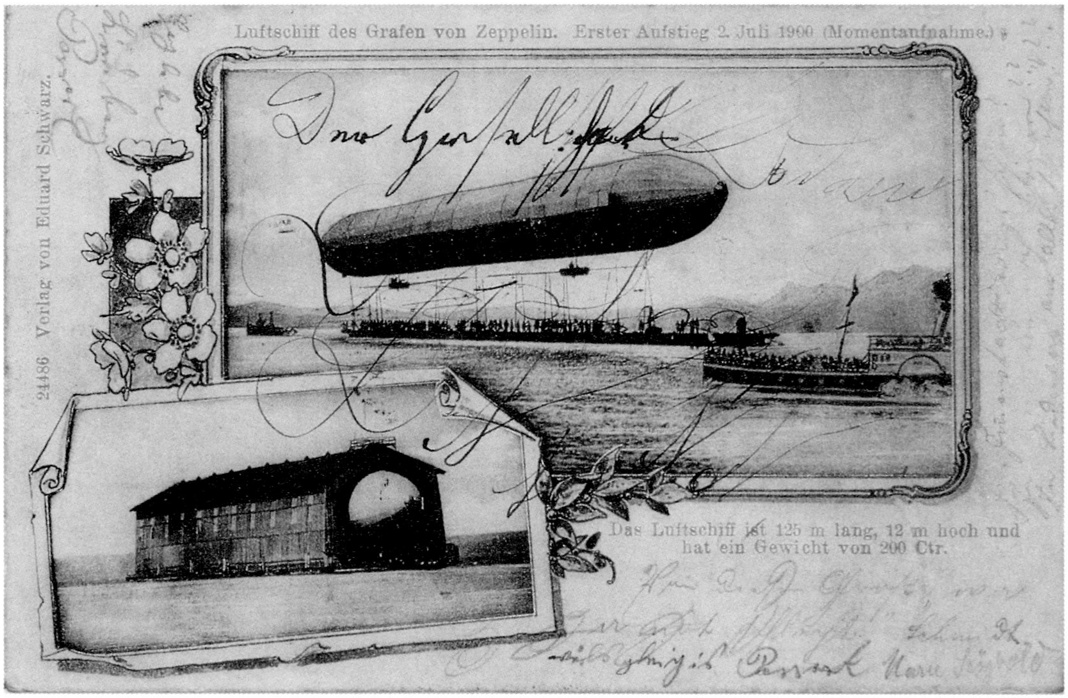

39 **Oben: Luftschiff des Grafen Zeppelin. Diese Karte wurde vor dem ersten Aufstieg gedruckt und versandt. Poststempel 30. Juni 1900, 2 Tage vor dem Aufstieg. Beachtenswert sind die in der Zeichnung irrtümlich nach außen gelegten Aluminiumrippen. »Jetzt gehts bald los!«**

40 **Unten: Luftschiff des Grafen Zeppelin. Erster Aufstieg, 2. Juli 1900 (Momentaufnahme). »Das Luftschiff ist 125 m lang, 12 m hoch und hat ein Gewicht von 200 ctr.«**

43 **Frühe Ansichtskarte des Zeppelinschen Luftschiffes (1900). Das Herausziehen des Luftschiffes aus seiner Halle. Entwurf: K. Fuchs.**

barg. Am 30. Juni sollte laut Ankündigung der erste Aufstieg stattfinden. Ein Fesselballon stellte Windstärke und Windrichtung in verschiedenen Höhenlagen fest, und viele Tausende waren von fern und nah herbeigeströmt, um Zeugen eines Augenblicks zu sein, der sich vielleicht zu einem der denkwürdigsten in der Geschichte der menschlichen Kultur gestalten konnte. Enttäuscht mußten die Neugierigen umkehren: einer der Ballons des Luftschiffes platzte, der Aufstieg war an dem Tag nicht mehr möglich. Er konnte erst am 2. Juli abends vor einem weniger zahlreichen Publikum erfolgen. Ruhig lag der See da, und nur ein leichter Wind wehte von Südwesten. Graf Zeppelin entschloß sich jetzt, den Aufstieg zu wagen. Gegen ½8 Uhr wurde der Ballon von den zur Bedienung herbeigezogenen Mannschaften: Feuerwehrleuten, Soldaten und Turnern ein wenig aus der Halle gezogen, so daß die Spitze sichtbar wurde. Hierauf wurde der kleine Dampfer ›Buchhorn‹ vor das Floß, auf dem der Ballon ruhte, gespannt und schleppte es aus der Halle. Der Koloß wurde an Tauen festgehalten, aber man konnte schon seine riesigen Dimensionen übersehen. Das zeppelinsche Luftschiff hat die Form einer an beiden Enden zugespitzten Zigarre, die den ›Tragkörper‹ bildet. Derselbe ist etwa 117 Meter lang und besitzt einen Durchmesser von 10 Meter. Aluminiumstäbe bilden sein Gerippe, das ein Netzwerk von Schnüren und Drähten umspannt. In dem Innern sind 17 Gasballons untergebracht, die für den Aufstieg mit Wasserstoffgas gefüllt wurden. Unter dem Tragkörper sind zwei Gondeln befestigt, die durch den Laufsteg miteinander verbunden sind. In ihnen sind zwei sechzehnpferdige Daimlermotoren aufgestellt, welche die unterhalb des Tragkörpers angeordneten Luftschrauben bewegen. Vorn und hinten besitzt der Ballon Segel, die als Steuerruder dienen, und an dem Steg zwischen den Gondeln sind noch Laufgewichte angebracht, welche dem Ballon je nach dem Wunsch des Luftschiffers eine horizontale oder etwas schräge Lage zu sichern

44 **Zeppelin Luftschiff LZ 4 (1908) in voller Fahrt. Ausschnitt: Vordere Gondel mit Graf Zeppelin. Interessant ist der französische Zusatz: »Le dirigeable, Zeppelin.«**

46 **Gruß aus Straßburg zur Erinnerung an den Besuch des Grafen von Zeppelin mit seinem lenkbaren Luftschiff, 4. August 1908.**

45 **Aufstieg zur sogenannten Echterdinger Fahrt am 4. August 1908. Gemälde von Prof. Zeno Diemer, München.**

vermögen. Am 2. Juli waren die Gondeln des Luftschiffes mit 5 Personen bemannt: Außer dem Erfinder des Fahrzeuges nahmen an der Fahrt Baron von Bassus von München, der Afrikareisende Eugen Wolf, Ingenieur Burr und Monteur Groß teil. Auf das gegebene Kommando hob sich der Koloß langsam zunächst um 5 bis 10 Meter, dann wurde er freigelassen und stieg unter den Hurrarufen der Zuschauer bis zu einer Höhe von 300 bis 400 Metern. Horizontalschwankungen des Ballons wurden mittels des Laufgewichtes leicht ausbalanciert. Als dann die Luftschrauben in Bewegung gesetzt wurden, konnte es merklich gegen den Wind vorwärts kommen, dessen Stärke 4 bis 5 Meter in der Sekunde betrug. Bei dem darauffolgenden Versuch mit den Steuerapparaten machte das Luftschiff eine Drehung von etwa 260°. Man konnte ihm aber nicht rasch genug eine entgegengesetzte Wendung geben, es wurde vielmehr gegen Immenstaad abgetrieben, wo es nach einer Fahrt von etwa zwanzig Minuten glücklich, durch einen Pfahl im See leicht beschädigt, auf dem Wasser landete. Der Dampfer ›Buchhorn‹ schleppte das Floß herbei, und in der Nacht wurde das Luftschiff wieder in die Halle bei Manzell gebracht.

Wenn beim ersten Aufstieg sich der Zeppelinsche Ballon als lenkbares Luftschiff auch nicht voll bewährte, so hat der Erfinder doch bei der Fahrt Erfahrungen gesammelt, die er zur Verbesserung der Luftschrauben, der Steuer und dergleichen verwenden kann.«[10]

Die Enttäuschung, die aus diesen Zeilen spricht, schildert ziemlich trefflich die Stimmung der anwe-

47 **Graf Zeppelins lenkbares Luftschiff in voller Fahrt über Speyer am 4. Aug. 1908, Nachmittag 2 Uhr 10 Min.**

senden Persönlichkeiten wie des Königs und der Königin von Württemberg, des englischen Gesandten und vieler Offiziere aus den verschiedenen Luftschifferabteilungen. Das Luftschiff war viel zu schwer, die Motoren nicht stark genug, so daß nur eine Nutzlast von 300 kg befördert werden konnte. Damit schien das Schicksal des Grafen fürs erste besiegelt.
Graf Zeppelin gab jedoch nicht auf. Die nächsten 8 Jahre waren nun von Teilerfolgen und Rückschlägen geprägt. Schließlich wurde ihm gestattet, eine landesweite Lotterie zu veranstalten, wodurch er den Bau seines zweiten Luftschiffes finanzieren konnte. Schon beim zweiten Aufstieg des neuen Schiffes (LZ 2) versagte einer der Motoren und das Schiff wurde abgetrieben. Der als Monteur mitfahrende Schlosser Preiß berichtet darüber: »Das Schiff hat zuviel Auftrieb und kommt erst in 450 m Höhe über dem Bodensee ins Gleichgewicht, bleibt aber in seiner Gewichtsverteilung schlecht ausbalanciert. Unten kam es gegen den schwachen Wind an, oben behauptete es sich gegen eine starke südwestliche Luftströmung nur, solange es direkt gegen den Wind gestellt wird. Aber die Steuerwirkung überdreht das Luftschiff, und als sich die Seitensteuer dann noch klemmen, beginnen wir über Land abzutreiben. Unmerklich sind wir in eine entgegengesetzte Windströmung geraten, die uns nach Osten, in das Allgäu, entführt. Wollen wir nicht an den Bergen zerschellen, so wird es Zeit, ans Landen zu denken. Schon kommt von der Führergondel Drahtpost; der Laufzettel enthält nur zwei Worte in der charakteristischen Handschrift Zeppelins: ›Schlepptau hinunterlassen!‹ In der Führergondel zieht man Ventile, Gas entweicht, das Schiff wird schwer und sinkt. Der Kettenanker rasselt in die Tiefe, beißt sich in die gefrorene Erde, die Gondeln schlagen auf, wippen ein paarmal wieder hoch – ein Knacken, die haltende Kette ist gerissen, das Schiff treibt in hundert Meter Höhe weiter, auf zwei Einödhöfe zu. Vor dem einen Hof hängt ein Mädchen gerade Wäsche zum Trocknen auf. Angesichts

48 **Zeppelin über Stuttgart am 5. August 1908. Kurz danach wurde das Luftschiff bei seiner Landung in Echterdingen infolge eines Orkans vernichtet.**

49 **Reichsluftschiff Z I in München nach der Landung auf dem Oberwiesenfeld am 2. April 1909. Original Zeppelin-Postkarte Nr. 9.**

des Ungeheuers, das sich so bedrohlich nähert, schreit sie uns fuchsteufelswild entgegen: ›Laßt mir meine Wäsche hängen!‹ Nun, wir sind keine Zigeuner und haben im Augenblick auch noch andere Sorgen: das Schiff hat sich neuerdings gesenkt, streift zwei Birken, wobei eine Abteilung des Schiffskörpers eingedrückt wird, und setzt dann verhältnismäßig sanft auf den moorigen Wiesenboden auf. Die erste Landung eines Zeppelins auf festem Boden ist ohne alle fremde Hilfe gelungen. Mit Unterstützung der herbeieilenden Bauern binden wir das Luftschiff vorn und hinten an Seilen fest, deren Enden wir mit Felsbrocken, Erde und andern gewichtigen Dingen beschweren. Wir kommen uns sehr gescheit dabei vor und wissen nicht, daß wir damit das Schicksal unseres Fahrzeuges besiegeln. Ein Luftschiff nämlich, das vorn und hinten festgebunden ist, wird dadurch wehrlos dem Seitendruck der Winde ausgesetzt; dagegen stellt es sich automatisch in den Wind ein, wenn es nur an seiner Bugspitze verankert wird. Die beiden Bauernhöfe, in deren Nähe die Landung erfolgt ist, bilden den Weiler Fischersreut bei Sommersried im Allgäu; der Schauplatz unserer Landung heißt im Volksmund Allwind. Das hätte uns warnen sollen, aber zunächst ist es unten windstill. Wir sind todmüde und schlafen traumlos bis morgens um sieben Uhr. Ahnungslos und guter Dinge kehren wir zum Luftschiff zurück – und finden auf dem Ankerplatz Mannschaften aus Friedrichshafen damit beschäftigt, unser schönes Schiff mit Äxten und Sägen in Stücke zu zerschlagen! Wir trauen unsern Augen nicht – sind wir verrückt geworden oder jene? – und erfahren alsbald die traurige Wahrheit: nachts ist Sturm aufgekommen, hat das widersinnig festgebundene Schiff von der Seite überfallen, seine Hülle zerfetzt und das Innengerüst mehrfach durchbrochen.«[11]

Dieses Unglück war für Zeppelin eine der schwärzesten Stunden seines Lebens. Durch seine Familie und seinen genialen Konstrukteur Ludwig Dürr, die ihn anflehten nicht aufzugeben, schaffte es Zeppe-

50 **Der verunglückte Zeppelin II auf der Unfallstelle bei Göppingen am 31. Mai 1909.**

51 **Zeppelin über Friedrichshafen. Karte aus dem berühmten Atelier E. Felle in Isny, 1909. Absender: Hotel Deutsches Haus, C. Walther, Friedrichshafen.**

lin, mit Hilfe einer zweiten Lotterie sein drittes Luftschiff zu bauen. LZ 3 war nun zum erstenmal ein Erfolg vergönnt. Bei mehrstündigen Probefahrten am 9. und 10. Oktober 1907 über dem Bodensee konnte seine ausgezeichnete Stabilität und Steuerfähigkeit bewiesen werden. Wissenschaft und Politiker horchten zum erstenmal auf. Auch die Militärs waren beeindruckt. Das Luftschiff war mit 11 Personen und 2500 Kilogramm Ballast über 2 Stunden in der Luft gewesen und hatte dabei eine Geschwindigkeit von über 40 Stundenkilometer erreicht. Dies hatte zur Folge, daß der Reichstag 2 Millionen Mark zum Ankauf und zum Bau eines neuen Luftschiffes genehmigte. Die Abnahmebedingung lautete: Das Luftschiff sollte in einer 24stündigen Fahrt 1200 Meter Höhe erreichen und verschiedene Landungen auf festem Boden durchführen können.

Am 4. August 1908 war es soweit, und das neue Luftschiff LZ 4, das schon im Juli eine großartige 12stündige Fahrt in die Schweiz durchgeführt hatte, verließ die Halle zu der in die Geschichte eingegangenen Fernfahrt nach Mainz. Graf Zeppelin berichtet darüber: »Als wir uns auf der Mainzer Fernfahrt am Spätnachmittag des 4. August 1908 dem Rhein unweit Oppenheim näherten, trat eine sehr schnelle Abkühlung des Gases ein, und da gerade nur ein Motor im Gang war, der andere war durch den Bruch eines Rädchens, dessen Ersatz im kritischen Moment zu lange dauerte, unbrauchbar geworden –, so konnte man den nun eintretenden Abtrieb nicht dynamisch überwinden. Es war kein Halten mehr, und man mußte vollends auf den Rhein hinuntergehen. Es wurde die Stelle so geeignet als möglich gewählt, und die Landung ist vollkommen gelungen. Um die Fahrt fortsetzen zu können, mußte soviel als möglich entlastet und die Nachtkühle abgewartet werden. Dann ging es über Mainz hin und zurück bis wieder über Mannheim, wo dann der vordere Motor vollkommen versagte. Es war ein Lager ausgeschmolzen, und es konnte von da ab nur mit einem Motor gefahren werden. Aber Benzinvorrat war reichlich vorhanden, auch für eine

52 **Das Zeppelin-Luftschiff Z III über dem Bodensee, 1909.**

53 **Karte zur Erinnerung an die Anwesenheit Seiner Majestät Kaiser Franz Josef I bei der Vorführung des Zeppelinschen Luftschiffes (Z III) in Bregenz am 31. August 1909. »Heute warten wir auf Z III.«**

noch viel längere als 24stündige Fahrt. Die Nacht war sehr dunkel, aber es gelang doch, sich zu orientieren und die Fahrt so einzurichten, daß man auf kürzestem Weg dem Reiseziel näherkam. Es war zwar nicht zu vermeiden, daß wir auch jetzt mit nur einem Motor in sehr große Höhen getrieben wurden, da der Betriebsmaterialverbrauch das Fahrzeug beständig sehr entlastete. In 1800 Meter Höhe wurde Gas entlassen, um nicht noch höher zu steigen, aber nur so viel, daß man mit der vorhandenen dynamischen Kraft wieder herunter konnte.
So ging die Fahrt über Stuttgart hin, immer noch in ziemlicher Höhe. Da, südlich von Stuttgart, in den Feldern, machte sich eine bedeutend stärkere Luftströmung bemerkbar, und wir erkannten, daß mit dem einen Motor, der noch im Gange war, nicht mehr vorwärtszukommen war. Wir würden anstatt vorwärts, zurückgekommen sein. Deshalb beschlossen wir die Landung: Unten wehte der Gegenwind schwächer, nahm aber bald auch da so zu, daß wir landeten, um nach Wiederherstellung des gestörten Motors mit Hilfe der nahen Daimlerfabrik und Bezug weiteren Füllgases aus Manzell die Fahrt fortzusetzen. Auch diese Landung vollzog sich vollständig glatt, ohne die geringste Beschädigung.
Dann trat das Unglück ein, daß eine plötzlich anhebende Sturmwelle seitlich herkam und das Fahrzeug fortriß. Es machte einen Sprung von einem Kilometer Länge. Während desselben wurde von einem der in dem Luftschiff befindlichen Leute Ventil gezogen, um das Fahrzeug schneller wieder zur Erde zu bringen. Der herausgerissene und nun herabhängende Anker schlug noch einmal ein und faßte so fest, daß nicht etwa eine Fesselung abriß oder irgend etwas am Fahrzeug, sondern daß der eiserne Anker

54 **Fotokarte vom Besuch König Augusts von Sachsen bei Graf Zeppelin in Friedrichshafen. Hinter dem Steuerrad ist der »Privat-Chauffeur« des Grafen Zeppelin, Josef Pelzer, zu sehen. Die Aufnahme wurde am 9. September 1909 bei der Besichtigung der im Bau befindlichen Verwaltungsgebäude des Zeppelin-Luftschiffbaues gemacht.**

61 **Karte von der Internationalen Baufach-Ausstellung in Leipzig, 1913. Zeppelin umkreist das Völkerschlachtsdenkmal zu Leipzig.**

in zwei Stücke gerissen wurde. Dann ging das Fahrzeug noch ein Stück weiter, bis es sich in einer Baumgruppe, schon brennend, festfuhr.«[12]
Ein Aufschrei des Entsetzens ging durch Deutschland. Die Presse berichtete in großen Schlagzeilen über das »Unglück von Echterdingen«: »Stuttgart, 5. Aug. Das Luftschiff des Grafen Zeppelin ist fünf Minuten vor drei Uhr durch Explosion des Ballons vollständig zerstört worden. Das Luftschiff wurde erst vom Sturm nach rechts abgetrieben und in die Höhe gerissen. Dann senkte sich der vordere Teil, und gleichzeitig schlugen die Flammen empor. Gleichzeitig hob sich nun der Ballon auch an der anderen Seite, und im Nu stand das Luftschiff in Flammen. In wenigen Sekunden war das Zerstörungswerk vollendet. Einer der Monteure, der am hinteren Motor saß, wurde schwer verletzt. Graf Zeppelin, dem die Unglücksbotschaft alsbald zuging, eilte vollständig gebrochen nach der Unglücksstätte.
Stuttgart, 5. Aug. Der Unfall des Ballons wurde dadurch verursacht, daß infolge eines überaus heftigen, plötzlich einsetzenden Gewittersturmes eine Gondel des Ballons in die Höhe gehoben wurde. Als sie wieder auf den Boden aufprallte, explodierte ein Motor, und der betreffende Teil des Ballons fing Feuer. Mehrere Soldaten, die mit dem Halten des Ballons beschäftigt waren, wurden mit in die Höhe gerissen und durch die Explosion schwer verletzt. Graf Zeppelin stand erschüttert vor seinem vernichteten Lebenswerk. Er begab sich mit dem Automobil nach Stuttgart. Die Zahl der Verwundeten steht noch nicht fest. Die im Augenblick des Unfalles anwesenden Menschen werden auf 40 bis 50000 geschätzt.
Stuttgart, 5. Aug. Wie nunmehr feststeht, wurde bei der Ballonkatastrophe niemand getötet, wohl aber sind zwei bis drei Personen schwer verletzt worden. Der Ballon ist vollständig verbrannt.
Berlin, 5. August. Auf die jubelnde Begeisterung, mit der an allen Orten, wo Deutsche wohnen, die glückliche Fahrt Zeppelins begrüßt wurde, ist jetzt

62 **Doppelschleifenfahrt des Zeppelin-Luftschiffes »Sachsen« über Krumbach/Schwaben am 4. Mai 1913.**

64 **Karte zu Ehren des 25jährigen Regierungs-Jubiläums Kaiser Wilhelm II. Zeppelin und Flugzeuge über dem Rhein. Entwurf: Hans Rudolf Schulze.**

63 **Karte des Studentischen Luftflottenvereins mit Zeppelin über Adler. Entwurf: E. Riess, Freiburg, 1913.**

tiefe Trauer gefolgt, die aber die Hoffnung auf den endlichen Sieg Zeppelins nicht mehr erschüttern kann.
Mannheim, 5. Aug. Sobald die Nachricht von dem Unfall des Zeppelinschen Luftschiffes eingelaufen war, ist der Ausschuß des Deutschen Flottenvereins, der seinen Sitz in Mannheim hat, zusammengetreten und hat beschlossen, unverzüglich eine Sammlung einzuleiten, um dem Grafen Zeppelin die zum Bau eines neuen Luftschiffes erforderlichen Mittel zur Verfügung zu stellen. Die Familie Karl Lanz hat sofort 50000 Mark gezeichnet.
Berlin, 6. Aug. Zahlreiche Blätter des Reichs erlassen Aufrufe zu einer Sammlung für den Grafen Zeppelin.
Friedrichshafen, 7. Aug. Für ein neues Luftschiff sind bis gestern abend außer den 500000 Mark der Reichsregierung noch 1300000 Mark aus Privatmitteln, also insgesamt 1800000 Mark gezeichnet worden. Auf allen Bodenseedampfern werden Beträge gesammelt. So sammelte eine Dame im Handumdrehen auf einem Dampfer 600 Mark.
Berlin, 8. Aug. Am Freitag, den 7. August gründete sich ein »Deutsches Reichskomitee zur Aufbringung einer Ehrengabe des gesamten deutschen Volkes für den Grafen von Zeppelin zum Bau eines neuen Luftschiffes«. An die Spitze des Ehrenpräsidiums trat der deutsche Kronprinz und erließ folgenden Aufruf: »Groß war der Jubel, als die Kunde von den erfolgreichen Fahrten des deutschen Luftschiffes unter seinem genialen Erfinder Grafen von Zeppelin die deutschen Lande durchdrang. Jetzt, da ein großes Unglück das Lebenswerk dieses uner-

müdlichen Vorkämpfers der deutschen Luftschifffahrt zu zerstören droht, ist es Pflicht eines jeden vaterlandliebenden Mannes, durch rasches Handeln helfend einzutreten. Jeder Deutsche trage zur möglichst schnellen Beschaffung eines deutschen Luftschiffes bei, indem er einen Beitrag an die Sammelstelle des Deutschen Reichskomitees sendet.«[13]
Innerhalb weniger Wochen kamen so über 6 Millionen Mark zusammen. Die gesamte Nation beteiligte sich an der Spende, Schüler und Arbeiter mit ein paar Groschen genauso wie die Großindustriellen. Aber auch mit Sachspenden und Naturalien wurde Zeppelin großzügig bedacht. Die Andenkenindustrie blühte auf. Es gab Zeppelinweine, -würste, -zigaretten und -süßigkeiten. Graf Zeppelin war durch das »Wunder von Echterdingen« zum wahren Volkshelden geworden, nach dem Straßen und öffentliche Plätze benannt wurden.
Mit dem Geld wurde der Luftschiffbau Zeppelin GmbH gegründet mit A. Colsmann als Direktor sowie die Zeppelin-Stiftung, deren Vorsitzender Dr. Eckener wurde. Das erste Luftschiff unter der neuen Leitung war die LZ 5, mit der ein bisher noch nie dagewesener Flug von fast 38 Stunden von Friedrichshafen nach Bitterfeld und zurück gelang. Nun begann die große Zeit der wirtschaftlichen Nutzbarmachung der Zeppelinschen Idee. Die November 1909 gegründete deutsche Luftfahrtaktiengesellschaft (Delag) hatte sich zum Ziel gesetzt, einen Liniendienst zwischen den großen Städten in Deutschland aufzubauen. Sie arbeitete dabei mit der Hamburg Amerika Linie (Hapag) zusammen, die den Fahrkartenverkauf übernahm. Anfänglich wurden vor allem Rundfahrten durchgeführt, doch bald gehörte es bei den oberen Zehntausend zum guten Ton, mindestens einmal mit einem Luftschiff gefahren zu sein und sich an Bord von einem Ober kulinarisch verwöhnen zu lassen. Mit ihren Schiffen »Deutschland«, »Schwaben«, »Hansa«, »Sachsen« und »Viktoria Luise« gelang es der Delag, in den nächsten Jahren bis zum Ausbruch des I. Weltkrieges insgesamt 1600 Fahrten durchzuführen. Es wurden über 37000 Passagiere befördert. Ohne größere Unfälle (zwar gingen zwei Schiffe verloren, aber Personen wurden keine verletzt) waren die Schiffe dabei über 3200 Stunden in der Luft und legten ca. 150000 Kilometer zurück.

Starres System von Schütte Lanz

Neben den großartigen Erfolgen, die Graf Zeppelin nach 1908 beschieden waren, soll nicht unerwähnt bleiben, daß zumindest ein weiterer Mann durch hervorragende Leistungen sich um den Bau von Starrluftschiffen einen Namen gemacht hat. Johann Schütte, Professor an der technischen Hochschule zu Danzig, erschienen einige Einzelheiten des Zeppelinschen Luftschiffes verbesserungsbedürftig. Seine wichtigste Änderung betraf die äußere Gestalt. Während das Zeppelinluftschiff eine zylindrische Form besaß, konstruierte Schütte eine aerodynamische Stromlinienform, die den geringsten Luftwiderstand besaß. Diese Form ist erst sehr viel später von Zeppelin übernommen worden. Außerdem waren die Rippen seines Luftschiffes mit »Schrägspannten« versehen, so daß ein rautenförmiges Netz von Trägern entstand, das dem Schiffsrumpf eine gewisse Elastizität, damit aber auch eine große Stabilität in bewegter Luft gab. Diese wurde noch dadurch erhöht, daß als Baustoff Träger zur Anwendung kamen, die aus verleimten Holzschichten bestanden. Das erste Schütte-Lanz-Luftschiff machte am 17. Oktober 1911 seine Jungfernfahrt. Bemerkenswert war auch die weitere Neuerung, daß die Motoren bereits in Triebwerksgondeln untergebracht wurden und nicht wie bei den damaligen Zeppelinluftschiffen im Rumpf. Bis Ende 1918 wurden über 20 Schütte-Lanz-Luftschiffe gebaut, im Hinblick auf die bis zu diesem Zeitpunkt gebauten 113 Zeppelin-Luftschiffe eine vergleichsweise geringe Zahl, doch auch sie haben die Überlegenheit des »starren Systems« zumindest bei großen Luftschiffen bewiesen.

Zeppelinfahrten im Kriege

Dann verfinsterten sich aber die Wolken über Europa, und als es im September 1914 zum Kriegsausbruch kam, erlag auch schlagartig die Zivilluftfahrt. Die Militärs hatten nun »das Sagen«. Deutschland verfügte bei Kriegsausbruch über 12 einsatzbereite Luftschiffe, wobei die Delagschiffe mitgerechnet waren. Als wirksame Waffe gegen den Feind war das zu wenig. Colsmann und Eckener schafften es innerhalb kurzer Zeit, 26 neue Luftschiffe abzuliefern. Hier ist nicht der Platz, von den »Heldentaten« deutscher Luftschiffgeschwader gegen England zu berichten, da sie wohl für beide Seiten zu den traurigen Kapiteln in der Geschichte zählen. Welche Gefahr dabei für die Mannschaften der vorwiegend aus Marineluftschiffen gebildeten Flotten bestand, schildert ein Bericht von Obermaschinist Heinz Ellerkamm, der im Juni 1917 bei einer Angriffsfahrt auf London brennend abgeschossen wurde.

»Rückmarsch vom Angriff auf Harwich. Bombenexplosionen, Schrapnells und Scheinwerfer hinter uns. Es ist das beste, wenn ich einmal nach dem Benzin sehe. Ich ziehe meine Überschuhe aus Filz und meinen Pelzmantel an und klettere auf die Verbindungsleiter zum Schiffsinnern. Zehn bis zwölf Stufen muß ich hochklettern. Wie ich gerade auf der Leiter bin, höre ich ganz entfernt das unheimliche Tacken eines Maschinengewehrs. In dem Augenblick, als ich gerade in das Schiff hineinklettere, setzt auch schon das Abwehrfeuer unserer Maschinengewehre von der Plattform unseres Luftschiffes aus ein.

▶ *65* Kriegspostkarte Nr. 1 gelaufen am 20. September 1914 »Zeppelin am Firmament, alles läuft und alles rennt, und den tapferen Franzosen fällt das Herz in ihre Hosen.«

▶▶ *66* Die Wacht an der Nordsee. Luftschiff Zeppelin und Flugzeuge über der Insel Helgoland.

41 Das lenkbare Luftschiff, Graf von Zeppelin. Ebenfalls eine Karte, die vor dem Erstaufstieg vertrieben wurde. Interessant ist der Hinweis: »Das ganze Werk ist patentamtlich geschützt.«

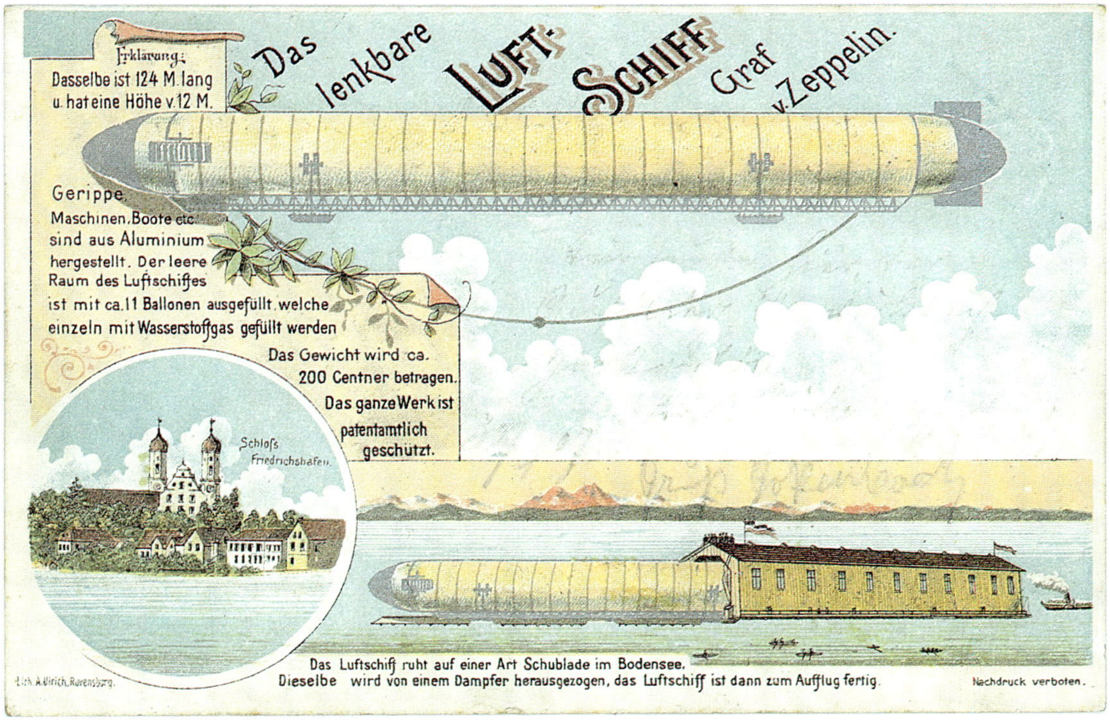

42 Gruß von Manzell bei Friedrichshafen (1900). Die Ballonhalle zum Luftschiff des Grafen v. Zeppelin. Entwurf: K. Fuchs.

55 Geprägte Farblithographie mit Zeppelin-Luftschiff und Portrait des Grafen Zeppelin. Ein Meisterwerk der Ansichtskartenkunst.

56 Luftfahrten mit Zeppelinschiffen. Karte herausgegeben zur Eröffnung des Frankfurter Luftschiffhafens, 1912.

58 Luftfahrten mit Zeppelinschiffen. Zudruck auf der Rückseite: Landungsplatz des Zeppelinluftschiffes... in...

59 Friedrichshafen, Zeppelin-Luftschiff LZ 10 (»Schwaben«), Ausfahrt aus der Halle, gelaufen 1912.

60 Zeppelin LZ 10 (»Schwaben«) über der Luftschiffwerft in Friedrichshafen. Interessant der Zusatzstempel von 1915: Freigegeben von der Militärischen Überwachungsstelle Lindau im Bodensee.

57 Werbekarte der Deutschen Luftschiffahrt AG (Delag). An Bord des Luftschiffes »Deutschland«: »Der Finder wird gebeten, diese Karte in den nächsten Briefkasten zu werfen.« Entwurf: Wiemann.

68 Künstler-Kriegspostkarte Nr. 4 von Heinz Keune. Zwölf Zeppeline als »Die Herren der Lüfte«.

67 Kriegskarte des »Luftfahrerdank«. Schütte-Lanz-Luftschiffe über den Felsen von Helgoland. Entwurf: Ruep.

75 Aeroplan Wright, Ansichtskarte um 1909. Dieser Flugapparat startete auf einem Gleis und landete dann auf Kufen. Entwurf: N. Beraud.

76 Aeroplan Voisin, Ansichtskarte um 1909. Dieses Flugzeug wurde von den Berlinern spöttisch »fliegende Stube, Kammer und Küche« genannt. Entwurf: N. Beraud.

77 Aeroplan Farman, Ansichtskarte von 1909. Farman hat auf diesem Apparat seinen berühmten Flug von 232 km ausgeführt, in dem er 4 Stunden 17 Minuten und 53 Sekunden in der Luft blieb. Entwurf: N. Beraud.

78 Aeroplan Antoinette, Ansichtskarte um 1909. Mit diesem Apparat machte Latham seinen berühmten Flug von Tempelhof nach Johannisthal am 4. September 1909. Entwurf: N. Beraud.

79 Aeroplan Blériot, Ansichtskarte um 1909. Auf dieser Maschine machte Blériot den berühmten Flug über den Ärmelkanal nach England am 25. Juli 1909. Entwurf: N. Beraud.

80 Die Könige der Luft, Ansichtskarte um 1909. Die erfolgreichsten Flugmaschinen des Jahres 1909, Antoinette, Wright, Farman und Blériot gemeinsam in der Luft bei Sonnenuntergang. Entwurf: N. Beraud.

▶ *70* Zeppelin-Nachtangriff auf einen englischen Kriegshafen.

71 Rechts unten: Umbauarbeiten bei dem Zeppelinluftschiff LZ 120 »Bodensee« im Dezember 1919. Siebter von links ist der Monteur Wilhelm Reutter, der später bei der Lufthansa beschäftigt war.

▼ *69* Wohlfahrtskarte für Angehörige der Kaiserlichen Marine zu Zwecken der Familienunterstützung und der Erholung Beurlaubter. »Luftangriff der Zeppeline auf die Londoner Hafenanlagen.« Entwurf: A. Hubert.

72 **Amerika Zeppelin ZR III (LZ 126) beim erstmaligen Verlassen der Halle in Friedrichshafen am 27. August 1924.**

In dem Augenblick, als ich gerade von dem Seitenaufgang in den Längslaufgang des Schiffes hineinbiegen will, sehe ich plötzlich an der fünften oder sechsten Gaszelle von achtern eine kleine, hellblaue Flamme. Mir bleibt fast das Herz stehen: Jetzt ist es aus!
Im nächsten Augenblick brüllt eine ungeheure Explosion durch das ganze Schiff, und eine Sekunde später ist L 48 eine einzige riesige Flamme. Ich sage mir sofort, daß alles, was ich jetzt auch tue, keinen Sinn und keinen Zweck mehr hat. Deutlich fühle ich, daß das Schiff zu fallen beginnt, und denke plötzlich daran, daß wir sicher über viertausend Meter hoch sind. Ich habe vom Längslaufgang des Schiffes unwillkürlich ein paar Schritte zurück in den Seitenaufgang gemacht.
Alles geht jetzt in Sekunden. Plötzlich gibt es einen gewaltigen Ruck. Mit dem Heck nach unten stürzt L 48 wie eine brennende Fackel in die Tiefe. Ich weiß heute noch, daß mir blitzschnell der Gedanke kam: Wie kommst du aus dieser Situation mit dem Leben davon. Ich versuchte mit der allergrößten Anstrengung an die Außenkante des brennenden und abstürzenden Schiffes zu gelangen. Es gelingt mir auch. Ich habe großes Glück, denn durch den leichten Südwestwind werden die Flammen etwas nach Backbord gedrängt und schlagen nicht direkt auf mich zu. Dadurch behalte ich meine klare Besinnung, aber trotzdem haben die Flammen schon die linke Seite meines Pelzmantels erfaßt. Immer wieder versuche ich, mit dem Ärmel das Brennen des Pelzes zu ersticken, um nicht ernstlich am Körper anzubrennen. Dazwischen denke ich dann wieder, daß schon vor uns bis dato zehn bis zwölf Luftschiffe über England abgeschossen sind und kaum ein Kamerad mit dem Leben davongekommen ist.
Das Schiff fällt und fällt. Wieder denke ich, ob ich nicht lieber abspringen und kurz entschlossen meinem Leben ein Ende machen soll. Da sehe ich plötzlich schräg unter mir ein mattes Licht. Ich kann nicht erkennen, ist es ein abgeblendeter

73 **Offizielle Postkarte des Reichsausschusses für die Zeppelin-Eckener Spende des Deutschen Volkes. »Auch unser Werk.« Entwurf: Franz Stassen.**

74 **Luftschiff LZ 127 »Graf Zeppelin« nach der Landung. Mit diesem Luftschiff wurde im August 1929 die erste Weltumrundung durchgeführt.**

Scheinwerfer oder ist es ein Leuchtturm. Ich kann nicht erkennen, sind wir noch über Land, oder sind wir schon über See. Während ich noch darüber nachdenke, schlägt plötzlich mit fürchterlichem Getöse das Heck des Luftschiffes auf dem Erdboden auf. Ein Chaos von Trägern, Spanndrähten, Benzintanks und Gondelteilen stürzt auf mich nieder. Die Benzintanks, die Öltanks, alle sind sie geplatzt. Das brennende Öl und Benzin kommt von allen Seiten wie flüssiges Feuer auf mich zu. Das Luftschiff, das über mir zusammengestürzt ist, bildet mit seinen Trägern und Drähten einen regelrechten glühenden Käfig. Wenn ich aus diesem Käfig überhaupt noch hinaus will, so ist es die allerletzte Sekunde.
Eins habe ich mir dunkel gemerkt, daß ich nach der Steuerbordseite den kürzesten Weg ins Freie habe. Und mit aller Kraft, mit einer Kraft, wie sie nur eine solche verzweifelte Sekunde gibt, stemme ich mich gegen einen Träger. Der Träger gibt nach, stürzt zur Seite und macht ein Loch frei. Ich krieche in dieses frei gemachte Loch hinein, fühle Erdboden und Gras in meinen Fingern und krieche vorwärts. Aber in den Spanndrähten und Aluminiumteilen habe ich mich festgefahren. Ich kann nicht mehr voran und kann nicht mehr zurück. Das brennende Öl und Benzin kommt wie flüssiges Feuer immer hinter mir her.
In meiner Todesangst stemme ich meine Hände auf die Knie und hebe mit übermenschlicher Kraft alle auf mir liegenden Trümmer etwas hoch. Dabei fällt ein Träger nach unten und stützt die hochgehobenen Trümmer wie eine Mausefalle und macht eine Stelle frei. Ich krieche durch die frei gemachte Stelle hindurch, überschlage mich ein paarmal über die brennenden Trümmer, und drei Meter vom Schiff entfernt falle ich todmüde zur Erde nieder. Ich sehe nur noch eine Wiese, ein paar Bäume und das Morgengrauen. Das alles weiß ich noch wie heute, aber ich habe in dem Moment, da ich hinfiel, gar nicht das Gefühl gehabt, daß ich gerettet bin.
Plötzlich höre ich das Propellergeräusch eines Flugzeuges. Es ist derselbe englische Kampfflieger, der unserem stolzen L 48 den Todesschuß gegeben hat. Jetzt erst wird mir klar, daß ich gerettet bin.
Während ich mich wieder aufraffe, sehe ich auch schon einen Engländer über die Wiese gelaufen kommen, nur mir Hemd und Hose und Schuhen bekleidet. Er kommt auf mich zu, sieht mich an, als ob ich aus einer anderen Welt komme. Dann fragt er mich: »You are from the Zeppelin?« und zeigt mit der Hand auf die brennenden Trümmer. Ich bejahe ihm die Frage. Dann sagt er weiter: »You were lucky indeed!« (»Sie haben großes Glück gehabt!«)«[14]
Von einem weiteren Ereignis, das vor allem auch für die Luftschiffahrt nach dem Kriege Bedeutung gewinnen sollte, sei hier erzählt. Luftschiffkapitän Hans von Schiller berichtet: »L 59 wurde jetzt in Staaken genau wie der L 57 hergerichtet und überführt nach Jambol in Bulgarien, von wo aus die große Fahrt angetreten werden sollte. Nach zwei vergeblichen Versuchen, wobei einmal L 59 bis nach Kleinasien gelangte, dort jedoch in heftigem Gewitter ein Teil der Ladung über Bord geworfen werden mußte, wodurch eine Weiterfahrt zwecklos wurde, stieg das Luftschiff unter Führung von Kapitänleutnant Bockhold Ende November zur großen Fahrt auf. In glatt verlaufender Fahrt wurde das Mittelmeer überquert und am Rande der Sahara westlich des Nils weiter nach Süden zu gehalten. Die Fahrt verlangte von Kommandant und Besatzung viel, tagsüber in den glühenden Strahlen der Sonne und nachts eine Temperatur, die schon empfindlich kalt wurde; so war es oft fahrtechnisch schwierig, das Schiff ruhig in der Luft zu halten. Beim Passieren des Berges Dschebel Ain fiel das schwer gewordene Schiff so stark durch, daß es nahezu auf den Boden aufstieß. Im letzten Augenblick konnte der L 59 noch durch das energische Eingreifen des früheren Delag-Führers Grußendorf wieder gerettet werden. Schon fast auf der Breite von Khartum stehend, erreichte das Schiff ein Funkspruch des Reichskolonialamtes, der es nach Hause zurückrief. In der Heimat hatte man erfahren, daß General von Let-

tow-Vorbeck Ostafrika verlassen und sich mit dem Reste der Truppen in portugiesisches Gebiet zurückgezogen hätte; so erschien es schwierig für die Besatzung des Luftschiffes, das an einem vorher bestimmten Orte landen sollte, mit den deutschen Truppen in Verbindung zu kommen, vor allem, da die erhaltenen Nachrichten über Lettow-Vorbeck recht ungünstig lauteten und man daraus schon ein Ende der Expedition erwarten konnte, ehe der L 59 an Ort und Stelle sei. Auf den Befehl zur Rückkehr hin drehte L 59 dann seinen Kiel wieder nordwärts der Heimat zu und landete nach einer 95stündigen Fahrt unter Zurücklegung von fast 6000 Kilometern glücklich wieder in seinem Ausgangshafen Jambol in Bulgarien, hatte dortselbst sogar noch Betriebsstoff für fast zwanzig Stunden an Bord, trotzdem er auf seiner Fahrt nach Süden schon fast zwei Drittel der angenommenen Fahrstrecke zurückgelegt hatte.«[15]

Durch dieses Ereignis war zum erstenmal klargeworden, welche Bedeutung ein Zeppelinschiff für den transozeanischen Verkehr haben könnte. Es sollte aber noch einige Jahre dauern, bis unter Führung von Dr. Eckener mit dem Reparationsluftschiff LZ 126 der Atlantik mit einem Zeppelinluftschiff überquert wurde. Am 12. Oktober 1924 startete die ZR III von Friedrichshafen aus zum Überführungsflug in die USA. Die über 8000 km lange Strecke bis nach Lakehurst wurde in 81stündiger Fahrt trotz schlechter Wetterverhältnisse bezwungen.

Dies war der Auftakt zu den großen Welt- und Linienfahrten über den Atlantik, die von den Luftschiffen LZ 127 (Graf Zeppelin) und LZ 129 (Hindenburg) in den Jahren bis 1938 durchgeführt wurden.

II. Schwerer als Luft

Die Anfänge der Motorfliegerei

Etwas anders als in Deutschland verlief die Eroberung der Luft in Frankreich und den Vereinigten Staaten von Amerika. Hier hatte man viel früher und in verstärktem Maß auf das System »schwerer als Luft« gesetzt. Zwar hatte Deutschland mit Otto Lilienthal auch hier Pionierarbeit geleistet, seit seinem tödlichen Absturz im Jahre 1896 war es jedoch recht still um seine Flugapparate geworden. Lediglich im Ausland versuchten seine Freunde, Schüler oder Kunden, seine Ideen und Versuche weiter zu entwickeln. Ein glühender Anhänger Lilienthals, Hauptmann Ferber, gelang es durch seine Gleitflüge, Frankreich zu begeistern. Sein Freund Pilcher in England ließ sich in einem weiterentwickelten Gleitflugzeug an einem Seil in die Luft ziehen, und in Amerika gelang es Octave Chanute, erstaunliche Flüge mit einer verbesserten Version des Lilienthalschen Gleiters durchzuführen. Durch diese Aktivitäten wurden die wohl wichtigsten Protagonisten der frühen Fliegerei gewonnen. Octave Chanute beflügelte die Gebrüder Wright und arbeitete mit ihnen zusammen, und nach vielen Versuchen und Rückschlägen war es im Dezember 1903 soweit; die Wrights hatten ihren Gleiter mit einem Motor versehen, und ein Flug von 12 Sekunden Dauer, der 120 Fuß weit ging, kam zustande. Von nun an ließ sich die Eroberung der Luft nicht mehr aufhalten. 1908 kam Wilbur Wright nach Europa und zeigte der staunenden Öffentlichkeit Flüge, an die man bisher nur im Traum gedacht hatte. In Le Mans glückten ihm Flüge von 1½ Stunden. Die Franzosen waren gelehrige Schüler, und bereits im Juli 1909 gelang Louis Blériot der Flug über den Ärmelkanal nach England.

◀ *83* **Offizielle Karte der Internationalen Luftschiffahrt-Ausstellung in Frankfurt, Juli–Oktober 1909, Nr. 1: »Es ist mächtiger Betrieb, da Luftschiff-Ausstellung.« Entwurf: H. Roth.**

▼ *84* **Werbekarte der Continental-Companie, Hannover. Aeroplan Wright im vollem Fluge.**

Internationale Luftschiffahrtausstellung in Frankfurt

Deutschland schwelgte in dieser Zeit in einem wahren »Zeppelin-Fieber«. Doch auch hier gab es ein Ereignis, das für die gesamte Luftfahrt von allergrößter Bedeutung war. Die »Internationale Luftschiffahrtausstellung (Ila)«, die von Juli bis Oktober 1909 in Frankfurt stattfand.
Es war eine Ausstellung der Superlative. Alles, was Bezug zur Fliegerei hatte, war vertreten; ob es sich um Motoren, Propeller, Instrumente oder Bespannungsstoffe für Flugzeuge und Luftschiffe handelte, es wurde präsentiert. Natürlich waren die verschiedenen Flugmaschinen und Luftschiffe die Hauptattraktion. Besonders zu erwähnen sind die flughistorische Sammlung, in der Flugphänomene aus der Natur und die ersten menschlichen Flugversuche dargestellt wurden, sowie ein »Luftschiffpanorama«, bei dem der Besucher für eine Mark Eintritt eine Gondel besteigen konnte, die sich dann in Bewegung setzte, um mit Motorengebrumm beim Betrachter den Eindruck zu erwecken, Frankfurt aus der Luft zu bewundern. Diese Ausstellung lockte Hunderttausende von Besuchern an. Einfache Bürger, Fachleute, Techniker und gekrönte Häupter ließen sich in diesen Wochen in eine neuartige Welt der Technik entführen, einer Technik, die eben ihre ersten Gehversuche in dem neuen Medium der Luft gemacht hatte.
Preisstiftungen für den besten Motor, die beste Luftschraube usw. spornten Konstrukteure und Fabrikanten an, nur ihre Spitzenprodukte auf der Ila zu präsentieren. Der besondere Höhepunkt waren Flugveranstaltungen, die in der letzten Woche der Ila stattfanden.
Hier zeigten die Franzosen, wie weit ihre Aeroplane den Deutschen voraus waren. Blériot glänzte durch seine schnellen Runden, de Carters flog 1 Stunde 17 Minuten, und Rougier führte mehrere Höhenflüge durch. Als einziger Deutscher ging August

85 **Oben: Offizielle Karte der I.L.A. 1909. Baron de Caters vor dem Aufstieg. »Herzliche Grüße von der Ausstellung.«**

86 **Unten: Offizielle Karte der I.L.A.; 1909. Rougier im Fluge.**

87 **Erstes internationales Wettfliegen in Deutschland, zu Berlin-Johannisthal, Sept.–Okt. 1909.**

Euler an den Start. Er errang als Lokalmatador einen »Aufmunterungspreis« sowie den »Jungfernpreis für einen Aeroplanflug über 200 Meter«. Diese bescheidenen Leistungen bedachten die Zeitungen mit dem Spottvers »August laß das Fliegen sein«. Insgesamt gesehen hatte jedoch die Ila das Bewußtsein in Deutschland in Bezug auf die Luftfahrt verändert und wesentlich zu deren zukünftiger Entwicklung beigetragen.

Flugplatz Johannisthal

Zentrum der Fliegerei in Deutschland wurde nach dieser glanzreichen Ausstellung nicht Frankfurt, sondern Johannisthal bei Berlin. Den findigen Berlinern war es gelungen, eine Woche vor der Frankfurter Flugwoche die meisten französischen Piloten abzuwerben bzw. vorher zu verpflichten, und so weihten sie ihren neuen Flugplatz mit der ersten »Internationalen Flugwoche« in Deutschland vom 26. September bis 3. Oktober 1909 ein. Orville Wright, der zu diesem Zeitpunkt in Berlin weilte, hatte sich angesagt, dann jedoch auf eine Teilnahme verzichtet. Latham hatte schon einige Tage zuvor auf dem Tempelhofer Feld Schauflüge durchgeführt. Am Eröffnungstag der Flugwoche unternahm er von hier aus über Britz nach Johannisthal einen Flug. Für die 10 km lange Strecke benötigte er 14 Minuten und 31 Sekunden. Er vollbrachte zwar damit den ersten Überlandflug in Deutschland, handelte sich aber gleichzeitig ein Strafmandat der Berliner Polizei über 150 Mark wegen »groben Unfugs« ein. In Johannisthal bot sich auch das gleiche Spiel wie eine Woche später in Frankfurt. Die französischen Piloten Blériot, Farman, Rougier und Latham machten die Preise unter sich aus. Teilweise lieferten sie sich richtige Duelle. Zuerst hatte Rougier über dem Flugplatz durch Fliegen von Platzrunden 77 km zurückgelegt. Latham überbot ihn

88 **Internationales Wettfliegen in Johannisthal-Berlin, 1909. »Heute nachmittag habe ich mir das Wettfliegen in Johannisthal angesehen, es war sehr interessant.«**

89 **Wettfliegen in Johannisthal, 1909. Orville Wrights Aeroplan im Fluge. Am 2. Oktober unternahm er mit dem Kronprinzen Wilhelm einen Flug auf dem Bornstedter Feld bei Potsdam.**

kurz darauf mit einer Flugstrecke von 82,5 km. Daraufhin stieg Rougier erneut in sein Flugzeug und legte in 2 Stunden 41 Minuten über dem Flugplatz 120 km zurück. Damit gewann er den Preis für die längste Flugdauer von 40000 Mark. Auch den Höhenpreis des Wettbewerbs konnte Rougier gewinnen. Mit Passagier stieg er in 30 Minuten immerhin 158 m hoch. Als einziger deutscher Pilot war Hermann Dorner am Start. Ihm gelangen jedoch nur wenige kleine Sprünge.
Insgesamt gesehen erwies sich dieses erste »Internationale Flugwoche« sowohl von den Leistungen als auch vom Publikumsandrang her als Reinfall. Blériot, der für fünf Tage verpflichtet worden war, reiste nach Differenzen mit dem Organisationskomitee bereits nach dem dritten Tag ab, ebenso Leblanc. Da die Zuschauer ausblieben, war die Flugwoche auch finanziell ein Verlust. Vom flugtechnischen Standpunkt aus zeichnete sich eine Konkurrenz zwischen den schnelleren und wendigeren Eindeckern und den eher robusteren Doppeldeckern ab, die durch ihre größere Tragfähigkeit länger, weiter und damit höher flogen.
In Berlin etablierte sich in den Folgejahren ein Großteil der deutschen Luftfahrtindustrie, und so blieb es nicht aus, daß Johannisthal auch noch bessere Zeiten erleben sollte. Schon die Flugwoche im Oktober 1910 sah 20 deutsche Piloten am Start, und auch das Publikum war diesmal zahlreich erschienen. Andere deutsche Städte wie Köln oder Hamburg folgten diesem Beispiel.

90 **Wettfliegen in Johannisthal, 1909. Farman mit seinem Flugapparat.**

► *91* Wettfliegen in Johannisthal, 1909. Latham auf Antoinette-Eindecker.

►► *93* Flugwoche in Köln Oktober 1909. Als 3. Flugwoche nach Johannisthal und Frankfurt wurde im Oktober 1909 in Köln ein Wettfliegen veranstaltet. »Am Tage meiner Ankunft in Köln, konnte ich gerade noch einige fliegen sehen.«

► *92* Wettfliegen in Johannisthal, 1909. Blériot mit seinem Eindecker. ». .. in Berlin zu dem Konkurrenz-Fliegen der ersten Aviatiker der Welt. Blériots Maschine zeichnete sich besonders aus.«

►► *94* Hamburger Fliegerwoche. In Hamburg wurde im Juni 1912 eine Flugwoche veranstaltet. In der Luft 2 Wright- und ein Gradeflugzeug. Im Hintergrund die Zeppelinhalle. »Heute nachmittag zum 1. großen Flugtage in Fuhlsbüttel gewesen. Es war großartig; 2 Flieger gestürzt, aber nicht verletzt.«

Lanz-Preis der Lüfte

1908 hatte der bekannte Mannheimer Industrielle Karl Lanz einen Preis über 40000 Mark für Flugzeuge ausgeschrieben mit der Einschränkung, daß sich nur deutsche Konstruktionen und Flieger um diesen Preis bewerben durften. Zur Aufgabe war gemacht worden, daß ein Flugzeug aus eigener Kraft starten sollte und zwei 1000 m entfernte Wendemarken in Form einer liegenden Acht zu umrunden habe. Die Aufgabe hatte viele deutsche Flugzeugkonstrukteure angespornt, jedoch ein Jahr nach Ausschreibung des Preises kam praktisch nur ein aussichtsreicher Bewerber in Betracht: Hans Grade. Grade hatte bereits 1907 einen leichten Dreidecker aus Bambusstäben und Segeltuch konstruiert. Es gelangen ihm damit die ersten kleinen Flüge, aber zufrieden war er damit noch nicht. Als er von der Ausschreibung des Lanz-Preises hörte, konstruiert er einen Eindecker von 10 m Spannweite mit Hängesitz, der durch einen 24 PS Grade-Motor für Motorräder angetrieben wird. Der Rumpf besteht aus einem Stahlrohr, an dem vorne der Motor befestigt ist, hinten das Leitwerk, die Flügel bestehen wiederum aus Bambusrohren, die mit Segeltuch verspannt sind. Schon bei den ersten Testflügen erweist sich der Apparat als sehr flugstabil. Grade bewirbt sich offiziell am 30. Oktober 1909 in Johannisthal um den Lanz-Preis der Lüfte. Der Berliner Lokalanzeiger schrieb am 31. Oktober 1909 dazu folgende Notiz: »Grade gewinnt den Lanz-Preis! Gestern gelang dem Ingenieur Grade der große Wurf. Er gewann den 40000 Mark betragenden Lanz-Preis, den er in Form eines Schecks aus den Händen des hochherzigen Stifters entgegennehmen konnte. Es war ein feierlicher Moment, als Grade um den größten Preis für deutsche Flugtechnik an den Start ging. Er durchflog in seiner eleganten Manier die vorgeschriebene Strecke und landete dann sanft nach Erfüllung der Flugbedingung. Stürmischer Jubel begrüßte Grade nach seinem erfolgreichen Fluge. Über den Verlauf des Tages berichtet unser Mitarbeiter:
Bei trübem, aber warmen Herbstwetter versammelte sich gestern nachmittag auf dem weiten Flugfeld

95 **Zur Erinnerung an die herrlichen Flüge in Breslau (1909) des Ingenieurs Grade aus Magdeburg. »Habe soeben den Flügen des Ingenieurs Grade beigewohnt. Er ist über uns weggeflogen.«**

96 **Hans Grade, der Gewinner des Lanz-Preises, im Fluge. »Anbei vom Lindenthaler Flugplatz die besten Fliegergrüße. Ostermontag 1911.«**

von Johannisthal eine große Menschenmenge, und viele bekannte Persönlichkeiten der deutschen flugtechnischen Welt, unter anderen Major v. Parseval, Rittmeister v. Frankenberg, Oberleutnant Grade, der Bruder des erfolgreichen Flugtechnikers, Hauptmann v. Krogh, Dr. Huth, Dorner, viele Mitglieder des Berliner Vereins für Luftschiffahrt und des Vereins deutscher Flugtechniker.
Der Start verzögerte sich etwas, da die Sportkommission, bestehend aus den Herren Geheimrat Busley, Professor Süring, Krell und Krause, im Schuppen erst die Flugmaschine prüfte, ob sie den Bedingungen des Lanz-Preises entspreche. Nachdem die Prüfung, der auch der Stifter des Preises, Dr. Karl Lanz, beiwohnte, ergeben hatte, daß den Forderungen der Ausschreibung entsprochen sei, schritt Grade zum Start.
Schon nach kurzem Anlauf überflog Grade die 100-Meter-Startlinie in etwa drei Meter Höhe, erhob sich bis auf zehn Meter und steuerte auf den ersten Wendepfahl zu, den er in schöner Manier rundete. Der Wind wehte mit etwa Drei-Meter-Sekundengeschwindigkeit. Nachdem auch der zweite Wendepfosten umflogen war, im entgegengesetzten Drehsinn zum ersten, flog Grade durch das Ziel. Er beschrieb noch eine große Schleife und landete dann fast vor der Tür seines Schuppens. Jubelnd umdrängten ihn seine Kameraden vom Verein deutscher Flugtechniker und schmückten den glücklichen Gewinner des Lanz-Preises unter stürmischem Beifall mit einem riesigen Lorbeerkranz. Die reine Zeit für den Lanz-Preis-Flug betrug zwei Minuten 43 Sekunden, die Gesamtzeit vier Minuten vier Sekunden.
Der Apparat wurde in den Schuppen gebracht, wohin sich auch der Stifter des Preises, die Sportkommission und Grade begaben. Nachdem die Sportkommission die Erklärung abgegeben hatte, daß alle vorgeschriebenen Bedingungen des Preises erfüllt seien, überreichte Dr. Lanz dem erfolgreichen Flugtechniker mit herzlichen Worten einen Scheck über 40000 Mark. Damit war der wertvolle Preis endgültig gewonnen.
Grade machte später noch zwei Aufstiege von fünf Minuten 29 Sekunden und sechs Minuten 52 Sekunden Dauer, die beide sehr schön verliefen. Grade bewies durch niedrige und hohe Flüge bis zu 30 Meter, durch Schleifen und enge Kurven von neuem die große Stabilität und leichte Lenkbarkeit seines Apparates sowie seine Meisterschaft in der Beherrschung seines Aeroplans. Brausende Zurufe aus vielen tausend Kehlen begrüßten ihn bei seinen Landungen.
Hoffentlich werden neue Preise für deutsche Flugtechniker gestiftet, die eines Ansporns dringend bedürfen, da nun mit dem Lanz-Preis der einzig zielführende Preis für Deutschland ausgeschieden ist.«[16]

Die Distanzflüge

Kathreiner-Preis der Lüfte

Auf Erfüllung dieser Hoffnung des Berliner Redakteurs mußte nicht allzulange gewartet werden. Die Firma Kathreiners-Malzkaffee-Fabriken in München stiftete einen Preis von 50000 Mark für den ersten Überlandflug von München nach Berlin. Im Gegensatz zum Lanz-Preis, bei dem lediglich Platzrunden verlangt worden waren, ging es hier um eine Strecke von über 500 km, die innerhalb vom 36 Stunden mit drei Zwischenlandungen absolviert werden sollte.
Hellmuth Hirth aus Bad Cannstatt, er wurde schon früh durch seinen Vater (wir hörten bereits davon) mit der Ballonfahrt bekannt, hatte 1909 seine erste Blériot-Kopie gebaut, die jedoch über einige Hüpfer nicht hinauskam. So beschloß er zunächst, sich als Flieger ausbilden zu lassen. Als er sah, daß August Euler in Darmstadt, zu dem er als Flugschüler gegangen war, sich mehr am Boden als in der Luft aufhielt, reiste er kurzentschlossen nach Wien zu Igo Etrich, dem ein guter Ruf vorauseilte. Hier wurde er in kürzester Zeit von Karl Illner auf der Etrich-Taube ausgebildet. Dieses von Igo Etrich konstruierte Flugzeug hatte phantastische Flugeigenschaften. Besonders die Eigenstabilität dieses Flugzeuges und das fliegerische Können Hellmuth Hirths trugen dazu bei, daß die »Taube« in den nächsten Jahren einen Siegeszug ohnegleichen antrat und so zum populärsten deutschen Flugzeug der Vorkriegszeit wurde. Doch davon später. Zunächst erfuhr Hirth, daß Etrich ein paar Wochen zuvor die Lizenzen für dieses Flugzeug an einen gewissen Edmund Rumpler in Berlin vergeben hatte. Rumpler, der Anfang 1911 die ersten Etrich-Tauben in Lizenz anfertigt hatte, brauchte dringend Flugzeugführer, um Flugzeuge einfliegen, an Wettbewerben teilnehmen und Flugschüler ausbilden zu können.
Einen der ersten Preise, für den sich Hirth bewarb – inzwischen bei Rumpler zum Chefpiloten avanciert – war der Kathreiner-Preis, also der Flug von München nach Berlin. Im »Flugsport« (eine der bekanntesten damaligen Flugzeitschriften) wurde folgender Bericht veröffentlicht: »Hirth, der bekannte Rumpler-Etrich-Flieger, startete am 26. Juni morgens auf dem Puchheimer Feld bei München um den Kathreiner-Preis von 50000 Mark. Hirth – der mit seinem Freund Dierlamm als Passagier abflog – kam gleich hoch und nahm die Richtung auf Ingolstadt. Das Wetter war recht nebelig, aus den Nebeln wurden bald Niederschläge und schließlich setzte ein wolkenbruchartiger Regen ein. Das Wasser floß in solchen Mengen von der Tragfläche in die Karosserie, daß Hirth sich wohl oder übel entschließen mußte, bei Tauberfeld niederzugehen. Die Maschine wurde von dort nach Ingolstadt geschleppt und der Abend zum Rückflug nach München abgewartet. Dieser ging ohne Schwierigkeiten vor sich und die Landung auf dem Puchheimer Felde erfolgte trotz eingetretener Dunkelheit glatt. Der 29. Juni brachte klares Wetter. Abends um 6 Uhr erfolgte der Start. Der Flug bis Nürnberg, wo die erste Zwischenlandung vorzunehmen war, verlief gut. Hirth hatte Mühe, auf dem Schweinauer Exerzierplatz zu landen, da eine 20–30000köpfige Menschenmenge, die trotz der Abendstunde auf das Flugfeld geströmt war, vor lauter Begeisterung die Absperrungen durchbrochen hatte und nur noch ein kleiner Platz zum Landen freigeblieben war.
Am 30. Juni, morgens um 4 Uhr 20 Minuten, ging es wieder weiter. In großen Spiralen ging die »Taube« hoch. Erlangen war nach kurzer Zeit erreicht, Bamberg gegen 5 Uhr. Die Maschine schoß mit einer Stundengeschwindigkeit von 120 km pfeilschnell dahin.

97 **Fernflug München-Berlin. Aviatiker Hellmuth Hirth (1) mit seinem Passagier Alfred Dierlamm (2) bei der Zwischenlandung in Ingolstadt am 2. Juli 1911.**

Herr **Hellmuth Hirth**, der Gewinner des Kathreiner=Preises (50000 Mk.) legte die Strecke München=Berlin in 5 Stunden 41 Minuten auf Rumpler=Taube zurück. Die Tragflächen seines Flugapparates waren mit **Continental-Aeroplanstoff** bespannt.

▲ *99* Werbekarte der Firma Kathreiner-Malzkaffee München, die den Preis von 50000 Mark für den ersten Flug von München nach Berlin stiftete.

98 Links oben: Fernflug München-Berlin. Hirth und Dierlamm werden in Berlin von Direktor Edmund Rumpler begrüßt.

◀ *100* Werbekarte der Firma Continental, Hannover anläßlich des Gewinnes des Kathreiner-Preises durch Hellmuth Hirth.

Vor den Höhen des Renstiegs und des Fichtelgebirges stieg Hirth aus seiner Durchschnittslage von 300–500 m höher hinauf. In etwa 1000 m glitt die »Taube« über die Höhenzüge hinweg. Eine zeitlang diente die Eisenbahn als Wegweiser. Hinter dem Fichtelgebirge trat eine geringe Kursabweichung ein, doch ging es rasch über Probstzella auf Leipzig zu.
Auf dem Lindenthaler Flugplatz bei Leipzig, wo die zweite Zwischenlandung gemacht werden mußte, waren 4 Herren – Sportkommissare – anwesend. Im Gleitflug erfolgte 6 Uhr 48 Minuten die Landung, und da alles in Ordnung war, wurde um 7 Uhr 50 Minuten schon nach Berlin gestartet.
Nach Norden nahmen die Böen immer mehr zu, oft wurde die Maschine schwer gerüttelt und geworfen. Aber durch die fast automatische Stabilität ließ sich die »Taube« leicht wieder in ihre Normallage bringen. Die Elbe wurde bald passiert, und nicht viel später tauchten die Schuppen vom Johannisthaler Flugplatz auf, und 9 Uhr 10 Minuten erfolgte dort die Landung.
Die Gesamtflugzeit betrug nur 5 Stunden 51 Minuten. Die durchflogene Strecke 540 km. Eine grandiose Leistung!«[17]

Flug Berlin–Wien

Der nächste Distanzflug, von welchem berichtet werden soll, fand 1912 statt. Seit Herbst 1909 hatte die Flugtechnik in Deutschland ungeheuere Fortschritte gemacht, 1910 hatten kleinere Überlandflüge stattgefunden, so der Überlandflug von Frankfurt nach Mannheim, bei welchem u.a. Jeannin, Lindpaintner und Vollmoeller teilnahmen, der Überlandflug von Trier nach Metz sowie der Flug Bork – Johannisthal. Bei den beiden erstgenannten Flügen siegte Emil Jeannin in überlegener Manier.

107 **Oben: Hans Vollmoeller, Stuttgart, auf Eindecker von Dr. K. Vollmoeller im Fluge. Offizielle Postkarte I des Überlandfluges Frankfurt–Mainz–Mannheim, 1910. Adressiert an Familie Hirth von Hans Vollmoeller.**

101 **Unten: Fernflug Berlin-Wien 1912. Frühere Aufnahme von Hellmuth Hirth auf Rumpler-Taube mit Zusatz: »Hirth, Sieger im Flug Berlin-Wien.«**

102 **Fernflug Berlin-Wien, 1912. Hellmuth Hirth mit Leutnant Schoeller bei der Ankunft in Wien.**

1911 war der Flug um den Kathreiner-Preis das herausragende Ereignis, und im Jahre 1912 wurde Deutschland zu klein – ein internationaler Überlandflug zwischen den beiden Metropolen der deutschsprechenden Monarchien Berlin und Wien wurde ausgeschrieben. Die Anforderungen waren sehr streng. Da der Wettbewerb als Rennen gedacht war, hatte jeder Flieger nur drei Minuten Zeit zu starten. 17 Piloten hatten sich gemeldet, um die über 600 km lange Strecke in zwei Etappen von Berlin nach Breslau und von dort nach Wien zu durchfliegen. Hellmuth Hirth, der spätere Sieger, berichtet darüber: »Nach glücklich erfolgtem Start schraubte ich mich bald zu 1500 m Höhe hinauf. Wir hatten das herrlichste Wetter. Nur hin und wieder kamen wir über kleine weiße Inseln lokalen Bodennebels, die jedoch unsere Orientierung nicht im geringsten beeinflußten.

Hinter Beeskow fing der Motor plötzlich an auszusetzen. Es gingen nur noch fünf Zylinder. Plötzlich bemerkte ich, wie der Druck an dem einen Manometer rapide sank, und pumpte deshalb mit der Hand nach. Doch vergebens, eine halbe Minute darauf hörte mein Motor nach einigen Freudenschüssen auf zu arbeiten.

Ich steuerte das Flugzeug auf eine große Wiese zu und fragte im Gleitfluge Leutnant Schoeller, ob die Wiese rechts unter uns sumpfig sei, doch konnte er mir keine genaue Auskunft geben. Kurz vor dem Aufsetzen auf den Boden streifte ich noch mit einem Blick Herrn Leutnant Schoeller. Er saß ruhig im Apparat. In die linke Hand hatte er die Uhr genommen, um genau den Moment festzustellen, wo wir den Boden berührten. Nach der Landung untersuchte ich zuerst, welcher Zylinder am kältesten sei. Es war der erste vorn, der sich in der Luft anscheinend gar nicht wohlgefühlt hatte.

Doch leider hatte ich sämtliche Werkzeuge, sämtliche Ersatzteile zu Hause gelassen und mußte warten, bis Hilfe kam. Nach wenigen Minuten tauchte sie in Form eines Radfahrers auf, und für eine Mark erstand ich dessen alten Engländer. Ich schraubte mit diesem zunächst mein Reduzierventil auseinander. Ich reinigte alles sorgfältig, setzte das Ventil wieder zusammen und pumpte Druck auf den Behälter, der auch gut anhielt. Nun kamen die Zündkerzen an die Reihe. Die Kerze des ersten Zylinders war leicht verölt, doch nicht so stark, daß die Funken nicht noch hätten durchschlagen können. Ich wechselte nun die Kerzen des ersten und zweiten Zylinders aus und wollte den Motor in Gang setzen. Der Motor sprang sofort an, doch wieder nur mit fünf Zylindern. Diesmal setzte der zweite Zylinder aus. Nun war es offenkundig, daß die Zündkerze defekt war. Einer der umstehenden Zuschauer, Herr Emil Petersilie, erklärte, er habe einen Dreschmaschinenmotor, an dem sei auch eine Zündkerze vorhanden. »Menschenskind, laufen Sie doch so schnell wie möglich und holen Sie die Zündkerze«, rief ich ihm zu.

Eine Viertelstunde darauf war ich durch Herrn Petersilies Liebenswürdigkeit im Besitz einer mit Brotsamen und allerlei Taschenstaub bedeckten Zündkerze.

Nach eingehender Reinigung mit Benzin funktionierte mein Motor. Nun instruierte ich die anwesenden Bauern, die Maschine festzuhalten, gab Vollgas, der Motor hatte seine richtige Tourenzahl und ich drosselte wieder ab. Schon vorher hatte ich mich nach der besten Startmöglichkeit umgesehen. Es herrschte Windstille und ich ließ die Maschine auf harten Boden parallel zu einem kleinen Wäldchen bringen und hatte von diesem Punkte 80 m weit harten Boden vor mir und weitere 200 m eine Wiese zum Anlaufen.

Das Gelände war etwas hügelig. Ich umflog einen kleinen Berg und hier bekamen wir freien Ausblick. Wir erkannten auch die in der Nähe liegenden Seen, durch die unsere Luftlinie ging. Sehr bald kamen wir an die Oder, die wir einige Male kreuzten. Auf meinen Anruf sagte mir Leutnant Schoeller: »Höchstens noch 10 Minuten bis Breslau«. Und richtig, bald erschien es in tiefem Dunst.

Nach einigen Ehrenrunden landete ich sehr glatt, vom stürmischen Jubel der Breslauer begrüßt.

Die offiziellen Herren, von denen ich den größten Teil kannte, begrüßten mich freundlich. Es wurde mir ein großer Lorbeerkranz überreicht, und dann begann das übliche Photographieren. Von dieser Tortur wurde ich durch die Ankunft von Blaschke erlöst, der das Publikum nun durch seine Kurven und Runden mit seinem Lohner-Daimler Pfeilflieger entzückte.

Nach einer weiteren halben Stunde kam Oberleutnant Miller auf seinem Etrich-Renndecker und landete glatt. Nur einer seiner Pneumatiks zerplatzte vor Freude mit lautem Knall.

Nach einem kleinen Imbiß mit etwas Schorlemorle als Getränk legte ich mich in meinem Schuppen auf

einem Zelttuch nieder, doch ließen mir die Zuschauer keine Ruhe. Ich besprach mich mit Herrn von Blaschke und Oberleutnant Miller und wir wurden handelseins, bei dieser Wetterlage vor 3 Uhr nachmittags nicht zu starten. Es wurde schließlich 5 Uhr und damit zu spät, um nach Wien zu starten, denn auf mindestens vier Stunden Flugzeit mußten wir uns gefaßt machen. Die Landung in Wien war aber nur bis 9 Uhr abends gestattet, d.h., sollte man nach 9 Uhr landen, so zählte die Zeit von 9 Uhr abends bis 3 Uhr morgens zur Flugzeit mit. Unter diesen Umständen hielten wir es für ratsamer, den Start auf 3 Uhr morgens festzusetzen.
Ich begab mich zum Flugplatz, wo ich 2¼ Uhr nachts eintraf. Die Scheinwerfer des Wagens beleuchteten den Eingang des Zeltes, aus dem nun die Monteure traten, die sich verschlafen die Augen wischten. Bald war die letzte Hand an den Apparat gelegt, er wurde an den Start geschoben und die hintere Kufe auf eine Kiste gestellt, damit der Motor horizontal lag.
Der Start wurde noch etwas verzögert, bis Schoeller angekleidet und die offiziellen Herren da waren, die pünktlich eine Minute vor drei Uhr erschienen.
3 Uhr 7 Minuten verabschiedete ich mich nochmals, gab Vollgas und kam gut weg. Nach einigen Turnübungen um die dampfenden Kamine, zwischen denen schon sehr heftige Böen steckten, kletterten wir hoch und nahmen Richtung nach Wien.
Vor uns tauchte aus dem geschlossenen Wolkenmeere das 1490 m hohe Massiv des Altvaters auf. Es lag wie eine Klippe in der Brandung, einer der wunderbarsten Anblicke, die ich in meinem Leben hatte. Dazu das Spiel der Sonne auf den Wolken, die, von obenher gesehen, wie Baumwollflocken erschienen. Die Sonne überschüttete sie mit den herrlichsten Farben. Rechts drüben stand alles überspannend ein Doppel-Regenbogen. Wenn mir nicht immer wieder das ferne Ziel als strenger Mahner vor die Augen getreten wäre, so hätte ich mir nichts Schöneres denken können, als stundenlang diesen Lichtspielen zuzusehen.
Kleine kurze Durchblicke zeigten uns, daß wir uns noch im Gebirge befanden. Doch schlossen sich die Wolkenfenster immer wieder und ich richtete mich weiter nach der Sonne, die ich langsam an meine linke Flügelspitze herankommen ließ. Wiederholt hatte ich das deutliche Empfinden, du mußt weiter nach links, interpellierte auch ein paarmal Herrn Leutnant Schoeller durch den Gartenschlauch und bekam auch recht.
Nach weiteren 20 Minuten forderte mich Leutnant Schoeller auf, unter die Wolken zu gehen, um unseren Landungsplatz in Wien nicht zu überfliegen.
Ich sah nach der Uhr. Wir waren erst zwei Stunden 35 Minuten in der Luft und ich konnte mir nicht denken, daß wir unserem Ziele schon so nahe sein sollten. Der Gleitflug aus 1800 m, um unter die Wolkendecke zu gelangen, war ganz wunderbar. Jeden Augenblick glaubten wir, in die von der Sonne herrlich beschienene glitzernde Masse einzutauchen. Doch immer wieder wurden wir getäuscht, immer noch ging es durch klare Luft. Näher und immer greifbarer kamen uns die strahlenden Wolken entgegen. Doch erst nach 6½ Minuten schnitt der Propeller in den ersten Wolkenturm ein. Das Sonnenlicht wurde eine Spur blasser, wie durch Seidenpapier abgeblendet, immer dichter legten sich die Schleier vor die Sonne und schließlich fielen wir lautlos durch ganz dicke, dunkle Wolken. Welch eine merkwürdige Talfahrt aus vollem, hellem Sonnenlicht in eine immer kühler werdende Wolkennacht.
Nach einigen Minuten fragte ich Leutnant Schoeller: »Wie lange haben wir noch bis Wien?« Auf die Antwort: »Zehn Minuten!« schüttelte ich ungläubig den Kopf, denn ich war ja erst 2 Stunden 45 Minuten in der Luft. Ich schaute eben noch scharf aus, ob ich Wien oder die Donau erkennen könnte, als Schoeller mit einem freudigen Ruf mir scharf Richtung nach links wies und mir zuschrie: »Dort liegt der Flugplatz.«
Wir fuhren dann nach der Landung in Automobilen nach dem nahe gelegenen Aspern und frühstückten im Garten des Kaffeehauses Reznizek. Noch nie hat mir ein Glas Sekt so gut geschmeckt wie an diesem Morgen.
Unterwegs begegnete ich Herrn E. Rumpler im Automobil. Er wollte an mir vorbeifahren, als ich ihm zurief: »Wohin, Herr Rumpler, wohin?« Ich sehe heute noch sein erstauntes Gesicht, als er mich hier bereits heil im Automobil traf, obwohl er mich erst von höchstens 7 Uhr an erwartet hatte. Ich war aber schon 6 Uhr 1 Minute über das Zielband geflogen. Die Strecke Breslau – Wien betrug 320 km, die wir in 2 Stunden 55 Minuten hinter uns gebracht hatten. Das am anderen Tag stattfindende Festbankett verlief sehr feierlich, es waren viele Würdenträger anwesend und es wurde viel getoastet. Ich bekam für den Sieg den schönen Ehrenpreis der Stadt Wien und einen hübschen Ehrenpreis, den Prinz Sigismund von Preußen gestiftet hatte.«[18]

Ein Flug im Hochgebirge

Da sich die Fliegerei schon 1911 auf größere Überlandflüge eingerichtet hatte, wurde sie mit einem Problem konfrontiert, das auch noch heute Sportfliegern oft zum Verhängnis wird – das Fliegen im Gebirge. Zwar war es auch schon in damaliger Zeit relativ gefahrlos, einige Platzrunden zu drehen oder in der Ebene zu fliegen, sobald jedoch ein Bergmassiv den geraden Weiterflug versperrte, wurde das Fliegen gefährlich. Im September 1910 war dem Peruaner Chavez die Überquerung der Alpen gelungen, er hatte aber seinen Wagemut mit dem Leben bezahlen müssen. Unberechenbare Winde, Fallböen, von denen die Flieger an die Felswände gedrückt wurden, Verlust der Orientierung und das teilweise noch mangelnde Steigvermögen der Flugapparate sowie die nicht immer zuverlässig arbeitenden Motoren waren die Hauptursachen dafür, daß viele Flieger das Gebirge mieden. Aber auch hier gab es waghalsige Männer, die vor nichts zurückschreckten. Hans Grade war so ein Flieger, der im Riesengebirge seine ersten Erfahrungen machte. Er berichtet darüber: »Gleich am Anfang des Fluges mußte ich einem Baum ausweichen, flog etwas rechts und nahm meinen Kurs gegen die nächste Berglehne. Kurz nach dem Abfluge wurde ich stark heruntergedrückt und strich in 20 m Höhe über die Häuser, die im Tal lagen. Ich hatte ziemlich meine Maximalgeschwindigkeit und gab fortwährend Höhensteuer. Als ich dicht an der Berglehne war, hob mich der aufsteigende Wind mit gewaltigem Stoß in die Höhe. Dann wandte ich mich nach links und flog über das Tal von Krummhübel. Hier traten gewaltige Böen ein, welche den Apparat hin- und herschaukelten, wie ich es noch nie erlebt habe. Der sonst so stabile und ruhige Apparat schaukelte bald rechts und links, Differenzen von 10 und 20 m wurden in kurzer Zeit durch die plötzlich eintretenden Böen hervorgerufen. Ich wandte mich in großem Bogen mehr nach dem Abflugsort zu gegen den Nordwind, strich in einiger Höhe über den nächsten Kamm hinweg, um wieder plötzlich in die Höhe gehoben zu werden. Vor mir lag jetzt ein Tal, stark abfallend nach dem Bahnhof Krummhübel und Schmiedeberg zu, ansteigend bis zu der Kirche Wang, rechts begrenzt von einem 300 m höheren Kamm, an welchem ich, um den Flugplatz zu errei-

103 **Erster Schauflug in den Alpenländern, Salzburg, im Mai 1912. Karl Illner auf seinem Etrichmonoplan.**

chen, links vorbeifliegen mußte.
Da ich die stark niederdrückende Wirkung der über die Berglehne steigenden Winde schon nach dem Abflug gesehen hatte, konnte ich diesen Flug nicht wagen. Entweder mußte ich über den nächsten Wald, um nach dem Flugplatz zu kommen, oder mußte vorher landen. Das erste schien mir nicht ratsam, da ich dann nur die Querseite des Platzes erwischen konnte. Kurz entschlossen sah ich mich nach einem Abstieg um. Das war die Überlegung einiger Sekunden. Ich sah von weitem ein Haus an einer Berglehne stehend, vor dem sich nach meiner Schätzung ein Platz von 100 m Länge und 50 m Breite ausdehnte. Diesen mußte ich erreichen.
Ich lenkte also zum Abstieg herunter, da ich aber im sogenannten Hangerwind war, wollte der Apparat nicht gutwillig herunter. Ich stellte daher den Motor ab und ging in ziemlich steilem Gleitflug, um überhaupt näher an den Boden zu kommen, herunter. Gerade um diesen Bergrücken mußten sich die Winde brechen, bald wurde ich rechts, bald links geworfen, bald heruntergedrückt und bald aufwärts geschleudert. Es war derart kritisch, daß ich den Motor ganz abstellte, um die Erde auf diese Weise zu erreichen. Der Gleitflug gelang glatt und ohne Stoß. Mit 20 m Auslauf landete der Apparat auf einer idealen Stelle. Es war die höchste Zeit, denn 10 m vor mir türmte sich eine neue Berglehne auf. Ich atmete erleichtert auf, als alles vorbei war, denn ich hatte in den wenigen Minuten, die der Flug dauerte, ziemlich gefährliche Momente durchlebt, um so mehr als ich über tiefe Abgründe und über Stellen hinwegschwebte, wo eine Landung unmöglich war; abwechselnd Wald, Felsgeröll, Sturzbäche usw.«[19]

104 **Erster Schauflug im bayerischen Hochland. Holzkirchen, 25. August 1912, Flieger Janisch. Ansichtskarte des Alpenblumentages zugunsten der Nationalflugspende.**

Die Rundflüge des Jahres 1911

Ab dem Jahre 1911 wurden die jungen Aviatiker langsam flügge. Sie wollten nicht mehr nur enge Runden drehen und kurze Strecken zurücklegen, sondern hinaus, die Welt erobern und zeigen, was in ihnen und ihren »Kisten« steckte. Ihr Können, ihr Wagemut, aber auch ihr Ehrgeiz konnte nur durch große Wettbewerbe und Rundflüge gestillt werden, bei denen sie einander überbieten konnten. Anfang des Jahres stand der deutsche Dauerrekord ohne Passagier bei 3 Stunden 6 Minuten (August Euler), mit Passagier bei 2 Stunden 24 Minuten. Eugen Wiencziers hatte den nationalen Höhenrekord auf 1560 m geschraubt, und Hellmuth Hirth gelang es, bei einem Schaufliegen auf dem Cannstatter Wasen am 8. Mai mit Passagier eine Höhe von 800 Metern zu erreichen, für damals eine phantastische Höhe. Hirth nahm hier auf dem Cannstatter Wasen seinen Schulkameraden Ernst Heinkel zu dessen ersten Flug mit. Wenige Monate später stürzte Heinkel mit seinem ersten selbstkonstruierten Flugzeug ab und verletzte sich schwer.

105 **Oben: Schaufliegen auf dem Cannstatter Wasen, 6.–8. Mai 1911. In der Rumpler-Taube: Hellmuth Hirth (Führer), Albert Hirth (Passagier). Davor: Mitarbeiter der Fortuna-Werke.**

106 **Unten: Schauflüge auf dem Cannstatter Wasen, 6.–8. Mai 1911. Hellmuth Hirth im Gespräch mit seiner Schwester Johanna. Bei diesem Schaufliegen stellte Hellmuth Hirth den deutschen Höhenrekord für einen Flug mit Passagier von 800 Metern auf.**

108 **Fliegeringenieur Ernst Heinkel in seinem selbsterbauten Zweidecker. Spendenkarte, die von den Freunden Ernst Heinkels zum Wiederaufbau seines Apparates nach dem schweren Absturz am 19. Juli 1911 herausgegeben wurde.**

Erster Zuverlässigkeitsflug am Oberrhein

Der erste große Wettbewerb des Jahres war der 1. Oberrheinische Zuverlässigkeitsflug, der vom 20.–27. Mai ausgetragen wurde. Der Flug führte von Baden-Baden über Freiburg, Mülhausen, Straßburg und Mannheim nach Frankfurt. 10 Flieger hatten sich dazu gemeldet. Darunter waren so bekannte Namen wie Emil Jeannin, Brunhuber, Robert Thelen, Bruno Wertgen und als Neuling Hellmuth Hirth. Der Flug wurde von etlichen Unfällen und Brüchen überschattet. Als einzigem Flieger gelang es Hellmuth Hirth (Rumpler-Taube), alle sieben Etappen dieses Fluges zurückzulegen. Mit einer Gesamtflugzeit von 8 Stunden 12 Minuten gewann er den 1. Preis von 40000 Mark, Jeannin (Aviatik-Doppeldecker) und Winterstetter (Euler-Doppeldecker) erhielten Trostpreise. Hellmuth Hirth berichtet: »Den Flug Offenburg-Freiburg werde ich als meine erste Feuertaufe nie vergessen. Der Wind hatte aufgefrischt, es war eine sehr starke Sonnenbestrahlung, und ich flog fortwährend in heftigen Böen an den Schwarzwaldhängen entlang. Zwischen Schwarzwald und Kaiserstuhl wurde ich einige hundert Meter heruntergeschleudert, da besonders dort die Luft außerordentlich böig und zerrissen war. Der Wind kam scharf über die Berge. Ich mußte ständig mit der rechten Flügelspitze vorausfliegen, und es war nach Berichten von Augenzeugen ein aufregendes Bild, wie ich mich Freiburg näherte. Doch gelang es mir, glatt zu landen.
Von maßgebender Seite wurde mir nahegelegt, daß ich mich mit den übrigen Fliegern zusammentun sollte, um die Zwischenlandung in Müllheim in Wegfall zu bringen. Der Platz sei dort kein Landungsplatz, sondern eine wahre Selbstmördergrube.

109 **Erster Zuverlässigkeitsflug am Oberrhein, 20.–28. Mai 1911. Rumpler-Taube mit Hellmuth Hirth im Fluge.**

110 **Zuverlässigkeitsflug am Oberrhein. Brunhuber beim Schaufliegen vom 23. Mai 1911 auf dem Polygon in Straßburg.**

Es waren denn auch alle Flieger einverstanden, diese Landungsstelle zu übergehen, bis auf Jeannin, der mir in kollegialer Weise auch korrekten Aufschluß über die Gründe seiner Weigerung gab. Er meinte: »Hirthchen, Sie sind ein lieber, guter, netter Kerl, aber Sie sind jetzt mein Konkurrent. Sehen Sie! Als ich den Platz in Müllheim das erste Mal sah...«Jeannin malte mir nun in den schönsten Farben die Tücken des Platzes aus.

Da die Zeit drängte, meldete ich zum Probeflug und absolvierte auch diesen glücklich. Dann nahm ich meinen Passagier an Bord und startete nach dem berüchtigten Müllheim, das durch Rauch markiert war, der mir den Eingang zur Hölle anzukündigen schien.

Ich umkreiste den Flugplatz einige Male, um ihn anzusehen und mir die beste Landungsmöglichkeit herauszusuchen, stellte den Motor ab und landete. Was nun folgte, hatte ich meiner Maschine nicht zugetraut. Wir wurden von den Sitzen geschleudert in immer kürzer und wuchtiger werdenden Impulsen, so daß wir schließlich aufstanden und uns in die Knie beugten, um die heftigen Stöße abzufangen. Ich hatte die Empfindung, daß der ganze Apparat in tausend Stücke gegangen sein müsse, aber er blieb völlig heil. Es war das erste und letzte Mal in meinem Fliegerleben, daß ich über einen Landungsplatz laut schimpfte. Als ich mir noch überlegte, wie kommst du hier wieder heraus, sah ich eine kleine Straße, die quer durch das Flugfeld führte, und zu meiner großen Freude konnte ich auf ihr auch genau gegen den Wind anlaufen.

Ich verließ diesen so sehr gefürchteten Platz, um nach Mülhausen zu fliegen, wo ich von einer vieltausendköpfigen Menge längst erwartet wurde.

Bei der Landung herrschte hier schon starke Dämmerung. Es wurde mir noch mitgeteilt, daß hier für denselben Tag eine größere Anzahl von Lokalpreisen ausgesetzt seien, um die ich mich noch bewerben könne. Ich erfuhr, daß ich mir Preise für einen Höhenflug von mindestens 300 m, einen Überlandflug, der um den nächsten Kirchturm herum gehen

111 **Zuverlässigkeitsflug am Oberrhein. Laemmlins letzte Runde vor dem Absturz während des Schaufliegens vom 23. Mai 1911 auf dem Polygon in Straßburg.**

112 **Zuverlässigkeitsflug am Oberrhein. Hellmuth Hirth beim Schaufliegen vom 23. Mai 1911 auf dem Polygon in Straßburg.**

müßte, und einen Dauerflug von fünf Minuten, alle auf einmal mit einem Fluge erfliegen konnte. Ich stieg also in Mülhausen noch einmal auf, umflog in 650 m Höhe den Kirchturm und landete nach 15 Minuten wieder, so daß ich außer drei Ehrenpreisen 1800 Mark verdient hatte.
Der Weiterflug erfolgte programmäßig morgens nach Colmar, wo wir sehr nett empfangen wurden. Ich bewarb mich hier um den Höhenpreis, den ich mit 600 m erhielt, und startete sofort weiter nach Straßburg, wo ich sehr glatt landete. Hier wurde ich sehr freundlich empfangen, auch war Prinz Georg von Bayern zur Begrüßung erschienen. Brunhuber blieb in Colmar, um die ruhigeren Abendstunden abzuwarten.
In Straßburg fanden Schauflüge statt, die leider mit dem Todessturze von Laemmlin endeten.
Bei der Landung in Weissenburg kam ich nur über hohe Pappeln zu steil herunter und habe die Maschine wahrscheinlich zu spät abgefangen, da ich die früher erwähnte Fallbeschleunigung unterschätzt hatte. Die Berührung des Bodens erfolgte zu hart, ich hörte ein scharfes Knacken des Holzes, gab daher schleunigst wieder Vollgas, suchte in der Luft mit den Blicken das Fahrgestell ab und entdeckte, daß eine Strebe gebrochen war, so daß das rechte Rad lose herabhing. Nun war guter Rat teuer. Ich gab meinem Passagier noch die Weisung, sich festzuhalten und landete dann auf dem gesunden Rade, bis die Maschine so wenig Geschwindigkeit mehr hatte, daß das rechte Rad kaum noch beansprucht war.
In Karlsruhe wurden wir sehr nett empfangen. Hier stießen auch die Militärflieger zu uns. Leutnant Mackenthun mit Oberleutnant Barends als Begleiter hatte mit seinem funkelnagelneuen Aviatik-Doppeldecker bei einem Probeflug das Pech, den Apparat ausgerechnet auf die höchsten Bäume des naheliegenden Waldes zu setzen, und es war ein eigener Anblick, den großen Vogel sich auf den Wipfeln schaukeln zu sehen. Die beiden Herren selbst saßen unverletzt darin, und als Prinz Heinrich hinaufrief: »Hat sich einer von Euch was getan?«, kam von oben die Antwort: »Nein, hier ist alles in Ordnung«, ein Euphemismus, der unten großes Gelächter auslöste.
Der Start am andern Tage erfolgte ohne Zwischenfall. Es flogen noch Jeannin und Witterstätter sowie der in Karlsruhe zu uns gestoßene Dornerflieger Werntgen außer Konkurrenz mit.
Häufig mußte ich einem plötzlich auftauchenden Kirchturm ausweichen, und ich muß sagen, ein solcher Flug im Nebel ist eine sehr unangenehme Notwendigkeit. Ich flog gerade nur einige Meter über einem Schnellzug und war eben im Begriff, ihn zu überholen, denn es wurde in mir sofort der Renngeist wach. Doch hatte ich mir gemerkt, sobald eine Bahnlinie links hereinkommt, bist du in Heidelberg; und wie ich in halber Höhe des Zuges war und mich bereits auf eine Böe aus dem Kamine der Lokomotive vorbereitete, sah ich die Bahnlinie links und gleich darauf den ersten Häuserkomplex von Heidelberg.
Von Mannheim an bis Frankfurt nahm ich den Grafen Spee als Passagier mit. Von Mainz nach Frankfurt hatten wir sehr starken Gegenwind, so daß ich 10 Minuten lang über Höchst vollständig still stand, und nur durch Links- und Rechtsschrägabwärtsfliegen gelang es mir, ruhigere Luftschichten zu bekommen und die 35 km in über einer Stunde zurückzulegen.
Weiter ging es dann nach Darmstadt, dort hielt ich mich nicht lange auf, flog eine Acht und ließ den Motor die kurze Strecke zurück Vollgas bis Frankfurt laufen. Ich konnte den Platz kaum erwarten, landete sehr glatt und damit war der erste Zuverlässigkeitsflug am Oberrhein beendigt.«[20]

Rundflug durch Sachsen

Gleichzeitig mit dem Zuverlässigkeitsflug am Oberrhein wurde der »Rundflug durch Sachsen« ausgetragen. Dieser führte in vier Etappen von Chemnitz über Dresden, Leipzig und Zwickau wieder nach Chemnitz zurück. Bekannte Flieger nahmen daran teil. So finden wir die Namen Eugen Wiencziers, Hans Grade, Otto Lindpaintner, Felix Laitsch, Bruno Büchner und Gustav Otto. Die beiden letzten Etappen waren die schwersten. Zwischen Leipzig, Plauen und Chemnitz waren die

▲ *113* Rundflug durch Sachsen, 20.–29. Mai 1911. Karte mit Abbildung der teilnehmenden Flugzeugführer.

114 Rechts oben: Rundflug durch Sachsen, Mai 1911. Karte mit Abbildung von Ingenieur Felix Laitsch, dem späteren Sieger, auf Aviatik-Doppeldecker der Luft-Verkehrs-Gesellschaft.

▶ *115* Ein luftiger Gruß vom 1. Rundfluge durch Sachsen im Jahre 1911. Abgebildet sind die Flugapparate von Thelen sowie Grade-Flugzeuge.

▲ *118* Chemnitzer Flugtage, 20.–29. Mai 1911. Blériot-Eindecker und Farman-Zweidecker im Fluge. »Gestern war ich mit Onkel Georg zum Fliegen. Da gab es so viele Menschen, wie Du noch nie gesehen hast.« Vertrieb: Hugo Wilisch, Chemnitz.

116 Links oben: Dresdener Flugtage, während des Rundfluges durch Sachsen, im Mai 1911. Grade in seinem Eindecker beim Anlauf. Postkarte herausgegeben vom Königlich-Sächsischen Verein für Luftschiffahrt.

◀ *117* Dresdener Flugtage im Mai 1911. Farman-Zweidecker im Fluge. »Famose Flüge, alles gesehen, 5 Flieger, die bis jetzt nach Dresden gekommen sind, in der Luft.«

Ausläufer des Riesengebirges zu überfliegen. Außerdem war es an diesem Tage nebelig, so daß zahlreiche Flieger sich verirrten oder notlanden mußten. In Dresden war ein Aufklärungswettbewerb durchzuführen. Otto Lindpaintner erzählt darüber: »Im Mai 1911, bei den Dresdener Flugtagen, wurde zum erstenmal in einem Wettbewerb eine taktische Aufgabe gestellt. Ein Generalstäbler hielt den Fliegern, die sich beteiligen wollten, Vortrag: »Sie fliegen also zu dem Straßenkreuz ABDC. Dort sind durch Flaggen feindliche Truppenteile markiert. Weiße Flagge ist Infanterie, rote ist Artillerie. Wenn Sie also hier an dieser Stelle die rote und die weiße Flagge sehen, die ich habe aufstellen lassen, so bedeutet das: Eine feindliche Abteilung Infanterie, zusammen mit Artillerie, ist im Anmarsch auf der Straße von A nach B, Spitze beim Straßenkreuz ABDC. Ab drei Uhr ist der Wettbewerb offen, wer zuerst die Meldung bringt, ist Preisträger.«

»Haben Sie's verstanden? Können Sie sich das merken?« frug ich meinen Begleiter, einen jungen sächsischen Offizier, was er energisch bejahte. »Dann gleich los, gell, damit uns ja kein anderer zuvorkommt!« rief ich, denn auf diesen Königspreis war ich besonders scharf.

Punkt drei Uhr saßen wir auf der Maschine am Ablauf, hätten uns aber gar nicht weiter zu beeilen brauchen, denn außer meinem Farman kam kein Flugzeug aus dem Schuppen, von wegen des recht häßlichen Windchens, das sich da unten am Elbufer, wo wir lagen, besonders unfreundlich betätigte. Ich gondelte trotzdem los, wurde über dem Flußtale und den dahinter liegenden Waldhügeln fürchterlich herumgeschmissen und zog und zog drum an der Maschine, was sie nur steigen konnte, um aus diesen ekelhaften Böen rauszukommen. In großer Höhe kamen wir bald an unser Ziel und sahen ganz schön unten das gesuchte Straßenkreuz, vom »Feind« aber keine Spur. Dreimal kreiste ich um den Platz, aber kein Fetzchen Flagge war zu erspähen, und etwas belämmert drehte ich wieder auf Dresden zu, während hinter mir der kleine Leutnant verzweifelt brüllte, daß er doch nichts gesehen habe.

Aber ich hatte mir schon einen Plan zurechtgelegt, während wir nach Hause rutschten: Ich landete auf der Dresdener Vogelwiese, unserem damaligen Flugplatz erst mal ganz weit abseits in einer einsamen Ecke. Dort nahm ich mir meinen Begleiter vor: »Wissen Sie noch, was uns der Generalstäbler gesagt hat?« »Ja, aber« – »Nix aber! Sie gehen jetzt hin und melden: Feindliche Abteilung so und so im Anmarsch von da nach da, und so weiter.« »Ja, aber wir haben doch gar nichts gesehen!« »Mensch, das ist doch ganz wurscht! Erstens waren wir doch ehrlich und treu an dem Platz, wo wir hin sollten, und zweitens wissen wir doch, was wir gesehen haben sollten, und wenn Sie nicht melden, dann melde einfach ich, dann sind Sie blamiert, – also los!« Und damit rollte ich die Maschine bis an die wartenden Menschenmengen heran, bugsierte meinen kleinen Leutnant mit einigen heimlich ermunternden Rippenstößen zur Ehrentribüne und hörte grinsend zu, wie er vor seinem König und dessen höchsten Offizieren mit etwas wackliger Stimme sein Sprüchlein aufsagte »Fliegermeldung: Feindliche Abteilung im Anmarsch usw.« Lautes Lob und vollste Anerkennung wurde uns da von allen Seiten gezollt, zumal kein anderer Flieger bei dem Sauwetter auch nur den Versuch zur Lösung der Aufgabe gemacht hatte, – dann bekam mein Begleiter einen riesigen Ehrenpott und ich eine pfundige Silberplatte – einen meiner schönsten Ehrenpreise – in die Hand gedrückt, und dann zogen wir ab zu unserer braven Maschine.

Hier begann nun das Rätselraten, warum wir eigentlich den markierten Feind so schlecht (»schlecht« ist gut!) gesehen hatten. Dabei fiel mein Blick auf den Barographen, den ich mitgehabt hatte, und siehe da, ganz ungewollt und fast unbemerkt war ein Weltrekord zustande gekommen. 1190 Meter hatte der Höhenmesser geschrieben, und der offizielle Rekord der Höhe mit Passagier stand noch unter 1000! Immerhin ein Spaß!

Obwohl ich allein schon höher gewesen war, hat vielleicht die ungewohnte Höhe die Beobachtung so erschwert? Während ich mir dies überlege, kommt der Generalstäbler, der die Aufgabe gestellt hatte, heran. Ich zeige ihm die Höhenkurve und frage dabei ganz scheinheilig: »Wie groß waren denn eigentlich die ausgelegten Flaggen?« – »Ausgelegt?« staunt der zurück, »dann sind sie wohl doch umgefallen, obwohl ich die Fahnenstangen so fest als möglich hatte einrammen lassen!« Ahaaa! Jetzt war's klar, die Oberkante einer im Winde flatternden Fahne aus über 1000 Meter Höhe zu erkennen, war freilich nicht gut möglich gewesen.

Woraus zu ersehen ist, daß auch in der Fliegerei aller Anfang schwer war, dafür aber wenigstens auch die Ehrenpreise.«[21]

Sieger des Rundfluges durch Sachsen wird schließlich Laitsch (Albatros-Doppeldecker), der dafür 30000 Mark erhält. Büchner (Aviatik-Doppeldekker) wird Zweiter und Lindpaintner (Sommer-Eindecker) erhält den dritten Preis.

Deutscher Rundflug

Das größte Flugereignis des Jahres 1911 sollte jedoch der Deutsche Rundflug werden, der vom 11. Juni bis 7. Juli dauerte. Ungeheures war aufgeboten und wurde verlangt. Preisen von über 400000 Mark – zum größten Teil von der Berliner Zeitung (BZ) gestiftet – stand ein Rundflug mit 13 Etappen von über 1850 Kilometern entgegen. Der Flug führte von Berlin über Magdeburg, Kiel, Hamburg, Hannover, Köln, Kassel zurück über den Harz nach Berlin. Insgesamt hatten sich 25 Flieger gemeldet. Die Werbetrommel wurde kräftig gerührt, und dies führte zu einem noch nie dagewesenen Ansturm auf den Startplatz. Über 600000 Menschen hatten sich in aller Herrgottsfrühe aufgemacht, um dabeizusein. Johannisthal versank in einem Verkehrschaos.

Als erster startete Lindpaintner, danach Vollmoeller, Reichard, König und Thelen. Später folgten noch Büchner, Jeannin, Laitsch und Wittenstein. Die erste Etappe war von ungünstigen Witterungsverhältnissen begleitet und zwang die meisten Flieger zu Notlandungen. Als einziger überstand Lindpaintner glücklich diese Etappe. Sein Begleiter, Leutnant Hailer, schildert den Flug nach Schwerin: »Wir ließen das Silberband der Elbe im Osten und folgten getreulich dem roten Strich auf meiner Karte, der die Luftlinie Magdeburg bis Schwerin angibt. Bald bricht die Sonne durch eine blauschwarze Wolkenwand, übergießt das Elbband mit glitzernden Lichtern. Bei uns oben ist es bitterlich kalt. Wir kommen rasch vorwärts. Der Wind muß sich gedreht haben. Bei Wittenberge überfliegen wir die Elbe und schneiden die schäumenden Kiellinien eines Schleppers mit zwölf großen Kohlenkähnen. Ludwigslust taucht auf, und bald sehen wir unter uns die regelmäßigen Parkanlagen des Schlosses. Noch fünfunddreißig Kilometer! Lindpaintner ist freudig überrascht, als ich ihm in der Ferne den Buchholzer Forst, die Kirche von Schwerin signalisiere. Es glitzert über dem schwarzen Tannenforst die Fläche des Schweriner Sees. Wir landen glatt auf dem weißen Kalkstreifen.«[22]

119 **Deutscher Rundflug 1911 um den BZ-Preis der Lüfte vom 11. Juni–7. Juli. Karte mit dem rückseitigen Abdruck der offiziellen Strecke.**

In Kiel wurde innerhalb des Rundfluges eine Flugwoche veranstaltet. Hier hatten die Flieger verschiedene Flüge über dem Hafen sowie Höhenflüge zu absolvieren. Hellmuth Hirth schreibt dazu: »Meinen ersten Höhenflug machte ich während der Kieler Flugwoche 1911. Ich startete mit meiner Rumpler-Taube, die einen 70 PS Mercedes-Flugmotor hatte. Es war dieselbe Taube, die Hans Vollmoeller während des großen Deutschen Rundfluges 1911 benutzte und die ganz vortrefflich stieg. Es war schon abends 8½ Uhr, als ich mit ihr emporkletterte, um zu versuchen, den 1600 m betragenden deutschen Höhenrekord zu schlagen. Bei 1800 m traf ich schon auf Wolken, das erste Mal während meiner Fliegerlaufbahn. Ängstlich vorsichtig traute ich mich in einen herabhängenden tropfenförmigen Wolkenbeutel. Es wurde plötzlich nebelig um mich, aber im nächsten Augenblick sah ich wieder die Erde unter mir.
Ich strich langsam steigend immer an der Wolkendecke entlang und freute mich recht kindlich, mit diesen weichen Gebilden zu spielen. Ich mochte wohl 1900 m erreicht haben, doch genügte mir das noch nicht. Ich merkte auch, daß mir die Wolken gar nichts taten, im Gegenteil, mein Motor lief in ihnen besser als draußen. Ich kletterte deshalb beherzt einige Minuten in den Wolken empor und plötzlich lag, von Farben übergossen, die Wolkendecke unter mir. Auf ihr standen noch einige hochgetürmte Nebelberge, durch die ich manchmal flog. Es überkam mich eine Art Stimmung, als wäre alles nur ein Märchen. Immer seltsamer wurde die Wolkenlandschaft unter mir. Die Spitzen der Türme waren noch weiß von der sinkenden Sonne, die Wolkentäler aber zeigten alle Schattierungen eines Violett, das die tiefsten Stellen wie mit einer dunklen Flüssigkeit angefüllt hatte. Zehn Minuten lang konnte ich immer noch steigend dieses befremdende Formen- und Farbenspiel von obenher bewundern. Ich war ganz fasziniert durch den Anblick.
Dann wurden die Täler und Wolken unter mir ganz schwarz. Ich erinnere mich, daß ich noch 2200 m

120 **Deutscher Rundflug, 1911. Lindpaintner beim Start zum Rundflug auf dem Flugplatz Johannisthal auf seinem Farman-Doppeldecker.**

▲ *121* Deutscher Rundflug 1911. Ellery von Gorrissen beim Start zum Rundflug auf dem Flugplatz Johannisthal. Offizielle Postkarte.

122 Rechts oben: Deutscher Rundflug, 1911. Abgebildet ist der Start- und Landeplatz in Johannisthal mit dem späteren Sieger der Lüfte (2. Platz) Hans Vollmoeller.

▶ *127* Nationale Flugwoche in Kiel, 1911. Hellmuth Hirth auf Rumpler-Eindecker.

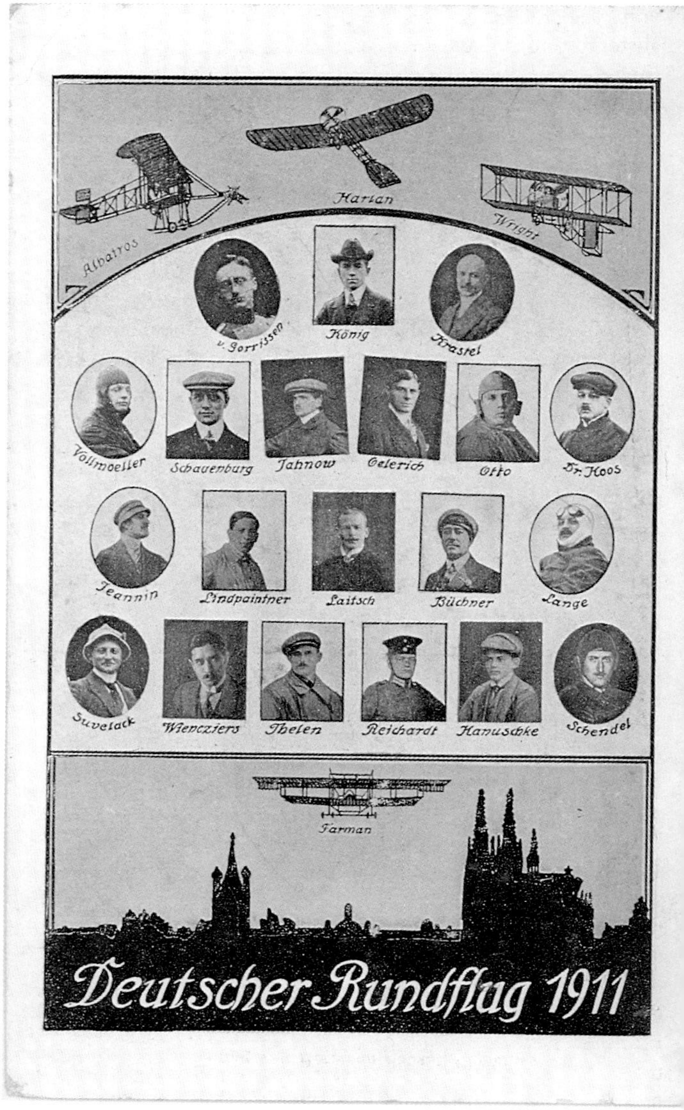

▲ *129* Deutscher Rundflug, 1911. Karte mit Abbildung der teilnehmenden Flugzeugführer.

128 Links oben: Nationale Flugwoche in Kiel, 1911. Hans Röver auf Grade-Eindecker.

◀ *130* Deutscher Rundflug, 1911. Werbekarte der Firma Continental, Hannover mit dem Sieger des Rundfluges, Benno König, auf Albatros-Doppeldecker.

von meinem Barometer ablas, zögernd den Motor abstellte und mit einem angenehm schaurigen Gefühl, einem Gruseln und einer freudigen Erwartung zugleich, mir eine der dunklen Wolkengrüfte aussuchte, in deren Schlund ich scheinbar untergehen sollte.
Unter diesen merkwürdigen Empfindungen plumpste ich glücklich durch die Wolkendecke. Erst als ich drüben die Lichter und den Hafen von Kiel schimmern sah, kam mir die ruhige Überlegung zurück. Ich nahm mein Flugzeug flacher und näherte mich langsam der nach dem oben genossenen Schauspiel sich mir so häßlich darbietenden Erde und landete glatt.
Trotz allen Sträubens packten mich kräftige Matrosenfäuste und schleppten mich zum Start.«[23]
Die nächsten Etappen des deutschen Rundfluges bis nach Münster waren wieder voller Überraschungen. Wiencziers landete in einem Weizenfeld, Büchner sackte mit seinen Rädern in weichem Boden ein und überschlug sich, Thelen ging das Benzin aus, Vollmoeller hatte Motordefekt, und Dr. Wittenstein landete mit seinem Apparat in der Ilmenau.
Die Etappe von Münster nach Köln bescherte den Fliegern Nebel. Vollmoeller, der schon früh startete, schildert diesen Flug folgendermaßen: »Der Deutsche Rundflug 1911 brachte auf der Strecke von Münster nach Wesel das schrecklichste Ereignis meines ganzen bisherigen Lebens: Eine Höllenfahrt.
Der Aufstieg in Münster war glatt vor sich gegangen, und ich befand mich auf dem richtigen Weg nach Wesel, als mich plötzlich ein dichter Nebel überfiel. In der Nähe von Mecklenburg irrten wir deshalb von unserem Weg ab und kamen in die Gegend von Roxel. Da ich versehentlich keinen Höhenmesser bei mir hatte, konnte ich nicht kontrollieren, in welchem Abstand vom Boden sich meine Rumpler-Taube befand. Ich glaubte zunächst in genügender Höhe zu sein, mußte jedoch bald erkennen, daß ich mich hierin schwer getäuscht hatte. Der Nebel, der das ganze Flugzeug einhüllte, war so dicht, daß ich kaum den Kopf meines vor mir sitzenden Begleiters erkennen konnte.
Plötzlich erhob sich Leutnant v. Ellgott von seinem Sitz und deutete mit entsetzter Miene vor sich hin. In diesem Moment bemerkte auch ich in kaum zehn Meter Abstand vor mir die Krone eines dichten Baumes, auf den die Maschine mit großer Schnelligkeit losfuhr. Im letzten Augenblick, schon glaubte ich den Zusammenstoß nicht mehr abwenden zu können, drückte ich das Höhensteuer mit aller Gewalt an mich, so daß die Maschine fast senkrecht in die Höhe schoß. Wir hörten unter uns das Krachen, der von dem Fahrgestell des Eindeckers abgestreiften Äste des Baumes. Glücklicherweise erlitt der Apparat dabei keine Beschädigungen, und die Fahrt ging weiter.
Aber schon nach wenigen Minuten tauchte aus dem dicken Nebel rechts abermals ein großer Baum auf; und ich konnte nur dadurch, daß ich durch gleichzeitige Betätigung von Seitensteuer und Verwindung den Apparat scharf auf die Seite legte, den Zusammenstoß im letzten Moment vermeiden. Schließlich konnte ich auf einem Haferfeld bei Appelhülsen die Landung vornehmen, die recht hart vor sich ging. Der Propeller zerbrach, und das Fahrgestell und andere Teile der Maschine erlitten Beschädigungen. Der Hauptmann einer gerade vorbeimarschierenden Infanterieabteilung ließ den Apparat aus dem Haferfeld nach einer nahegelegenen Wiese schaffen. In wenigen Stunden war der Apparat wieder flugfähig. Aber wir konnten wegen des heftigen Windes am Abend nicht mehr weiterfliegen.«[24]
In Köln und Dortmund waren wieder Schauflüge zu absolvieren. Auf den folgenden Etappen nach Dortmund und Kassel hielten sich König und Vollmoeller recht beachtlich, obwohl beide auch außerhalb des Etappenzieles niedergehen mußten. Lindpaintner, der bisher geführt hatte, rutschte durch Auslassen der Strecke Münster–Dortmund im Feld weit nach hinten. Er erlitt einen schweren Unfall. Sein Begleiter Leutnant Hailer berichtet davon: »Unser Kurs geht nach Osten, zum erstenmal auf dem Rundflug dürfen wir der Sonne entgegenfliegen. Und was war das für eine Sonnenfahrt! Tief unter uns bis in unabsehbare Fernen ein durchsichtiger Nebelschleier, der mir die Orientierung sehr erschwerte, da Wälder, Straßen und Ortschaften nur schwach erkennbar sind. Da ragt eine einsame Windmühle auf einem Hügel in die obere Welt, dort ein Waldhügel mit einer Ruine. Wie Inselgruppen im Weltmeer liegen im fernen Dunst die Kuppen der Arnsberge. Ein leiser Rückenwind gibt uns eine 100-Kilometer-Geschwindigkeit. Nun frischt der Wind auf und bringt Leben in das bisher bewegungslose Nebelmeer. Wolkenballen knäulen sich in phantastischen Formen. Man sieht sie nicht entstehen, auf einmal sind sie da! Das Tal der Möne zu unserer Rechten wird nebelfrei, gerade als wir's bei Schloß Sichtig überfliegen. Wir steigen über die Wolken, und ein neues, herrliches Schauspiel zeigt sich uns in begeisternder Schönheit. Nach wenigen Minuten erschreckt uns ein Klopfen im Motor. Auch das Öl in den Gläsern pulsiert nicht mehr. Weit und breit kein Landungsplatz! Aber noch vor diesem Gedanken setzt der Motor plötzlich aus, springt wieder an, setzt wieder aus. Nur noch bis an die Bahn, dort rechts der grüngelbe Fleck ist Weideboden, schreie ich Lindpaintner zu. Es ist zu spät! Der Motor versagt und jäh geht es hinab in die Felder. Die Landleute ergreifen die Flucht und lassen ihre Geräte im Stich. Ich fühle die Katastrophe... Tausend Gedanken durchkreisen den Sinn, dann fühlt man den wuchtigen Aufschlag, noch bevor man ihn erlebt. In den Ohren saust ein wirres Geräusch, dann ein unheimliches Pfeifen in den Drähten, ein letztes Aufbäumen in rasender Fahrt, und dann verfängt sich der Roggen im Fahrgestell, und der Apparat bohrt sich wie ein Pfeil in die Erde. Mit schrillem Ton zerreißen die Spanndrähte. Wir werden von den Sitzen herab in ein Gewirr von Sparren, Drähten und Tuchfetzen geschleudert. So liegen wir einen Augenblick lang wie gelähmt. Der siegreiche Apparat ist zerschlagen und mit ihm tausend Hoffnungen und Träume.«[25]
Interessant wurde es dann wieder auf der Etappe Nordhausen-Halberstadt, da diese über den Harz führte. Schon beim Start kam es zu einer Kollision zwischen Wiencziers und König, wobei ersterer seinen Flugapparat zu weit nach links zog. Beide Maschinen wurden beschädigt, bei Königs Albatros brach die untere rechte Tragfläche zur Hälfte durch. Die restlichen Flieger plagten sich mit nicht einwandfrei arbeitenden Motoren, oder sie verloren die Orientierung. Lediglich Büchner, Vollmoeller, Laitsch und Noelle trafen in Halberstadt ein.
Am 10. Juli, morgens um 3 Uhr 31 Minuten, startete Benno König als erster zur letzten Etappe nach Berlin, 3 Minuten später Hans Vollmoeller und um 3 Uhr 36 Minuten Büchner. Mit nur kleinen Zwischenlandungen erreichten alle drei Johannisthal. Diese Flieger beendeten auch in der genannten Reihenfolge das Gesamtklassement.
Alle drei wurden in Johannisthal begeistert empfangen, wobei die Zuschauer das Flugfeld stürmten. König (Albatros-Doppeldecker) wurde mit 1882 km Erster und erhielt vom BZ-Preis 40000 Mark (mit Zusatzpreisen insgesamt mehr als 63000 Mark), Vollmoeller (Rumpler-Taube) mit 1837 km 25000 Mark (insgesamt 78000 Mark) und Büchner (Aviatik-Doppeldecker) erreichte mit 1363 km den dritten Preis von 10000 Mark.

Die Zeitungen äußerten sich enthusiastisch und bescheinigten der deutschen Fliegerei, daß sie ihre Reifeprüfung abgelegt habe. Immerhin war alles diszipliniert verlaufen, kein Todessturz war erfolgt, und die Organisation hatte mustergültig geklappt.

Schwäbischer Überlandflug

Als letzte der großen Flugveranstaltungen im Jahre 1911 fand vom 11. bis 13. September der schwäbische Überlandflug statt. Wir lesen darüber im »Flugsport«: »Gemeldet hatten 17 deutsche Flieger, davon kamen 2 nicht an den Start, so daß also immer noch 15 in den Wettkampf treten konnten. Als Strecke war folgende Route gewählt worden: Weil - Stuttgart - Eßlingen - Reutlingen - Ulm - Aulendorf - Friedrichshafen, was einer Zurücklegung von 212 km entsprach. Die erste Etappe ging bis Ulm, und die zweite endigte am Ziel in Friedrichshafen. Die Terrainverhältnisse waren nicht sehr günstig, und besonders das Überfliegen der rauhen Alb stellte an die Flieger große Anforderungen.
Leider sollte auch der Schwabenflug seinen Tribut an das schwarze Gespenst entrichten, und der tüchtige Eyring mußte am Vorabend der Veranstaltung auf der Radrennbahn in Weil, einen Probeflug, den er in der Abenddämmerung unternommen hatte, mit einem Todessturz bezahlen.
Der eigentliche Start für die Etappe Stuttgart-Ulm erfolgte schon sehr früh am Montag. Als erster startete Hirth, ihm folgten Jeannin mit Leutnant Reuß als Passagier, der aber bereits auf dem Cannstatter Wasen niederging, Vollmoeller mit Oberleutnant zur See Bertram, Schall und als letzter Röver. Büchner zerbrach seinen Aviatik-Eindecker bei einem Probeflug vollständig und gab endgültig auf. Von den am Morgen gestarteten Fliegern kamen

133 **Oben: Schwäbischer Überlandflug, 1911, Esslingen–Ulm–Friedrichshafen. Ansichtskarte mit der Silhouette von Ulm. Entwurf: Nimmich.**

134 **Unten: Schwäbischer Überlandflug, 1911. »Du siehst Hirth's Rumpler-Taube, die im Fluge ganz genau einer schwebenden Taube gleich sieht.«**

135 **Schwäbischer Überlandflug, 1911. Hirth auf Rumpler-Taube. »Von der Ulmer Flugwoche sendet Ihnen die herzlichsten Grüße.«**

Vollmoeller und Jeannin in Ulm ohne Fahrtunterbrechung wohlbehalten an. Hirth mußte in der Nähe des Zieles wegen Motordefektes eine äußerst schwierige Zwischenlandung vornehmen, die an einem Abhang erfolgte und wirklich dank des tüchtigen Führers hervorragend gelungen war. Lindpaintner war noch am Abend in Weil gestartet, mußte jedoch in Reutlingen eine Zwischenlandung vornehmen. Auch Hoffmann mußte unterwegs landen, konnte jedoch am anderen Morgen seinen Weiterflug antreten.«[26]

Von dieser Etappe berichtet Hirth: »Vor mir lagen die Felswände der Schwäbischen Alb bei Urach, und plötzlich spürte ich, kleine abgehackte Böen, die eine eigenartige Wirkung hatten. Die Maschine wollte immer etwas nach der Seite drehen. Ich wußte, diese Böen sind Vorposten, die ein Unheil ankündigen, und machte mich daher auf alles gefaßt. Plötzlich ergriff mich ein scharfer Windstoß und warf die Maschine sehr stark um, so daß der linke Flügel ganz unten hing. Was dann geschah, dessen bin ich mir bis heute noch nicht recht bewußt. Ich weiß nur noch, daß ich völlig gedreht wurde, daß das ganze Flugzeug krachte, und daß ich ganz unvermittelt, wie wenn überhaupt nichts passiert wäre, wieder in vollkommen ruhiger Luft schwamm. Zuerst schaute ich mich ganz ungläubig um, ob ich noch lebte, und bemerkte ganz verwundert, daß Reutlingen vor mir lag, das eben noch hinter mir war. Ich war in eine Windhose geraten und konnte mir an Hand der Karte deren Bildung genau erklären. Ich rückte mich auf meinem Flugzeug zurecht, nahm mein Fernglas heraus und konnte mit ihm schon das Ulmer Münster erkennen und hielt auf die Spitze zu. Doch ich hatte das Glas noch nicht weggehängt, als plötzlich mein Motor stark aussetzte und nach wenigen Sekunden vollständig aufhörte. Ich befand mich eben über Hohen-Urach, einer Burg im schlimmsten Teil der Schwäbischen Alb. Vollkommen ruhig suchte ich mir den unter diesen Umständen besten Landungsplatz für meine Maschine aus. Es war hier eine enge Schlucht, wo die Straße aus den Felsen herausgehauen ist. Ich sah ganz klar voraus, wie mein linker Flügel auf einem Baum hängenbleiben würde. Ich sah auch schon in Gedanken, wie die Maschine sich drehte, auf die Straße stürzte und den 15 Meter tiefen Abhang hinabkollerte; und ich überlegte mir, wie ich die Maschine in die wenig einladende Stelle werfen sollte. Ich wußte, daß ich in der Nähe des Bodens die Maschine abzubremsen hatte, um mit möglichst wenig Eigengeschwindigkeit den Boden zu berühren. Ich war nur noch zehn Meter über der Straße und zog das Höhensteuer stark an, um die Maschine durchsacken zu lassen. Ich stemmte die Beine dem Sturz entgegen, zog Hals und Kopf ein und klammerte mich an den Hauptstreben fest, als plötzlich der Motor mit drei Zylindern die Arbeit wieder aufnahm. Ich hatte zwei Vergaser, die zwangsläufig durch einen Hebel bedient wurden. Während des Gleitfluges, der etwa 4 Minuten dauerte, hatte ich die Vergaserdrossel immer scharf auf- und zugezogen, da ich wußte, daß das Versagen nur am Vergaser liegen konnte; denn der Motor war mit zwei Bosch-Magnetapparaten ausgerüstet, von denen einer Doppelzündung besaß. Das Auf- und Zuziehen des Vergasers sollte bezwecken, wechselnde Ansauggeschwindigkeiten in dem Ansaugrohr hervorzurufen, um etwaigen Schmutz in den Düsen herauszureißen.

Die drei wieder arbeitenden Zylinder gaben der Schraube noch eine Umdrehung von 800 Touren, und das genügte, um die Maschine hängend zu erhalten. Ich machte nun die schrecklichsten 30 Minuten im Flugzeug durch, eine halbe Stunde, die mir wie eine Ewigkeit vorkam und mir manchen kalten Schweißtropfen auf die Stirn trieb. Die Schraubenkraft reichte gerade noch hin, um mich tallängs wenige Meter über die Gipfel zu schleppen. Ich sah mich jede Sekunde in den Bäumen oder an den Felswänden hängen. Zeitweise ging der Motor wieder mit vier, auch fünf Zylindern und sekundenlang auch mit sechs, so daß ich schließlich hundert Meter Höhe erreichte. Ich wich jedenfalls allen Abgründen aus, so daß ich meistens dichte Bäume oder aber sonstiges Gelände unter mir hatte, in das ich die Maschine, ohne mich allzu schwer zu gefährden, hineinfallen lassen konnte. Dieses Vermeiden der gefährlichen Stellen zwang mich, Umwege zu machen, so daß ich auf den mich überholenden Jeannin den Eindruck machte, als flöge ich ihm entgegen.

Kurz vor Ulm, ich konnte den Flugplatz bereits erkennen, setzte der Motor endgültig aus. Ein Kartoffelfeld an einem leichten Abhang diente mir als Landungsplatz, und dank meiner Bremse konnte ich den Apparat zum Stillstand bringen, ohne daß irgend etwas daran verletzt war. Ich nahm mir sofort den Vergaser vor, zog die Schwimmernadel hoch, und es kam auch Flüssigkeit, doch war es Wasser statt Benzin. Nun kannte ich den Grund meines Elends und mußte warten, bis meine Monteure kamen. Als erste begrüßte mich eine bekannte Dame, die mit dem Zuge nach Ulm vorausgefahren und im Automobil zu meiner Notlandungsstelle geeilt war. Es kamen noch mehrere Wagen, doch meine Monteure blieben aus, und das hatte seinen guten Grund. Ein Bekannter, der meinen Wagen steuerte, hatte das in den plombierten Kannen übriggebliebene Benzin in meinen Wagen gefüllt, um mir zu folgen. Er drehte den Motor an, doch als er anfahren wollte, blieb er wieder stehen. Erst nach langem Suchen entdeckte er acht Liter Wasser im Benzinbehälter. Die Kannen, denen das Wasserbenzin entnommen worden war, hatten über Nacht in meinem Schuppen gestanden. Wie das Wasser in diese hineingekommen ist, ist mir bis heute unerklärlich, denn die Plomben, die allerdings nur aus Bindfaden mit einem Blech darübergebogen bestanden, waren alle in Ordnung gewesen.«[27]

»Am folgenden Tag war der Start für die letzte Teilstrecke Ulm–Friedrichshafen. Als erster startete Hoffmann, ihm folgten Hirth und Lindpaintner, während Jeannin erst gegen Abend seinen Flug antrat. Die letzte Etappe, die den Fliegern die größte Schwierigkeit bot, wurde von den genannten Fliegern und auch später noch von Noelle und Röver erfolgreich zurückgelegt. Die Zeiten für die Gesamtstrecke waren folgende: Vollmoeller auf Rumpler-Etrich 100 PS Argus und Jeannin auf Aviatik-Eindecker 2 Stunden 49 Minuten 30 Sekunden. Da beide Flieger die gleichen Zeiten hatten, wurde totes Rennen erklärt, und der erste Preis von 20000 Mark und der zweite von 8000 Mark wurden zusammengelegt, und jeder der beiden erhielt 14000 Mark. Der dritte Preis von 5000 Mark fiel an Hirth auf Rumpler-Etrich 120 PS Austro-Daimler, und der vierte an Hoffmann auf Harlan 100 PS Argus.

Die ganze Veranstaltung wurde von der württembergischen Bevölkerung mit größtem Interesse verfolgt, und es ist zu hoffen, daß durch den Schwäbischen Überlandflug die Anhänger des Systems schwerer als Luft um eine beträchtliche Zahl zugenommen haben.«[26]

Die Rundflüge des Jahres 1912

Mit dem Jahr 1912 wurde die Fliegerei allmählich professionell. Die Zeiten, in denen man »Hüpfer« gemacht hatte, gehörten der Vergangenheit an, und auch die Motoren wurden besser und störungsunanfälliger. Kaiser Wilhelm hatte einen Preis von 50000 Mark für den besten deutschen Motor ausgeschrieben, der die Motorenindustrie sehr beflügelte, und auf der Allgemeinen Luftfahrzeugausstellung (Ala), die im April 1912 von Prinz Heinrich in Berlin eröffnet wurde, hatte die deutsche Flugzeugindustrie Gelegenheit, ihre Leistungsfähigkeit unter Beweis zu stellen.

136 **Allgemeine Luftfahrzeug-Ausstellung in Berlin, 3.–14. April 1912. Die Abbildung zeigt Prinz Heinrich von Preußen während der Eröffnung der Ausstellung.**

Zweiter Zuverlässigkeitsflug am Oberrhein

Der erste große Wettbewerb des Jahres 1912 war der 2. Zuverlässigkeitsflug am Oberrhein, der vom 12. bis 23. Mai stattfand. Zum erstenmal wurden hier nur Offiziere der Heeresverwaltung oder sogenannte »Herrenflieger« auf eigenen Flugzeugen zugelassen. In sieben Etappen ging der Flug von Straßburg über Saarbrücken, Frankfurt, Karlsruhe und Freiburg nach Konstanz, wobei der letzte Streckenabschnitt mit einer gefährlichen Schwarzwaldüberquerung verbunden war. Insgesamt nahmen neun Flugzeuge mit jeweils einem Beobachter als Passagier teil. Neben den Etappenflügen mußten die Teilnehmer militärische Aufklärungsübungen durchführen. In Wiesbaden fand eine Steigkonkurrenz zwischen dem Zeppelinluftschiff »Viktoria Luise« unter Führung von Luftschiffkapitän Hakker und den Fliegern statt. Über die ersten Teilstrekken dieses Fluges berichtet Hellmuth Hirth: »Der Start in Straßburg am 12. Mai 1912 stand im Zeichen einer ganz abnormen Hitze, so daß ich mir auf dem Polygon um 2 Uhr morgens den Rock auszog. Ich startete als dritter, kam sehr gut hoch und nahm Richtung auf die Vogesen. Nach 10 Minuten schon bemerkte ich, daß mein Motor sehr heiß wurde. Das Abdampfrohr warf sehr viel Wasser aus, und nach 5 Minuten folgte reiner Dampf. Ich stand nun vor der Wahl, entweder zu landen oder den Versuch zu machen, eine kühle Luftschicht zu gewinnen. Ich kletterte deshalb kurz vor den Vogesen von 600 m auf 1300 m, wo es langsam anfing, kühl zu werden. Bei 1500 m Höhe, in der ich mich dann hielt, war auch bald jeder Dampf verschwunden.
Ohne große Schwierigkeit überflogen wir in acht Minuten die Vogesen.
Wir erkannten nach 1¼ Stunden Metz; ich drosselte langsam ab und kam durch äußerst heftige Böen, so kräftig, das Leutnant Schoeller, der zum ersten Male in seinem Leben in Böen flog, sich krampfhaft festhielt. Es fing wirklich an, ungemütlich zu werden, doch erfolgte die Landung in Metz glatt. Die gleich nach unserer Landung gemessene Windstärke betrug unter 12 m, in 600 m war bereits 18 Sekundenmeter Wind. Wir waren bis jetzt die einzigen und sollten dies auch bis zum Abend bleiben, wo Rittmeister Graf von Wolffskeel mit seinem Euler-Doppeldecker sich einfand.
Am Start in Metz klappte alles vorzüglich. Es war das Luftschiff »Viktoria Luise« von Frankfurt her eingetroffen, und wir hatten von Metz aus eine gemeinschaftliche Aufklärungsübung zu machen. Wir konnten aus 600 m sehr leicht vier Geschütze erkennen, die feuerten. Leutnant Schoeller schrieb die Meldung, und ich näherte mich in Metz bis auf 20 m dem Boden, wo wir den Bericht abwarfen, um zur zweiten Übung zwischen Metz und Saarbrükken weiterzufliegen. Auf dem Rückwege begegnete ich der »Viktoria Luise«, unter der ich dicht entlang flog. Ich hatte eine Geschwindigkeit von mindestens 130 km, und das Luftschiff fuhr etwa 70 km

▲ *137* Zweiter Deutscher Zuverlässigkeitsflug am Oberrhein, 12.–23. Mai 1912. Offizielle Postkarte Nr. 1. Entwurf: L. Marowska.

138 Links oben: Deutscher Zuverlässigkeitsflug am Oberrhein, 1912. Offizielle Postkarte Nr. 2. Oberingenieur Hellmuth Hirth, Sieger des Oberrheinischen Zuverlässigkeitsfluges 1911.

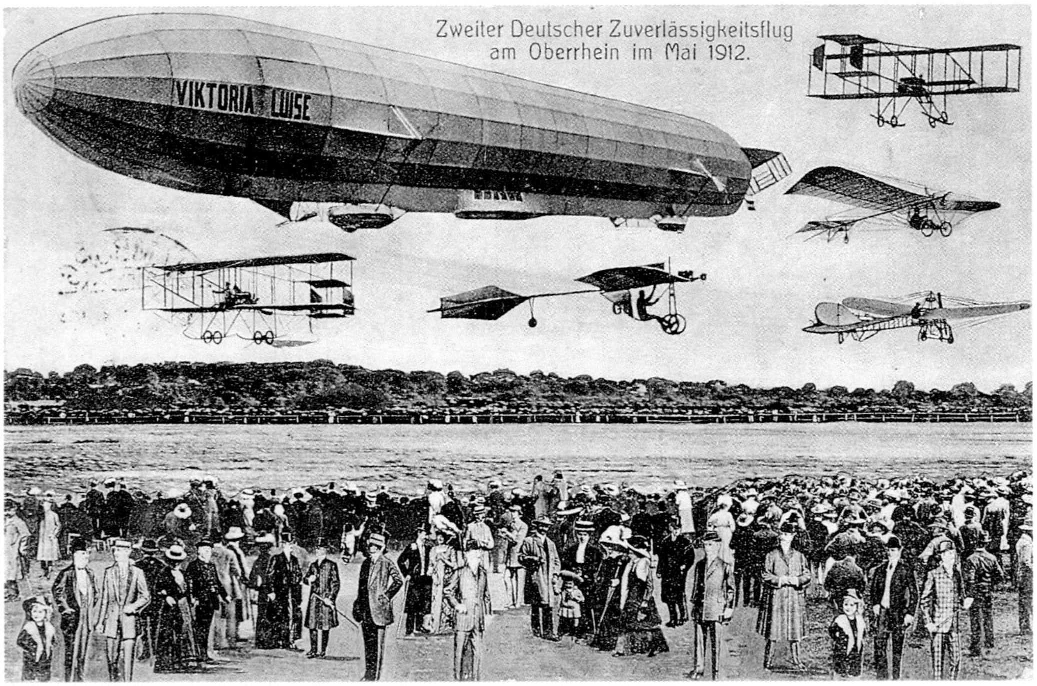

◀ *139* Deutscher Zuverlässigkeitsflug am Oberrhein, 1912. Fotomontage mit Flugzeugen und dem Zeppelinluftschiff »Viktoria Luise«.

140 **Oberrheinischer Zuverlässigkeitsflug, 1912. Hellmuth Hirth und Leutnant Schoeller nach der Landung in Freiburg. Rechts Hauptmann Spangenberg. Die Karte wurde später mit Zusatz »Gruß aus Johannisthal« vertrieben.**

schnell. Wir fuhren also mit 200 km Geschwindigkeit aneinander vorbei. Trotzdem konnte ich Kapitän Hacker erkennen, der mir nachher erzählte, er habe das Empfinden gehabt, als ob unter ihm ein Torpedo vorbeigeschwirrt sei.

Die nun in Saarbrücken am Start erschienenen Maschinen blieben bis zum Schluß beieinander. Es waren Oberleutnant Barends auf Rumpler-Taube mit 100 PS Argus, Rittmeister Graf Wolffskeel auf Euler-Doppeldecker mit 70 PS Gnôme, Leutnant Mahncke auf Albatros-Doppeldecker mit 100 PS Argus und ich auf Rumpler-Eindecker mit 95 PS Sechszylinder-Mercedesmotor. Da ich die rascheste Maschine hatte, konnte ich mir das Vergnügen leisten, als letzter zu starten und als erster anzukommen. Es ist ein wunderbares Gefühl, im Fluge ein anderes Flugzeug zu überholen, und da ich das so billig haben konnte, habe ich es auch gründlichst ausgenutzt.

Die schwierigste Etappe Saarbrücken–Mainz lag vor uns. Der Schönwettermacher von Saarbrücken, der kurz vor dem Start noch einen Pilotballon aufsteigen ließ, erzählte uns, daß über 1000 m Höhe ein schöner Rückenwind für uns wehe. Mein Begleiter hielt diese schwierigste aller Luftlinien, die ich geflogen bin, auch beinahe bis zum letzten Augenblick vorzüglich ein. Dann kamen wir etwas zu weit links ab, so daß wir Bingen sahen. Ich mußte einige Kilometer schräg zurück und dabei das allen Ballonführern durch seine Böen berüchtigte Binger Loch passieren, wo wir auch furchtbar hin- und hergeschüttelt wurden. Doch legten wir trotzdem die 130 km lange Strecke in 51 Minuten zurück.

Während des langen Gleitfluges hatte sich Öl auf meinen Brillengläsern gesammelt, doch bemerkte ich das erst kurz vor dem Boden. Ich beging noch die Dummheit, mit meinem Handschuh wenige Meter vom Boden entfernt über das Glas zu wischen. Es war jedoch zuviel Öl darauf, und infolge

141 **Oberrheinischer Zuverlässigkeitsflug, 1912. Karte von der Etappe Mainz mit Abbildung des Flugplatzes »Großer Sand« in Mainz Gonsenheim.**

142 **Oberrheinischer Zuverlässigkeitsflug, 1912. Fotokarte von der Etappe Freiburg-Konstanz. Hellmuth Hirth landet als Sieger in Konstanz.**

des jetzt wie durch Fazetten sich brechenden Lichtes sah ich mit einem Male Boden rechts, links oben und unten und zog instinktiv das Steuer, doch schon kam ich mit großer Gewalt auf die Erde, prallte aber wieder in die Luft zurück. Ich warf die Brille rasch weg, fing den Apparat ab, der abermals hochfederte, und nun begann ein Wackeltanz von einem Rad auf das andere und eine Reihe von wilden Sprüngen. Ein wahrer Cakewalk.

Die Maschine blieb ohne die geringste Beschädigung stehen. Herr Oberleutnant Selasinski, der auch dieses Mal wieder anwesend war, empfing uns in Mainz. Es kam dann Graf Wolffskeel an, der im Mainzer tiefen Sande landete; sein Apparat kippte um, und er und sein Passagier Leutnant Hailer fielen aus dem Apparat, doch so gemütlich, wie etwa zwei überreife Pflaumen vom Baume.

Herrlich gestaltete sich der Flug von Frankfurt nach Karlsruhe. Wir flogen bei wunderbar klarem Wetter und vollkommener Windstille. Ich drosselte den Motor stark ab und erreichte sehr gut Karlsruhe, wo ich einige Runden machte. Der Start in Karlsruhe vollzog sich programmäßig. Es war wieder ein wunderbar stiller Morgen mit großer Fernsicht, die Schoeller und ich besonders an den steilen Schwarzwaldhängen entlang genossen. Ich befand mich bald in 1200 m Höhe, in der ich mich durchschnittlich hielt.

Wir passierten Riegel zwischen Kaiserstuhl und Schwarzwald, wo ich im letzten Jahre bange Minuten erlebte. Diesmal ging alles sehr glatt, und das herrlich gelegene Freiburg erwartete uns wieder vollzählig.

Gleichzeitig mit Oberleutnant Hartmann kam auch das Zeppelin-Luftschiff »Viktoria Luise«, das mit dem langsamen Doppeldecker einen Wettflug gemacht hatte. Das Luftschiff brachte auch meinen Vater mit.

Im Gegensatz zu den früheren Besprechungen, die meistens nachmittags stattfanden, war es unser aller Wunsch, die stets vom Prinzen Heinrich von Preußen geleiteten Besprechungen gleich nach Schluß der Etappe, als wir alle angekommen waren, abzuhalten. Wir besprachen die in den nächsten Tagen stattfindende Überquerung des Schwarzwaldes.«[28]

Von dieser letzten Etappe Freiburg–Konstanz erzählt Leutnant Mahncke: »Als ich mich eben über dem Titisee befand, schlug mir plötzlich Knofe auf die Schulter und zeigte nach oben. Da zog Hirth an mir vorüber. Wir winkten uns zu. Kaum war er verschwunden, da erschien vor uns, aber tiefer, wie eine große silberne Zigarre anzusehen, ein Zeppelin; er kam uns entgegen und war schnell wieder außer Sicht. Nicht lange danach überflog ich das Zielband in Konstanz und landete. Ich traf dort Hirth, Barends und Graf Wolffskeel, die schon vor mir gelandet waren. Während wir uns um die Unterbringung unserer Flugzeuge kümmerten, erschien das Luftschiff über Konstanz und landete gleichfalls. Ihm entstieg Graf Zeppelin. Er beglückwünschte uns zu unseren Erfolgen und lud uns vier zu einer Fahrt im Luftschiff nach Friedrichshafen ein, was wir natürlich hocherfreut annahmen. Die Führung des Schiffes lag in den Händen von Oberingenieur Dürr, während sich der Graf in seiner bekannten leutseligen Art seinen Gästen widmete. Nach mehreren großen Schleifen über dem Bodensee landeten wir in Friedrichshafen. Nach einem kurzen Imbiß mit dem Grafen brachte uns ein Motorboot nach Konstanz zurück.«[29]

Bei diesem Flug gewann Hellmuth Hirth den »Prinz-Heinrich-Preis« für die beste Gesamtleistung, den Ehrenpreis des Großherzogs von Baden für die größte Zuverlässigkeit und den Ehrenpreis des Großherzogs von Hessen für die größte Schnelligkeit. Zweiter wurde Graf Wolffskeel und dritter Oberleutnant Barends.

Nordmarkenflug

Für die Zeit vom 16. Juni bis 2. Juli 1912 war der Nordmarkenflug festgesetzt, der in Kiel mit einer Flugwoche begann. 27 Piloten hatten sich in die Meldeliste eingetragen, darunter alles, was in Deutschland Rang und Namen hatte. Der Flug führte durch Schleswig-Holstein zur dänischen Grenze, dann hinunter bis Hamburg und endete in Neumünster. Der Flug wurde durch Schlechtwetter beeinträchtigt, und so gelang es lediglich drei Fliegern, die Gesamtstrecke von 460 km zu bezwingen. Gesamtsieger wurde Viktor Stoeffler, vor Baierlein und Horn. Bei diesem Fluge ereignete sich in Hamburg ein tragischer Unfall. Benno König, der im Jahr zuvor den Deutschlandflug gewonnen hatte,

143 **Karte vom Nordwestflug Juni 1912. Abgebildet ist ein Jeannin-Eindecker mit Pilot Krieger und Begleiter Leutnant Steffen bei der Landung in Lohe.**

stieß bei der Landung gegen ein Hindernis und wurde mit großer Wucht gegen sein Steuerrad geschleudert. Kurze Zeit später erlag er seinen inneren Verletzungen.
Trotzdem wurden auch bei diesem Flugtag mehrere Rekorde gebrochen. Stoeffler gewann den großen Preis von Kiel mit einer Gesamtflugleistung von über 6 Stunden und Caspar den deutschen Höhenrekord von 3200 Metern. Mit welchem Glanz und welcher Glorie die Flugtage damals umgeben waren, erzählt uns Hellmuth Hirth: »In alter Anhänglichkeit an den Nordmarkenverein für Motorluftschiffahrt, entschloß ich mich auch 1912 in Kiel zu fliegen. Genau wie 1911 lag in der ganzen Veranstaltung ein frischer Zug, den wir überall finden, wo unsere Marine die Hände mit im Spiel hat.
Hier in Kiel wurden tüchtige Höhenflüge ausgeführt. Herr Referendar Caspar stieg mit seiner Rumpler-Taube, die einen 85 PS N.A.G.-Motor besaß, auf 3200 m Höhe empor.
Ich selbst kam mit meinem Flugzeug, diesmal einer normalen Rumpler-Ttaube, die einen 100 PS Argus hatte, mit Passagier auf 2500 m. Allein erreichte ich später 2900 m. Dann zwang mich die Dunkelheit zu landen.
Meine Maschine, die mich nach Wien getragen hatte, konnte ich wegen ihrer Geschwindigkeit und des kleinen Landungsplatzes nicht in Kiel gebrauchen.
Auch in diesem Jahre freute ich mich sehr über den herrlichen Anblick, den ich Tausende von Metern hoch über der Ostsee hatte, über den Kieler Hafen mit seinen Kriegsschiffen, die aus der Höhe wie Nußschalen aussahen.
Da ich der einzige ältere Flieger war, wollte ich nicht weiter konkurrieren und gab mit der Kieler Woche den Nordmarkenflug auf.
Seine Königliche Hoheit, Prinz Adalbert von Preußen, dem ich von Seiner Königlichen Hoheit, dem Prinzen Heinrich von Preußen, vorgestellt wurde, nahm mich in seinem Wagen zu einem gemütlichen

144 **Rundflug in der Nordmark, 16. Juni bis 2. Juli 1912. Fotomontage mit den teilnehmenden Flugzeugen. »Wir waren am Sonntag zum Schaufliegen, ich kann Dir sagen, es war herrlich anzusehen.«**

Nordmark-Verein für Motorluftfahrt, e. V.

Nordmarkflug 1912.

Fahrtausweis

für Herrn Oberleutnant [illegible]

als Fluggast zur Start-No. 4 Führer Hirth

zum Flugwettbewerb I + II

Gewicht 75 kg

Gültig für den 19 Juli 1912. Die Sportleitung.

145 **Oben: Fahrtausweis für einen Flug während der Kieler Flugwoche im Juli 1912 mit Flugzeugführer Hellmuth Hirth.**

146 **Unten: Kieler Flugwoche 1912. Abgebildet ist die Rumpler-Taube mit der Startnummer 4. Hellmuth Hirth stellte damit einen Höhenrekord von 2900 Metern auf.**

Zusammensein in sein Heim in Kiel mit.
Vorher hatte Ihre Königliche Hoheit, die Prinzessin Heinrich von Preußen, mich bereits eingeladen, der Segelbootregatta auf ihrer Yacht »Carmen« zu folgen.
Eine besondere Ehre und Freude wurde mir zuteil, als mir mitgeteilt wurde, daß Seine Majestät Kaiser Wilhelm II. mich an Bord der »Hohenzollern« empfangen wolle. Nachdem Seine Majestät Leutnant Schoeller und mir den Kronenorden IV. Klasse überreicht hatte, sprach der Kaiser mit mir über Flugmotoren und den von Seiner Majestät gestifteten Preis von 50000 Mark für den besten deutschen Motor, und ich konnte Seiner Majestät bestätigen, daß der Preis recht belebend auf die Arbeit in den deutschen Flugmotorenfabriken gewirkt habe. Wir wurden zum Frühstück geladen, das gegen 1 Uhr begann. Um 4 Uhr verließen wir die Kaiseryacht.«[30]

Leipziger Flugwoche

Im Juli 1912 fand in Leipzig eine Flugwoche statt. Hier trafen wieder die altbewährten Flieger aufeinander: Hans Grade, Oswald Kahnt, Bruno Büchner, Heinrich Oelerich, Robert Thelen und Hellmuth Hirth. Diese Flugwoche zeichnete sich vor allem dadurch aus, daß hier mehrere Weltrekorde überboten wurden. Als erster startet Oelerich und erreichte mit zwei Passagieren eine Flugdauer von 2 Stunden 41 Minuten. Dadurch ermutigt lud Schirrmeister vier Passagiere in sein Flugzeug und blieb 34 Minuten in der Luft – ebenfalls ein neuer Weltrekord. Aber damit noch nicht genug, Hirth versuchte, den Höhenweltrekord anzugreifen – und es gelang: Mit 4420 Meter schlug er den Rekord von Roland Garros, der 3900 betragen hatte. Damit war Deutschland in dieser Konkurrenz zum erstenmal

▲ *147* **Karte vom Deutschen Rekord im Dauerfliegen, aufgestellt von Oelerich auf Doppeldecker der Deutschen Flugzeugwerke am 2. November 1911 mit 3 Stunden und 39 Minuten.**

▶ *148* **Karte vom Weltrekord im Höhenflug, aufgestellt von Hellmuth Hirth auf Rumpler-Eindecker während der Leipziger Flugtage im Juli 1912 mit einer Höhe von 4420 Metern.**

in Führung gegangen. Hirth schreibt darüber: »Das Wetter war schön und die Luft sehr klar. Ich hatte noch 60 Liter Benzin an Bord und startete allein, mit einem Maximalbarometer ausgerüstet, zu einem Höhenfluge.

Wie bei allen Höhenflügen, die ich unternommen habe, kann ich vorher nie sagen, wie hoch ich eigentlich zu gehen gedenke. Ich möchte sagen: das ist Stimmungssache. Meine wenig belastete Maschine (Rumpler-Eindecker) schoß anfangs alle 30 Sekunden 100 m empor.

Den Goerzschen Barometer konnte ich nur mittels zweier Schnüre erreichen.

Ich wußte, daß 2200 m genügen würden, um den Preis für die größte erreichte Höhe in Leipzig zu gewinnen. Da packte mich plötzlich der Ehrgeiz oder der Drang, etwas Sportliches zu leisten, und ich steuerte das Flugzeug höher. Bei 2600 Meter fingen Böen an, dann fand ich wieder ganz ruhige Luftschichten.

Zu meinem Erstaunen sah ich, daß mein kleines Instrument, das bis 3000 m zeigt, nach 21 Minuten schon am Ende der Skala war.

Von Zeit zu Zeit sah ich auch abwärts zur Erde, auf der Leipzig nur noch handgroß lag. Die Erde verlor immer mehr ihre harten Züge, es verschwamm alles durcheinander und löste sich in weicheren Farben und Formen auf. Es war zudem schon ziemlich spät, etwa ½9 Uhr. Die Lichter wurden schon an verschiedenen Stellen angezündet.

Während ich früher mit 1200 Touren ansteigen konnte, war es mir von 2500 m ab nur möglich, mit 1300 Umdrehungen des Propellers in der Minute höher zu kommen. Sobald ich den Apparat etwas steiler nach oben nahm, fing er an durchzusacken. Es ist wichtig, in verschiedenen Höhen den richtigen Winkel zu finden, um die günstigste Steiggeschwindigkeit herauszubekommen. Ungefähr 20–30 km südlich von Leipzig drosselte ich langsam den Motor ab und flog in sanftem Gleitfluge nach unten.

Den Druck im Ohr, der sich bei raschem Wechsel der Höhe unangenehm bemerkbar machte, konnte ich durch fortwährendes Schlucken ausgleichen.

Wie lange der Gleitflug gedauert hat, weiß ich nicht, doch kann ich ungefähr die Entfernung angeben. Das Gleiten begann 25 km südlich von Leipzig, führte dann über die Stadt hinweg und endete in

drei je etwa 5 km langen Kurven über dem Flugplatz Leipzig-Lindenthal, betrug also im ganzen etwa 40 km.
Die Skala des Goerzschen Instrumentes zeigte nur bis 4000 m, doch war der Maximalzeiger um 8½ mm über die Skala hinausgeklettert und dort stehen geblieben. Es wurde deshalb auf dem Flugplatz 4100 m Höhe angenommen. Eine nachträgliche Prüfung ergab jedoch folgendes Resultat: 4420 Meter.«[31]

Rund um Berlin

Besonderen Reiz besaßen die Flugveranstaltungen, die in der Hauptstadt Berlin abgehalten wurden. Immer im Frühjahr und im Herbst wurde traditionell eine Johannisthaler Flugwoche veranstaltet. Für die Berliner ein willkommener Zeitvertreib, und für die Flieger eine Gelegenheit, sich und der Welt zu beweisen, was in ihnen und in ihren Maschinen steckte. Viele der besten Aviatiker Deutschlands nahmen hier ihren Anfang, unter ihnen auch eine Fliegerin der ersten Stunde: Melli Beese. Sie lehrte der männlichen Konkurrenz schon im Herbst 1911 das Fürchten, als sie auf Anhieb den vierten Platz in der Flugdauer errang.
Für Ende August hatte sich der Berliner Verein für Luftschiffahrt zusammen mit dem kaiserlichen Aero-Club einen Wettflug rund um Berlin einfallen lassen. Diesen konnten die Berliner hautnah verfolgen, da die Flugstrecke rund um Berlin über die Vororte führte und dieser Parcours dreimal an zwei aufeinanderfolgenden Tagen durchflogen werden sollte. Start und Landungen waren jeweils in Johannisthal. Insgesamt gehen 12 Flieger an den Start, die vom Publikum begeistert gefeiert werden. Hellmuth Hirth berichtet: »Vor dem Rundflug um Berlin wurde viel gearbeitet, war es doch in Deutsch-

149 **Oben: Flug »Rund um Berlin«, 31. August–1. September 1912. Hellmuth Hirth auf Rumpler-Eindekker am Startplatz.**

150 **Unten: Flug »Rund um Berlin«, 1913. Karte von Bruno Langer an seine Mutter »Gestern früh bin ich die Strecke abgeflogen, 1 Stunde 5 Minuten. Drücke den Daumen, daß Sonnabend und Sonntag auch alles klappt.«**

land das erste Flugmaschinenrennen auf einer Rundstrecke. Da der Wettbewerb in Johannisthal, dem Fliegerzentrum Deutschlands, seinen Anfang nahm, wurden sehr viele Meldungen abgegeben und die besten und raschesten Maschinen erschienen am Start. Meine gefährlichsten Gegner waren der Eindecker der Luftverkehrs-Gesellschaft mit 100 PS Gnôme-Motor, gesteuert von Stiploschek, der Kühlstein-Torpedo-Eindecker mit 100pferdigem Sechszylinder-Mercedes-Motor, den Schmitt führen sollte, und Karl Krieger auf seinem Jeannin-Eindecker, in den der neue 120 PS Argus-Motor eingebaut war.
Als erster startete Boutard auf einer Taube, nach ihm Leutnant Krueger auf Harlan-Eindecker und Referendar Caspar auf einer Taube. Ich selbst mußte aus folgenden Erwägungen mit meinem Start warten. Ich hatte drei rasche Maschinen gegen mich, und es wehte ein ziemlich starker Wind. Es waren nun die beiden Möglichkeiten zu bedenken. 1. Ich starte gleich bei dem starken Wind und brauche 5 Minuten mehr als bei Windstille. 2. Am Abend ist das Wetter besser, und die andern raschen Maschinen, die eventuell bis zum Abend warteten, legen die Runde bei Windstille schneller zurück als ich nachmittags beim Wind. Hieraus ergibt sich, daß ich natürlich warten mußte, bis meine schnellen Gegner auf die Reise gehen würden, um mit ihnen dieselben Chancen zu haben.
Ich wartete daher, bis die Zeit drängte und wir alle fliegen mußten. Mein Start mit Leutnant Wendler als Passagier erfolgte leicht. Doch schon nach 10 Minuten bei der ersten Wendemarke in Lindenberg setzte ein Zylinder meines Motors, dem bald der zweite folgte, aus, so daß ich mich genötigt sah zu landen. Es waren wieder die Zündkerzen, deren Isolationsteile durch eine poröse Lieferung für den elektrischen Strom durchlässig wurden. Diesmal hatte ich Ersatzzündkerzen und wechselte die schadhaften aus, doch leider war durch den anhaltenden Regen am Tage vorher der Boden so aufgeweicht, daß ich mit meiner Maschine nicht vom Boden loskam. Ich schob sie auf vier verschiedene Stoppelfelder und startete fünfmal, ohne daß es mir gelang hochzukommen. Es war inzwischen Abend geworden. Die herbeigeströmten Leute halfen meine Maschine auf ein hochgelegenes trockenes Stoppelfeld schieben, das einen Kilometer entfernt war. Hierbei mußte der Apparat Hunderte von Metern weit über Kartoffeläcker geführt werden. Ich blieb in einem kleinen Wirtshaus über Nacht und meine Monteure hatten die ganze Nacht zu tun. In aller Frühe, sobald es tagte, startete ich und umrundete leicht die drei Wendemarken in Schulzendorf, Potsdam und Teltow und landete in Johannisthal. Da die Dauer meiner Notlandung zur Flugzeit gerechnet wurde, benötigte ich 11 Stunden 4 Minuten.
Am Nachmittag war sehr schönes Wetter. Zuerst startete Leutnant Krueger, der am Tage zuvor die beste Zeit erzielt hatte. Dann folgte Baierlein auf Otto-Doppeldecker und dann ich als dritter. Die 101 km lange Rundstrecke brachte ich in 52 Minuten hinter mich: Unterwegs überholte ich Baierlein zwischen Schulzendorf und Potsdam und Krueger zwischen Potsdam und Teltow. Nach 15 Minuten Aufenthalt in Johannisthal startete ich zur dritten Runde, die ich in 50 Minuten 54 Sekunden schaffte. Es kamen dann nacheinander Krueger und Baierlein. Nach den Gesamtzeiten erhielt Leutnant Krueger den ersten Preis, Baierlein den zweiten, Caspar den dritten und ich den vierten. Der Rundflug bot mir zum ersten Male Gelegenheit, die Geschwindigkeit meines Flugzeuges (Rumpler-Eindecker mit 95 PS Mercedes-Motor) festzuhalten. Die Rundstrecke betrug in gerader Linie gerechnet 101 km, doch glaube ich nicht zu hoch zu greifen, wenn ich die wirklich durchflogene Strecke auf 104 km ansetze. Es würden demnach 104 km in 51 Minuten von mir zurückgelegt worden sein, gleich 124 km in der Stunde.«[32]

Süddeutscher Flug

Als letzter der großen Rundflüge des Jahres 1912 fand vom 14.–20. Oktober der Süddeutsche Flug statt. Ausgangsort war Mannheim mit den Etappen Frankfurt, Nürnberg, Ulm und München. Für die 530 km lange Strecke hatten 8 aktive Offiziere sowie 6 Zivilflieger ihre Teilnahme angemeldet. Auch dieser Flug war wie so viele – durch widrige Wetterbedingungen beeinträchtigt. Beim Start regnete es in Strömen, und Nebel behinderte den Abflug. Hellmuth Hirth berichtet: »Der Start gelang glatt und in

151 **Süddeutscher Flug, 1912. Karte mit dem Euler-Doppeldecker und Leutnant Beissbarth bei der Landung in Nürnberg.**

152 **Süddeutscher Flug, 1912. Gruppenbild der Teilnehmer in München (von rechts nach links v. Buttlar, v. Freyberg, v. Linsingen, Lindpaintner, Engwer, Hirth, Vierling, Hailer, Palmer.**

nur 30 m Höhe verließ ich den Flugplatz, um nach dem Kompaß solange nach Osten zu fliegen, bis ich die doppelgleisige Bahnlinie Heidelberg–Frankfurt erreichen würde. Es war ein unangenehmer Flug. Oftmals tauchten vor mir Kirchtürme und Fabrikschornsteine auf, denen ich schleunigst ausweichen mußte.

Sobald ich die Bahn unter mir hatte, folgte ich ihren sämtlichen Krümmungen über Wälder, Städte und Dörfer, auch die neue Hauptbahnhofsanlage in Darmstadt überflog ich in 100 m Höhe. Hinter ihr hätte ich mich beinahe verirrt, denn ich folgte einem falschen Gleise.

Ich konnte dann langsam bei aufklärender Luft höher gehen und bald sah ich aus 550 m Frankfurt und den Flugplatz Rebstock, den seine große Zeppelinhalle weithin verrät. Ich landete glatt als erster. Für die 75 km lange Strecke hatte ich nur 42 Minuten gebraucht. Kurz nach mir kam auch Herr Dick auf einem Doppeldecker der Flugwerke Deutschland an, der ebenfalls einen 95 PS Mercedes-Sechszylinder-Motor hatte. Die anderen landeten dann alle nacheinander. Am Morgen war das Wetter womöglich noch schlechter geworden, und um 2¼ Uhr fuhr ich so recht gemütlich zum Flugplatz hinaus und traute meinen Augen kaum, als mir halbwegs schon drei Maschinen in der Luft entgegenkamen. Das Wetter war in Frankfurt über Mittag ganz hell geworden und Leutnant Reinhardt hatte sich wieder als erster auf und davon gemacht. Das Telephon meldete indessen aus dem Spessart und aus Würzburg nach wie vor sehr schlechtes Wetter. Da jedoch schon fünf Flugzeuge in der Luft waren, blieb mir nichts weiter übrig, als meine Maschine zu besteigen.

Bald schoben sich Schäfchenwolken unter meine Maschine und sehr schnell zog sich der Wolkenvorhang unter mir zu. Ich hatte bisher drei Doppeldekker überholt, die alle unter mir waren, und nur wenige Sekunden konnte ich rechts über mir mitten in den Wolken den Harlan-Eindecker des Leutnants a.D. Krüger erkennen. Ich blieb einige Minuten über den Wolken, hoffte aber vergeblich, Durchblick auf die Erde zu bekommen. Ich drosselte den Motor ab und schon beim Berühren der schwarzgrauen Masse empfingen uns unsanfte Böen.

So flogen wir mit einer Geschwindigkeit von 130 km in der Stunde nur wenige Meter über dem Main dahin. Bei jeder bewaldeten Krümmung erhielten wir eine derartige Ohrfeige, daß die ganze Maschine zitterte und krachte. Die Windstöße kamen oft wie aus der Kanone geschossen so scharf und schnell und warfen den 1100 kg schweren Rumpler-Eindecker wie ein Blatt Papier hin und her. Einmal riß uns eine Böe von der linken Talseite auf die rechte hinüber, und ich fürchtete schon, die Bäume der Talwand zu streifen. Die vierte Mainwindung im Spessart schien es auf unser Leben abgesehen zu haben. Hier packte uns ein Luftwirbel so unvermittelt an, daß der Apparat wie ein Bleigewicht unter uns wegsackte und wir beide jählings aus unseren Sitzen geradezu emporwuchsen. Leutnant v. Gravenstein fand am Spanndom einen Halt, während ich mit dem linken Arm auf der linken Tragfläche lag und meine letzte Stunde gekommen glaubte.

Einer besonders heftigen Böe schleuderte ich sogar ein wütendes »Du Schwein« ins Gesicht. Hätte mich ein Photograph in diesem Augenblick typen wollen, so wäre ein mehrfaches »Bitte, etwas freundlicher!« notwendig geworden. Mein Kompaß, der in den Mainwindungen wie ein Besessener herumgetanzt und völlig unbrauchbar geworden war, beruhigte sich jetzt allmählich, so daß ich nach ihm in östlicher Richtung fliegen konnte.

Es wehten immer noch Böen, doch erschienen sie mir nach den überstandenen Windstößen im Spessart wie eine Erlösung. Bald sahen wir auch den Exerzierplatz von Würzburg, und nun hatte ich nur noch der Bahnlinie Würzburg–Nürnberg zu folgen. Kurz darauf leuchtete auch ein Riesenfeuer auf, das uns den Rest des Weges bis zum Landungsplatz wies. Im Regen landeten wir heil in Nürnberg. Ich drückte meinem Passagier stumm die Hand. Wir hatten uns verstanden.

Die Strecke Frankfurt-Nürnberg, die in Luftlinie 180 km betrug, hatten wir in 1 Stunde 29 Minuten 20 Sekunden zurückgelegt. Der tatsächlich geflogene Weg war aber 240 km.

Später erzählte mir Leutnant Joly, der eine Stunde nach mir eintraf, daß er einmal vollständig gedreht wurde, und in der ersten Bestürzung gar nicht einmal merkte, daß er plötzlich in entgegengesetzter Richtung flog. Erst der Kompaß machte ihn darauf aufmerksam, und er hatte nun viele Mühe, die Maschine in dem engen Tal zu wenden.

Der Start nach Ulm erfolgte bei schönem Wetter um 7 Uhr. Leider hatte sich mein Kompaß beim Start ausgehängt, so daß er unbrauchbar geworden war. Wir kamen etwas zu weit südlich und erreichten nach ruhiger, herrlicher Fahrt in der Nähe von Donauwörth die Donau. Ihr folgten wir nun auf Ulm zu. Über mir die heitere Sonne und unter mir das Schreckgespenst des Bodennebels. Ulm war in der Nähe, und nach der Sonne und dem Gefühl suchte ich kreuz und quer umher, in der Hoffnung, einen Durchblick zu bekommen. Endlich sah ich in einem der tiefsten Wolkentäler einen Augenblick und auch nur handgroß eine Kirchturmspitze. Das war das Ulmer Münster. Unten mußten mich die Ulmer Herren wohl haben umherirren hören, denn plötzlich wurde eine kleine Stelle in der Wolke hell und aus ihr brach wie eine herrliche weiße Lotosblüte eine Magnesium-Tagesrakete hervor, wuchs schnell und prächtig empor und sank dann lautlos wieder in die Tiefe zurück.

Vorsichtig ging ich an der mir so schön markierten Stelle nieder und landete glatt. Das Infanterie-Regiment Nr. 123 lud uns zum Frühstück ein, aber leider harrte unser hier eine sehr traurige Nachricht: Leutnant Beißbarth und Leutnant Lang waren zusammen abgestürzt und Opfer ihres Berufes geworden.

Die Kunde von diesem Doppeltodesflug drückte uns sehr nieder, und ich war froh, daß der Start zur letzten Etappe nach München schon auf 6½ Uhr früh am nächsten Tage festgesetzt war. Um 7 Uhr 8 Minuten bestieg ich meine Maschine, um hinter Leutnant Hailer als zweiter nach München zu starten. Die Fahrt nach München verlief recht glatt. Ich überholte Leutnant Hailer in 700 Metern Höhe, und wir winkten einander zu. Eine im Wege stehende Wolkenmauer umflog ich, und nur bei Augsburg mußte ich noch einmal durch eine Wolke hindurch. Ich kam dann bald in München an und landete glatt als erster. Ich freute mich natürlich sehr, war ich doch der einzige Zivilflieger, der diesen Flug programmäßig zurückgelegt hatte. Ich erhielt den ersten Preis, außerdem als Ehrenpreis Seiner Königlichen Hoheit des Prinzregenten Luitpold von Bayern eine goldene Uhr und einen goldenen Becher des Vereins für Luftfahrt und Flugtechnik in Nürnberg.

Der Süddeutsche Flug hat uns gelehrt, daß unsere Flugtechnik im Jahre 1912 große Fortschritte gemacht hat.«[33]

Die Rundflüge des Jahres 1913

Nationalflugspende

Wir schreiben das Jahr 1913: In Deutschland wird soviel geflogen wie nie zuvor. Allein in Johannisthal, wo die Hälfte aller deutschen Piloten ihre Flüge absolvieren, werden ca. 37000 Starts und Landungen durchgeführt. Auf den Tag umgerechnet steigen damit allein in Johannisthal 50 Flugzeuge auf und landen wieder. Aber auch das übrige Deutschland ist vom Fieber der Fliegerei ergriffen. Überall finden »Wettrennen« und Flugtage statt, so im August 1913 allein fünf nationale Flugwochen. Diese erste Blütezeit der deutschen Fliegerei kommt nicht von »ungefähr«. Im April 1912 hatte man unter dem Protektorat des Prinzen Heinrich von Preußen ein Komitee gegründet, das zur National-Flugspende aufrief. In dessen Jahresbericht lesen wir: »Mit Stolz dürfen wir Deutsche den Mann den unsern nennen, der die Sehnsucht von Jahrhunderten zuerst verwirklicht hat: Zeppelin. Die stürmische Vorwärtsentwicklung aber, die das Luftfahrtwesen mit dem Auftreten der Flugmaschine genommen hat, zwingt uns, die äußersten Anstrengungen zu machen, um nicht durch die Opferwilligkeit und die Tatkraft anderer Nationen ins Hintertreffen gedrängt zu werden. Es handelt sich um eine National-Flugspende, um eine nationale Spende für das deutsche Flugwesen und die deutschen Flieger. Sie soll die Mittel bieten, unaufhaltsam weiterzuarbeiten an der Vervollkommnung der Flugapparate, an der Ausbildung der Flieger, auf das die Gefahren vermindert, die Leistungen erhöht werden. Mit Hilfe der Nationalspende soll auch die Entwicklung einer Technik gefördert werden, die immer neue Arbeits- und Erwerbsfelder erschließen wird. Häufige und ausgedehnte Wettkämpfe sollen Erfindungsgeist, Mut und Tatkraft anspornen und immer stolzere Leistungen von Mann und Maschine hervorrufen. Kurz: das deutsche Flugzeug soll, ob es in der Stunde der Gefahr wachsam in den Lüften kreist oder ob es in friedlichem Wettbewerb der Nationen als neuestes Mittel modernen Verkehrs und als geflügelter Bote vaterländischer Leistungsfähigkeit durch die Lande eilt, in jedem Augenblick bereit und imstande sein zu erfüllen, was das Gebot der Stunde von ihm erfordert.«[34]

Ähnlich der Spende nach dem Zeppelinunglück in Echterdingen kamen innerhalb von 6 Monaten über 7 Millionen Mark zusammen. Zunächst wurden mit diesem Geld über 80 neue Flugzeugführer ausgebildet. Ferner wurden Stundenprämien ausgeschrieben, Prämien für Leistungssteigerungen in Höhe, Geschwindigkeit und Entfernung. All diese Maßnahmen führten dazu, daß die Flieger ihre Leistungen in einem Maße steigerten, daß sie nicht nur mit dem Ausland gleichzogen, sondern es überboten. Im Jahre 1913 bis Mitte 1914 schaffte es Deutschland, alle Weltrekorde (mit Ausnahme des Geschwindigkeitsrekords) an sich zu ziehen. Von einem dieser Rekorde erzählt uns Viktor Stoeffler: »Was ich angefangen, pflege ich durchzuführen; und es war meine feste Absicht, den französischen Rekord von 1913 an Deutschland zu bringen. Mit meinem Flug von Mülhausen i.E. nach Warschau langte es nicht, und es hieß also, nochmals den Hals riskieren. Dienstag, den 14., um Mitternacht stand der Aviatik-Doppeldecker wieder am Start, und 12 Uhr 5 Minuten verlasse ich bereits das Flugfeld. Ich fühle mich äußert wohl und bin gewillt, das letzte daranzusetzen. Unter mir liegen die weiten Forsten der Mark, die hin und wieder von Seen durchbrochen sind. Dreiviertel eins überfliege ich die Oder, die sich vorher durch starke Böen bemerkbar machte. Ich hatte richtigen Kurs nach meinem Kompaß, auch entdeckte ich einen Stern, der mir als Anhaltspunkt diente. Ich traute dem aber doch nicht ganz und sehe mich auch nach den anderen um: Im selben Augenblick saust aber vor

157 **Flugtag in Singen, Februar 1913. Fotokarte des Flugzeugführers Ernst Schlegel auf Aviatik-Eindecker.**

158 **Fliegertag in Weingarten, 1913. Fotokarte des Flugzeugführers Ernst Schlegel auf Aviatik-Eindecker.**

mir eine Rakete durch die Luft, also hatte ich doch richtig gesteuert. Ich wollte den Flugplatz ohne Landung überfliegen, aber die Kälte zwang mich doch auszusetzen und mich zu erholen. Die dort anwesenden Herren Unteroffiziere der Fliegerstation nehmen mich gut auf, ich betaste meinen Mercedes und komme auch wieder zu Wärme, nachdem ich etwas von meiner mitgeführten warmen Milch getrunken habe.
Nach knapp halbstündiger Pause steuere ich wieder mit Rückenwind meiner zweiten Heimat, Berlin, zu. Also wären die ersten 500 Kilometer geschafft, doch was ist das?? Täusche ich mich? Ich höre dasselbe Klopfen wie tags zuvor, vielleicht reicht's noch bis Johannisthal und richtig: Ich habe Glück. Mein erster Griff galt den Magnetapparaten, die auch diesmal der Herd der Störungen waren. Infolge der Kälte der Nacht hatte sich Eis an den Verteilerscheiben gebildet, das morgens auftaute und in den Magnet lief. Ich umkreise den Flugplatz und die eben von einer Nachtfahrt zurückgekehrte »Sachsen«; und los geht's Jüterbog zu. Durch eine Lücke bekam ich die Ballonhallen von Bitterfeld zu Gesicht. Ich habe also genau Kurs, Halle liegt ganz im Nebel, und weit hinten erblicke ich die höchsten Gipfel des Thüringer Waldes, die mir immer näher kommen. Mein Mercedes singt sein altes Lied, und das Vertrauen zu meinem Flugzeug, das diesen starken, alle Teile desselben beanspruchenden Böen trotzt, wächst von Stunde zu Stunde. Ich fliege zwischen Erfurt und Gotha hindurch und habe nun den Inselberg als Anhaltspunkt. Im Schwabenland wird die Sache gemütlich. Ich steuere seiner schönen Hauptstadt zu, die ich Punkt 12 Uhr überquere. Wie wunderbar liegt sie im Kessel! Vor mir liegt der Schwarzwald, ein böser Weg, und es heißt, Höhe gewinnen, was mir jetzt nicht schwer wird, da mein Benzinvorrat fast erschöpft und das Flugzeug ein paar hundert Kilogramm leichter geworden ist. Doch diese Klippe wird auch überwunden, und vor mir schimmert der Rhein. Ich muß sparen mit mei-

159 **Frl. Melli Beese, eine der ersten fliegenden Frauen in Deutschland. Sie erwarb bereits im Herbst 1911 das Flugzeugführerpatent Nr. 115. Ihr Fluglehrer war Hellmuth Hirth.**

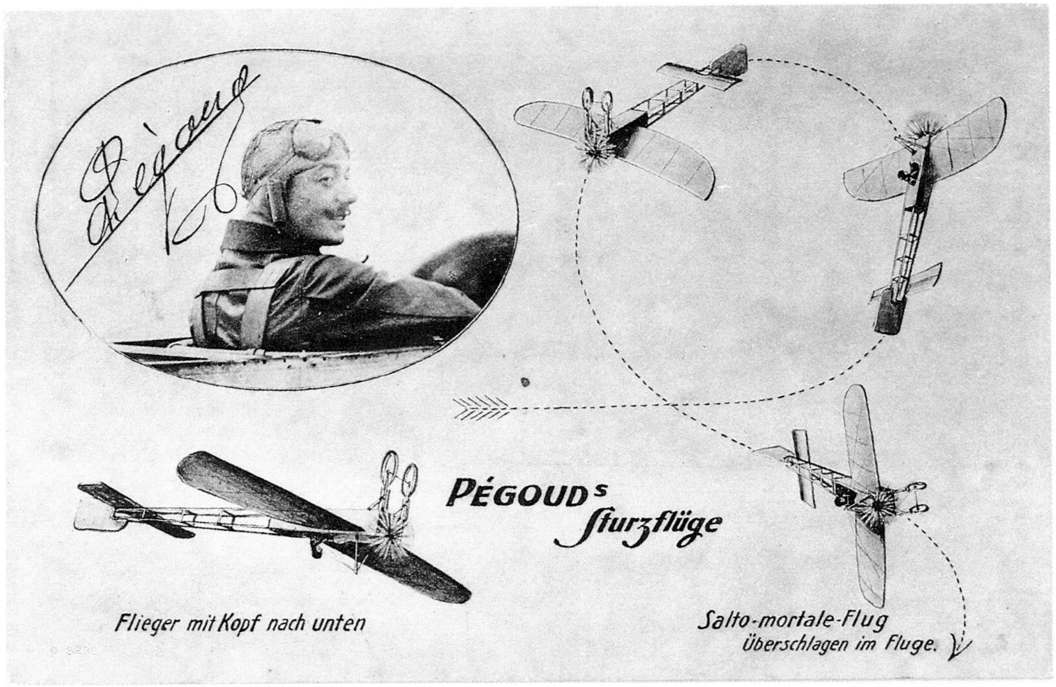

160 **Karte von Adolphe Pégouds Sturzflügen, mit denen er 1913 das Berliner Publikum begeisterte.**

nem Benzin und steuere aus 2500 Meter langsam im Gleitflug Mülhausen zu, das ich 1 Uhr 20 Minuten erreiche. 2000 Kilometer will ich schaffen. Ich dränge, würge hastig mein Essen hinunter, ein Schluck Champagner, damit die Lebensgeister wieder auf »Touren« kommen. Betriebsstoff ist nachgefüllt, ich kontrolliere meinen Apparat und Motor. Es kostet aber doch ein Stück Überwindung beim Gedanken, nochmals zehn Stunden durchhalten zu müssen, aber die Willenskraft siegt. Langsam rolle ich zum Startplatz, ein kurzes »Adieu« und ab geht's durchs liebe Elsaß nach Darmstadt. An Colmar bin ich rasch vorüber. Links winkt schon die Hohkönigsburg, aufrecht und trotzig. Schlettstadt. Und dann schält sich aus Rauch und Dunst die Vaterstadt. Straßburg, du wunderschönes Nest! Wie ich dich liebe und glücklich bin! Zur Begrüßung gehe ich im Spiralgleitflug auf 200 Meter nieder, begrüße das Vaterhaus und zolle auch den Eltern den Dank, die schon da unten tief unter Zypressen und Tannen ruhen. Links bauen sich schwere Dunstwände auf. Mannheim und Ludwigshafen, die süddeutschen Industriezentren. Holter, dipolter zwängt sich der Neckar durch den Berg, zwischen Heidelbergs ehrwürdigen Häusern und seinem efeuumsponnenen Schloß – Brindejonc ist geschlagen! Über 1400 Kilometer liegen hinter mir!
Freudig haben mich die Fliegeroffiziere in Darmstadt begrüßt. Sie kannten mich alle von früher und freuten sich herzlich mit mir. Nur eine Minute blieb ich bei ihnen. Dann zog ich wieder davon. Nochmals Mülhausen entgegen. Vom Rhein zieht schwerer Nebel auf und vermählt sich rasch mit den Wolken des Abendhimmels. Unsicher leuchtet hier das Abendrot. Ergreifend ist der Abschied dieses Tages, der für mich eine besondere Bedeutung haben sollte.
Die Orientierung ist jetzt nicht so einfach, da die Nacht nicht so klar ist wie die vergangene. Der Mond hat sich von Zeit zu Zeit zurückgezogen. Nur wenig kann ich sehen. Der Rhein-Rhône-Kanal tut mir gute Dienste. Nach rund fünfstündiger Fahrt bin ich wieder in Mülhausen. Ich begnüge mich mit einem verabredeten Lichtsignal. Die Beine sind steif und gefühllos und reagieren nur mit Mühe. Und doch muß ich weiter. Bei Ludwigshafen-Mannheim überquere ich den Rhein, und bald sehe ich die Signale der Station Darmstadt. Vielen Dank, meine Herren, für die liebe Unterstützung in der Orientierung! Nun auf dem schnellsten Weg nach Hause.
11 Uhr 30 Minuten überfliege ich die Fliegerstation Straßburg, wo zwei Fackeln an dem Landungsplatz aufgestellt waren. Sie sind enttäuscht, meine Herren, weiter geht's, der letzte Kilometer muß gefressen werden. Vor zwölf Uhr ist an keine Landung zu denken. Doch siehe da, es ist zehn Minuten vor zwölf Uhr, nun aber schnell Landungsstelle suchen, um kontrolliert zu werden. Der Flugplatz Habsheim war festlich erleuchtet, und im Gleitflug lande ich zwischen zwei Fackelreihen. Der Rekordversuch ist gelungen.«[35]
Es sind aber nicht nur die Weltrekorde, die die deutsche Öffentlichkeit begeistern, nach wie vor sind es die Flugtage bei denen das Publikum hautnah miterlebt, zu welchen Leistungen ein Flieger im Jahre 1913 fähig ist. Waren es vor ein paar Jahren noch Hüpfer und Platzrunden, die die Menschen erstaunten, so halten nun waghalsige Kurven- und Sturzflüge die Zuschauer in Atem.
Ernst Schlegel, ein Flieger aus Konstanz, zeigt seine Flugkünste auf Flugtagen in Singen/Hohentwiel und Weingarten. In Berlin hingegen ist das Publikum schon anspruchsvoller. Hier ist es Adolphe Pégoud, ein berühmter französischer Kunstflieger, der die Massen nach Johannisthal zieht. Zum erstenmal wird hier in Deutschland ein »Salto-mortale-Flug« oder, wie wir heute sagen würden, ein Looping gezeigt. Mit stehenden Ovationen feiern Hunderttausende von Berlinern, die nach Johannisthal gepilgert sind, ihren »neuen Helden«.

Prinz-Heinrich-Flug

Vom 11. bis 17. Mai wird der 3. Zuverlässigkeitsflug am Oberrhein ausgetragen, der in diesem Jahr, zu Ehren seines Protektors Prinz Heinrich von Preußen, Prinz-Heinrich-Flug genannt wird. Auch bei diesem Flug wird sichtbar, daß große Fortschritte in der Verfeinerung der Konstruktionen und der Solidität der Verarbeitung gemacht wurden. Die von früher bekannten »Streichholzkonstruktionen« sind verschwunden. Insgesamt starten 24 Flugzeuge, je

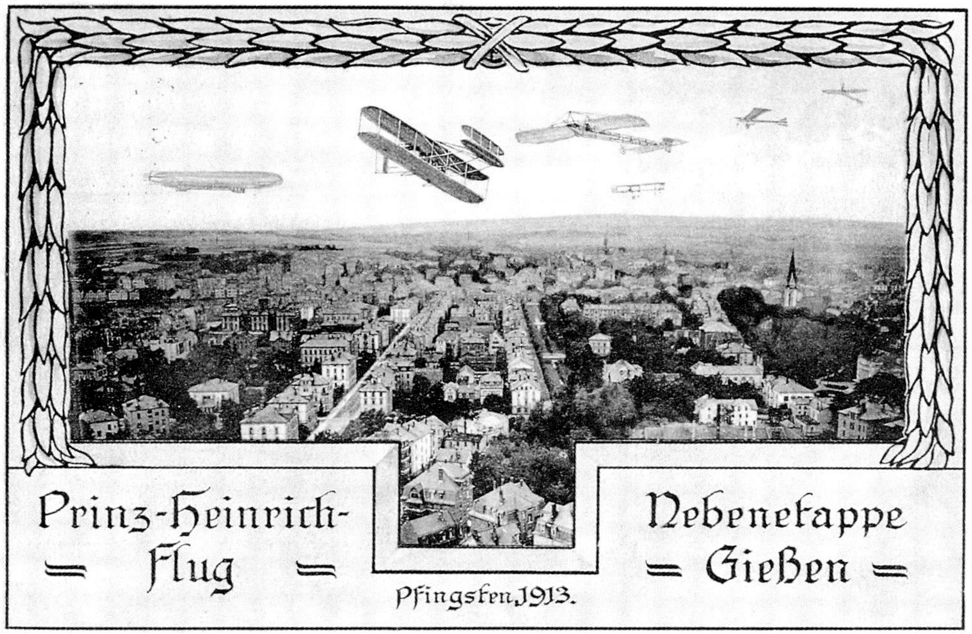

▲ *162* **Prinz-Heinrich-Flug Pfingsten 1913, Nebenetappe Gießen. Festpostkarte des Vereins für Luftschiffahrt in Gießen. »Heute morgen landeten 14 Flieger von Wiesbaden kommend auf dem Exerzierplatz.«**

▶ *161* **Prinz-Heinrich-Flug, 10.–17. Mai 1913. Offizielle Postkarte des Künstlers Ernst Riess, Freiburg.**

zur Hälfte Flugzeuge der Heeresverwaltung und Flugzeuge aus Privatbesitz. Der Flug führt über 320 km in drei Etappen von Wiesbaden nach Kassel, Koblenz und Karlsruhe. Danach schließen sich noch Aufklärungsübungen über Pforzheim und Straßburg an. Von den alten »Kanonen« sind Leutnant Canter, Leutnant Hailer, Schlegel, Thelen, Hirth, Suwelack und Grade, der außer Konkurrenz startet, mit dabei.
Gleich am ersten Prüfungstag überschlägt sich der neue Albatros-Renneindecker von Hirth. Der Pilot und sein Begleiter bleiben zwar unverletzt, das Flugzeug ist jedoch nur noch ein Trümmerhaufen. Die erste Etappe zwischen Wiesbaden und Kassel verläuft trotz schwieriger Wetterlage recht zufriedenstellend. Von den 19 gestarteten Fliegern kommen 16 Piloten ohne Notlandung in Kassel an. In Koblenz reduziert sich die Zahl der eintreffenden Flieger auf 12, da durch Nebel und Motorschäden vier weitere Flieger ausgeschieden sind. Die letzte Etappe nach Karlsruhe, auf der die Flieger mit glühender Sonne, aber auch mit Böen zu kämpfen haben, wird drei weiteren Piloten zum Verhängnis. Neun Teilnehmer kommen jedoch relativ unbeschadet in Karlsruhe an.
Mit den anschließenden Aufklärungsübungen ist das Militär sehr zufrieden. Die Marschkolonnen werden richtig identifiziert, und die »rote Armee«, die über den Rhein vorgedrungen war, wird von der »blauen Armee« geschlagen. Gesamtsieger und Gewinner des Kaiserpreises sowie des Prinz-Heinrich-Preises wird Leutnant Canter (Rumpler-Taube). Im Zuverlässigkeitsflug siegt Leutnant v. Hiddessen (DFW-Eindecker), und der dritte Preis fällt an Ingenieur Schlegel (Aviatik-Eindecker). Prinz Heinrich, der die Oberleitung des Fluges innehatte, zieht beim Schlußbankett im Hotel Paris in Straßburg folgendes Fazit: »Vergleiche ich den diesjährigen Flug mit den ähnlichen Veranstaltungen der beiden letzten Jahre, so drängt sich mir unwillkürlich auf, daß in diesem Jahre die Fortschritte besonders groß zu nennen sind, und zwar liegen die Fortschritte auf zwei Gebieten, einmal auf rein technischem Gebiet und ferner auf dem flugtechnischen Gebiet. Es ist der merkwürdige Fall festzustellen, daß die flugtechnischen Fortschritte größer sind als die rein technischen. Mit anderen Worten, die Herren Flieger sind vorzüglich durch- und ausgebildet. Sie

► *163* Prinz-Heinrich-Flug, 1913, Etappe Wiesbaden. Karte mit Scherenschnittsilhouette »Kind mit Ballon und Flugzeug« von Karola Viëtor.

► *164* Prinz-Heinrich-Flug, 1913, Etappe Wiesbaden. Karte mit Silhouette »Kurhaus von Wiesbaden« von Karola Viëtor.

haben ihre Maschinen vorzüglich in der Hand, sie riskieren bedeutend mehr als in den vergangenen Jahren, sie sind sicherer und ihrem Motor überlegen. Trotz aller Anstrengungen scheint es der Technik noch nicht gelungen zu sein, die Motoren so herzustellen, wie sie sein müßten. Die Zusammenbrüche sind zum größten Teil auf den Mangel an Zuverlässigkeit der Motoren zurückzuführen. Die Technik ist für den Menschen bildend und erziehend. Die Armee sollte dankbar sein, daß sie einen großen Kreis in dieses Mittel hineinziehen kann.«[36]

Rund um München

Am 14. und 15. Juni 1913 wird wieder einmal ein Städteflug gestartet. Diesmal geht es »Rund um München«, das an zwei Flugtagen dreimal umrundet werden muß. Ein Fluggast und 200 Kilogramm Nutzlast sind jeweils mitzuführen. Sechs bekannte Flieger gehen an den Start. Der Flug führt von Puchheim über Perlach Riem und Schleißheim zurück nach Puchheim. Bei Umrundung der Kontrollstationen haben die Flieger eine mit ihrem Namen gekennzeichnete Blechhülse, die an einem blauweißen Band befestigt ist, aus dem Flugzeug hinabzuwerfen. Das Rennen entwickelt sich zu einem Zweikampf zwischen Hellmuth Hirth und Otto Linekogel. Linekogel liegt nach den ersten zwei Runden nur um wenige Sekunden vor Hirth doch in der letzten Runde umfliegt er die Kontrollstelle Riem nicht vorschriftsmäßig. Hirth (Albatros-Eindecker) hat als »alter Hase« damit wieder einmal den 1. Preis gewonnen. Baierlein (Otto-Doppeldek-

◀◀ *165* **Prinz-Heinrich-Flug, 1913, Etappe Coblenz. Karte mit Scherenschnittsilhouette »winkende Menschen und Flugzeug« von Karola Viëtor.**

◀ *166* **Prinz-Heinrich-Flug, 1913, Etappe Coblenz. Karte mit Silhouette »Denkmal Kaiser Wilhelm I am Deutschen Eck, in Coblenz« von Karola Viëtor.**

ker) kommt auf Platz 2 und Linekogel (Rumpler-Eindecker) schließlich auf Platz 3.

Bodenseewasserflug

Die Entwicklung der Fliegerei ging naturgemäß von der »festen Erde« aus, hatte aber sehr schnell als weiteres Experimentierfeld das Wasser entdeckt. Man glaubte, daß dies weniger Gefahren berge als das Fliegen über festem Boden. Neben allerlei Flugversuchen, z.B. mit dem Flugdrachen von Kress, der sich bereits 1901 einen See als Start und Landebahn ausgewählt hatte, waren vor allem die im Flugwesen führenden Franzosen auf die Idee gekommen, in Marseille bzw. später auf der Seine in Paris Flugversuche zu unternehmen. Ab 1910 wurden dann in Monte Carlo die ersten großen Flugwettbewerbe für Wasserflugzeuge veranstaltet. Deutschland war hierbei noch nicht vertreten. Zwar gab es 1910 in Heiligendamm den ersten deutschen Wettbewerb für Wasserflugzeuge, jedoch mit geringer Beteiligung und bescheidenen Flugleistungen. Erst in den Jahren 1913 und 1914 hatte Deutschland aufgeholt, und die Wettbewerbe für Wasserflugzeuge auf dem Bodensee wurden zu großen nationalen Veranstaltungen. Die Wahl eines Binnengewässers und nicht die der »rauhen« Nord- oder Ostsee erfolgte aus dem Gesichtspunkt heraus, daß die Maschinen – teilweise noch im Entwicklungsstadium – erst ausprobiert werden mußten, bevor an

169 **Bodensee-Wasserflug, 1913. Fotokarte des Albatros-Siegerflugzeuges von Hellmuth Hirth, Konstruktion: Ernst Heinkel.**

einen Einsatz auf hoher See gedacht werden konnte. Hier erinnerte man sich an die zum Teil katastrophalen Erfahrungen, die die Franzosen in Monte Carlo gemacht hatten, bei dem Flugmeeting im April 1913 konnten von den 16 gemeldeten Flugzeugen nur 4 diesen Wettbewerb beenden.
Da am Bodensee ein Zentrum der deutschen Luftschiffahrt und Fliegerei (Zeppelin, Flugzeugbau Friedrichshafen) lag, war die Resonanz auf diese Wettbewerbe entsprechend groß. Nicht weniger als 17 Wasserflugzeuge meldeten sich 1913 zum Start. Darunter waren so bekannte Piloten wie Linekogel, Lindpaintner, Viktor Stoeffler, Robert Gsell, Sablatnig, Vollmoeller, Thelen und Hellmuth Hirth.
Beteiligte Firmen und Konstrukteure arbeiteten zum Teil die Nächte hindurch damit die Maschinen rechtzeitig fertig wurden. Hellmuth Hirth, als technischer Direktor bei der Firma Albatros, hatte im Frühjahr seinen Freund Ernst Heinkel in die Firma geholt, dessen erste Aufgabe darin bestand, für den Wettbewerb am Bodensee die Prinz-Heinrich-Flugmaschine entsprechend den Anforderungen für Wasserflugzeuge konstruktiv umzuändern.
Pünktlich, am 28. Juni 1913 vormittags, beginnt der Wettbewerb mit der Abnahme der Maschinen durch die technische Kommission. In den Tagen darauf haben die Piloten unter Anwesenheit des Großherzogs von Baden und weiterer Prominenz verschiedene Befähigungsnachweise zu erbringen. So muß ein Abflug vom Lande, ein Niedergehen auf dem Wasser, ein Wasserabflug nachdem der Motor abgestellt ist und ein Höhenflug auf mindestens 200 m durchgeführt werden. Thiele, Gsell, Kießling, Hirth und Vollmoeller bewältigen diese Aufgaben problemlos. Im weiteren Verlauf des Wettbewerbes werden noch Geschwindigkeitswettbewerbe über 200 km und Steigfähigkeitsprüfungen durchgeführt, wofür ein Preis von 40000 DM ausgesetzt ist. Die Sensation des Tages ist der Flug von Hirth um den großen Preis. Vorschriftsmäßig passiert er die Kontrollstationen und wassert nach einer Gesamtflug-

170 **Bodensee-Wasserflug, 1913. Fotokarte des Flugzeugbaues Friedrichshafen-Eindecker. Dieses Flugzeug erhielt den 2. Preis in der Kategorie ›Sportflugzeuge‹.**

zeit von 106 Minuten und 51 Sekunden wieder in Konstanz. Er hat damit die Flugzeit von Robert Gsell um nur 35 Sekunden unterboten. Über eine Begebenheit, die sich dabei ereignete, berichtet Ernst Heinkel:
»Die neue Albatros-Rennmaschine kam trotz aller Mühen Hellmuth Hirths beim Testflug nicht vom Wasser hoch – sie war zu schwer, offensichtlich auch, weil Hellmuth sich eine komfortable Kabine hatte einbauen lassen.« Als Hirth deprimiert zum Mittagessen ging, holte Heinkel sein Taschenmesser heraus und demontierte die Kabine. »Zuerst flog der Klubsessel über Bord. Das Wasser schlug patschend über dem Sessel zusammen. Die Polsterung der Kabinenseitenwände flog hinterher. Ich fand einen Hammer und zertrümmerte den Fußboden. Hol ihn der Teufel! Hirth sollte seine Füße auf das Seitensteuer stellen. Da war Platz genug.« Heinkel beobachtete von weitem, wie Hirth nach dem Mittagessen sich auf das Flugzeug schwang »und plötzlich mitten in der Bewegung innehielt. Sein rechtes Bein, das er eben in die Kabine hatte stellen wollen, schwebte vor Schreck erstarrt frei im Raum. Hirth wandte langsam sein Gesicht dem Lande zu. Er suchte den Verbrecher, er erspähte mich. Er sah mich unbeschreiblich vernichtend an. Dann nahm er alle Grandezza zusammen, zu der er noch fähig war, und ließ sich mit verachtungsvoller Würde auf dem Holzbrettchen nieder, das ich ihm als Sitz gelassen hatte.« Hellmuth Hirth gewann dann auch diesen Wettbewerb. »Aber in dem Augenblick, in dem er sich von seinem Holzbrettchen erhob, erhob sich mit ihm auf seiner blütenweißen Rückseite ein Farbfleck, mindestens 25 cm im Quadrat, leuchtend vor giftigem Grün. Ich hörte hinter mir ein Kichern. Ich selber mußte jählings lachen. Hirth sah sich verlegen um, sah mein Gesicht. Er betastete seinen Rücken und zog seine farbbeschmierte Hand nach vorn. Er kassierte dann bekleckt, aber voll Würde seine 40000 Goldmark.«[37]
Als Resultat des Wettbewerbes um den großen Preis vom Bodensee ergab sich folgende Reihenfolge: 1. H. Hirth (Albatros-Eindecker), 2. Robert Gsell (Friedrichshafen-Doppeldecker), 3. R. Thelen (Albatros-Doppeldecker), 4. W. Kießling (Ago-Argus-Doppeldecker). Den 1. Preis für Sportflugzeuge bekam Hans Vollmoeller (Albatros-Eindecker), den 2. Preis Herbert Kohnert (Friedrichshafen-Eindekker) und den Konstruktionspreis Ernst Heinkel wiederum für den Albatros-Eindecker. Für Heinkel war dies der Ausgangspunkt einer glänzenden Konstrukteurskarriere. Insgesamt gesehen konnte die deutsche Luftfahrtindustrie zum erstenmal zeigen, das sie auch auf dem Gebiet der Wasserflugzeuge gewaltige Fortschritte gemacht hatte. Abgesehen von einigem »Kleinholz«, ohne daß es bei einer damaligen Flugveranstaltung überhaupt nicht abging, waren keine Unfälle und Verletzungen zu verzeichnen.

Ostpreußischer Rundflug

Als vierter großer Wettbewerb des Jahres 1913 ist der Ostpreußische Rundflug zu nennen. Mitten im August, vom 9. bis 14., führt dieser Flug von Königsberg aus nach Allenstein, Insterburg und wieder zurück nach Königsberg. Hier in Ostpreußen ist auch 1913 ein Flieger noch eine Sensation. Fünf

172 **Ostpreußischer Rundflug, 9.–14. August 1913. Entwurf: Heinz Werner, Königsberg.**

Zivilflieger und 5 Militärpiloten gehen an der Start. Obwohl Hochsommer ist, wird der Flug durch stürmischen Regen erschwert. Dies führt zu einigen Notlandungen und Ausfällen. Am Ende des zweiten Tages befinden sich noch drei Privat- und vier Offiziersflieger im Wettbewerb. Programmgemäß beginnen am nächsten Tag Aufklärungsübungen und ein Bombenwurf-Wettbewerb, bei dem die beiden Zivilpiloten Kühne und Caspar ebenfalls Treffer erzielen. Am letzten Tag erledigen alle Flieger die Aufgaben ohne Zwischenfall.

Beim anschließenden Festmahl in der Stadthalle von Königsberg erhalten Leutnant Pretzell (Albatros-Taube) den 1. und Leutnant Geyer (Aviatik-Doppeldecker) den 2. Preis für die Offiziersflieger. Der Flieger Alfred Friedrich (Etrich-Taube) nimmt für die Zivilpiloten den 1., Kühne (Albatros-Eindecker) den 2. und Caspar (Gotha-Taube) den 3. Preis in Empfang.

Auslandsflüge

Bei den immer längeren Flugzeiten, den immer größer werdenden Strecken und dem zahlenmäßigen Anwachsen an Flugzeugführern wurde mit der Zeit Deutschland als Fluggebiet zu klein. So wurden 1913 auch ausländische Flugveranstaltungen für deutsche Flieger interessant. Alfred Friedrich z.B., machte sich am 5. September zu einem 5-Länder-Flug nach Paris und London auf. Der »Flugsport« schreibt über diesen Flug folgendes: »Friedrich auf Etrich-Taube mit 100 PS Mercedes-Motor mit Dr. Elias als Fluggast verließ am 5. Sept. 5:26 vormittags das Flugfeld Johannisthal. Bereits 7:55 landete Friedrich in Hannover, um Benzin und Öl einzunehmen. Um 9:16 stieg er wieder auf und erreichte 11:30 Gelsenkirchen. Auf dieser Strecke mußten die Flieger dauernd in 500 m Höhe in dichtem Nebel nach dem Kompaß fliegen. Um 1:30 starteten die Flieger zum Fluge nach Brüssel. Sie erreichten das Flugfeld Berchem-Saint-Agathe 3:26. Nach kurzem Aufenthalt startete Friedrich wiederholt, um möglichst nahe an Paris heranzukommen. Sie passierten bei stürmischem Wetter Mons und mußten, um sich zu orientieren, bei Bruay im Departement Nord niedergehen. Es regnete in Strömen. Der Weiterflug mußte daher auf den nächsten Tag verschoben werden.

Trotz des dichten Nebels und Regens flog Friedrich mit Dr. Elias am nächsten Tage um 1 Uhr mittags weiter. Um sich zu orientieren, mußten sie bei Guise und dann nochmals gegen 4 Uhr bei Senlis Landungen vornehmen. Hier bewährten sich die neugeschaffenen Ausweise, welche nach einem Übereinkommen zwischen Deutschland und Frankreich eingeführt wurden, vorzüglich, so daß man die Flieger unbehelligt weiter ziehen ließ. Endlich erreichten sie Paris, das sie in einer Höhe von ca. 200 m in dichten Nebelschwaden überflogen. Die Landung erfolgte im Gleitfluge in Villacoublay, wo gerade ein Wohltätigkeitsschaufliegen stattfand. Die französischen Flieger bereiteten den deutschen Kollegen einen warmen Empfang. Von den Vertretern der dortigen Gemeinde wurden sie mit einem Ehrentrunk begrüßt.

In den nächsten Tagen zeigte sich Friedrich durch mehrere Flüge über Paris und umkreiste einmal den Eiffelturm. Am 13. September vormittags 11:40 startete Friedrich mit Etrich als Fluggast zu einem Flug nach London. Um 1:15 erreichten die Flieger Calais, wo sie landeten, um sich für die Überfliegung des Kanals näher zu informieren. Nach Einnahme von einer Stärkung und nochmaliger Revision der Maschine erfolgte um 4:10 der Start zum Überfliegen des Kanals. Die Flugzeit bis zu dem Moment als die Flieger England unter sich sahen, betrug 23 Minuten. In schnellem Fluge ging es gegen London, wo sie 5:26 auf dem Flugplatz Hendon bei London landeten.«[38]

Am 19. September kehren Friedrich und Etrich über Holland nach Johannisthal zurück.

Auch für Hellmuth Hirth ist es an der Zeit, sich mit ausländischen Fliegern zu messen. Da er zuletzt beim Bodenseewasserflug mit seinem Albatros-Eindecker so glänzende Erfolge gefeiert hatte, meldet er sich für den großen Preis der »Italienischen Seen«, der vom 5. bis 8. Oktober ausgetragen wird. In zwei Etappen geht es von Como nach Pavia und am nächsten Tag zurück nach Como. Bedeutende Flieger sind hier am Start. Roland Garros, Legagneux, Chemat und Leon Morane. Nach Durchflug der ersten Etappe liegt Hirth mit 6 Minuten Rückstand ganz knapp auf dem zweiten Platz. Die zweite Etappe mußte also die Entscheidung bringen. Mit 1 Stunde 28 Minuten fliegt Hirth einen Zeitvorsprung von 14 Minuten auf Garros heraus, jedoch geht ihm wenige Meter vor dem Ziel das Benzin aus, so daß die Maschine nicht mehr mit eigener Kraft die Ziellinie durchfliegen kann. Die Sportleitung erkennt ihm daher den schon sicher erhofften Sieg ab, und Garros wird als Sieger gefeiert – c'est la vie –.

171 **Alfred Friedrich mit Etrich-Taube (Zweiter von links). Rückkehr vom 5-Länderflug am 20. September 1913 in Johannisthal.**

Die Rundflüge des Jahres 1914

Weltrekordflüge

Das Jahr 1914 begann mit zwei spektakulären Dauerflügen von Bruno Langer und Charles Ingold. Am 3. Februar startete Langer mit einer LFG Roland-Pfeil-Doppeldecker zu einem Dauer-Weltrekordflug in Johannisthal. Er hatte sich dazu einen 500 Liter Spezialtank einbauen lassen. In endlosen Runden umkreiste er den Flugplatz und landete erst nach 14 Stunden 7 Minuten. Er schreibt: »Das unangenehme an der Fahrt war die tödliche Langeweile, die mich nach den ersten Stunden packte. Das Wetter war so ruhig, daß ich die Steuerung nur hin und wieder zu betätigen brauchte. Ein leichter Nebel hinderte jede Fernsicht und machte es mir unmöglich, wenigstens von Zeit zu Zeit etwas Neues zu sehen. Leider hatte ich keine Lektüre bei mir, denn ich hätte während der ewigen Rundfahrt über dem Platz ganz gut lesen können. Das Hereinbrechen der Dunkelheit war mir sehr willkommen, da ich nunmehr aufmerksam die Orientierungslichter beobachten mußte und so aus der Langeweile herausgerissen wurde. Ich fand mich im Dunkeln sehr gut zurecht, da ich schon einmal acht Stunden während der Nacht geflogen bin. Körperlich hat mich der Flug fast gar nicht angestrengt.«[39]

Schon vier Tage später gelang es Charles Ingold diesen Weltrekord zu brechen. Auf einer einfachen Aviatik-Militärmaschine glückte ihm ein Flug von 16 Stunden und 20 Minuten. Er berichtet: »Die ersten zwei Stunden, in denen ich mich in etwa 1000 Meter Höhe befand, ließen starke Zweifel in mir aufkommen, ob der Flug von langer Dauer sein würde. Starke Böen beunruhigten meine Maschine und erforderten meine ganze Aufmerksamkeit. Allmählich bekam ich ruhigere Fahrt. Meine Absicht war, über Köln Hannover zu erreichen, dort zu wenden und zurück nach Mülhausen zu fliegen. Für diese Strecke war ich mit Kartenmaterial ausgerüstet. Nach dreistündiger flotter Fahrt, ich schätze die Geschwindigkeit auf 150 Stundenkilometer, kam ich in dichten Bodennebel, in dem ich 1½ Stunden weiterflog und der mir sogleich die Aussicht nach unten hin nahm. In der Annahme, den Rhein rechts von mir zu haben, bog ich ab, um den Strom entlang nach Köln zu fliegen, doch durch die Abtrift, die der Südwestwind verursachte, geschah es, daß ich den Rhein während des Fluges durch den Nebel schon überflogen hatte. Doch war mittlerweile der Mond aufgestiegen, und indem ich zeitweise eine Kurve beschrieb, benutzte ich sein Licht zur Beleuchtung meiner Instrumente. Nach vier Stunden wundervoller Fahrt durch die vom Mond beschienene Landschaft tauchte plötzlich ein Gebirge vor mir auf, welches mich durch seine Zerrissenheit und Höhe – befand ich mich doch selbst 2000 Meter hoch – stutzig machte. Nach zweistündiger Fahrt in 3000 Meter Höhe an den steil aufragenden Bergriesen entlang, sichtete ich in der Ferne rechts von mir ein Lichtermeer, das auf die Nähe einer großen Stadt deutete. In 2500 Meter Höhe begann ich, im Gleitflug niederzugehen, noch ungewiß, ob ich ein passendes Gelände finden würde. Allmählich wurde die Erdoberfläche deutlicher, ich erblickte einen Streifen Landes, der scheinbar zu einer Landung geeignet war. Kurz entschlossen steuerte ich darauf zu und sah in dem Streifen weiße Linien, die mich darauf schließen ließen, daß ich einen Acker, dessen Furchen mit Schnee gefüllt waren, vor mir hatte. Ich drehte nun meine Maschine in Längsrichtung der Furchen und tastete mich mit laufendem Motor zu Boden. Ein leichter Stoß, ein kurzes Rollen des Apparates und ich war wieder mit der Erde vereinigt nach einer Trennung von 16 Stunden 20 Minuten.«[40]

Sternflug nach Monte Carlo

Im April 1914 machte Hellmuth Hirth erneut von sich reden. Zum erstenmal war ein internationaler Sternflug nach Monte Carlo nach dem Vorbild der Automobilrallyes ausgeschrieben, für den sich Hirth als einziger deutscher Teilnehmer gemeldet hatte. Von Gotha aus ging der Flug zunächst über 1083 Kilometer nach Marseille. Darüber berichtet er: »Am Sonnabend, den 4. April, sollte günstiges Wetter sein. Wir starteten 5 Uhr 25 Minuten morgens, um zuerst in Gotha vom Flugplatz aus 50 km um eine 12½ km entfernte Wendemarke zu fliegen, die aus einem sehr großen Feuer bestand. Dies war deshalb notwendig, weil alle Konkurrenten 1083 km bis Marseille zu fliegen hatten, Gotha – Marseille jedoch nur eine Strecke von 1033 km beträgt. Gleich über dem Thüringer Wald, wenige Minuten nachdem wir Gotha verlassen hatten, kamen wir in dicke Wolken, die uns teils Regen, Schnee und auch sehr schweren Hagel brachten, so daß wir sehr unter der Kälte zu leiden hatten. Das erste Hagelkorn, das mich traf, hatte eine solche Wucht, daß ich mich sofort in die Karosserie hereindrückte, und auch Herr Schlüter schützte seinen Kopf mit beiden Armen und schaute rückwärts nach mir, was ich wohl über die Dinger dachte, die uns mit solcher Gewalt trafen.

Den Rhein überflogen wir bei Oppenheim. Von dort aus hatten wir nur noch eine Karte 1:500000 und außerdem zunehmende Wolkenbildung, die uns häufig den Ausblick versperrte und uns später zwang, tiefer zu gehen. Wie über dem Thüringer Wald, so bekamen wir auch jetzt wieder heftige Böen. In der Nähe von Zweibrücken hatten wir französische Karten, und es gelang Herrn Schlüter bald wieder, die Orientierung aufzunehmen. – In der Nähe von Nancy überflogen wir die französische Grenze; den »roten Grenzstrich« aber konnten wir trotz eifrigen Suchens im Original nicht finden. 100 km vor Dijon hatten wir dauernd schweren Regen und landeten bei heftigen Böen um 12 Uhr mittags in Dijon. Ohne uns Ruhe zu gönnen, wurden rasch 190 Liter Benzin nachgefüllt. Wir mußten schräg zum Wind starten, nach 200 m kamen die Häuser der Stadt, und da empfand ich so recht die Wohltat einer Maschine, die sofort den Höhensteuern gehorchte. Wir hatten sehr heftige Böen, und es regnete ununterbrochen. Wir folgten der Bahnlinie nach Lyon, erreichten sehr bald das Rhônetal und somit Lyon, Einen wunderbaren und unvergeßlichen Anblick boten die zerrissenen und zerklüfteten Berge zu beiden Seiten der Rhône, die, von der Sonne grell beschienen, schroff abfielen. Das Wetter war ganz klar geworden, so daß wir in der Ferne, wenn auch undeutlich, die Alpen sehen konnten.

173 **Sternflug nach Monte Carlo (Le Rallye Aérien) im April 1914. Die Karte zeigt den Hafen von Monte Carlo mit einem Morane-Saulnier-Eindecker. Befördert 1300 km mit Flugzeug von London nach Monaco.**

Herr Schlüter hatte auch unseren Proviant in Verwahrung und gab mir nun zum ersten Male von seinem Gothaer Frühstück ein Schinkenbrötchen und einige gedörrte Pflaumen, die ich gegen den Durst und die Trockenheit der Mundhöhle sehr gut gebrauchen konnte. Wir freuten uns beide, als wir nach raschem Fluge das Meer zu Gesicht bekamen. Es war schön warm geworden. Nach 20 Minuten ahnten wir die Nähe von Marseille und, langsam aus 2500 m tiefergehend, kamen wir mitten über Marseille an und landeten glatt im Park Boreley, dem einzigen großen grünen Fleck in Marseille.
Der Empfang war sehr herzlich, mein Wasserflugzeug (Albatros-Doppeldecker) war montiert; doch ich durfte am nämlichen Tage nicht mehr aufsteigen, da der Start nur von 8–3 Uhr zulässig war und ich um 3 Uhr 35 Minuten französischer Zeit in Marseille ankam. Es wehte ein heftiger Mistral vom Meere her, so daß an ein Zuwasserbringen des Flugzeuges nicht zu denken war. Die Brandung war sehr stark. Ich ging zeitig schlafen, um am anderen Morgen um 8 Uhr zu starten.
Sonntag abend sahen wir jedoch, daß der Wind nicht nachließ, und begannen 11 Uhr nachts die Flächen der Maschine zu demontieren und durch die Straßen der Stadt in den alten Hafen zu schleppen, da dort ruhige See herrschte. Wir halfen alle, von französischen Arbeitern eifrig unterstützt, zusammen, die Flächen zu montieren, und fünf Minuten vor 9 Uhr verließ mein Wasserflugzeug, das einen 150 PS Benz-Motor hatte, nach kurzem Anlauf das Wasser. Um den Hafen verlassen zu können, mußte ich sehr acht geben: zuerst über Schiffe, dann durch ein Trajekt durch, eine scharfe Rechtskurve, dann wieder eine scharfe Linkskurve, da die Einfahrt in diesen Hafen ein sehr kleines S bildet, das von hohen Felsen eingeschlossen ist.
Wir kamen glücklich durch. Die Maschine mit dem starken Motor stieg leicht spielend, wir passierten in 600 m die Startlinie. Ich sollte in Tamaris lediglich das Wasser berühren und dann gleich weiter nach Monaco fliegen. Weder mein Freund Schlüter noch ich hatten die geringste Ahnung von dem, was kommen sollte. Ich konnte nur noch wenige Zentimeter vom Wasser entfernt sein und paßte auf, um nach der leichtesten Berührung mit dem Wasser sofort wieder Höhensteuer zu geben. Doch dazu sollte ich nicht mehr kommen, und ich weiß heute noch nicht was die Ursache war, die uns im Bruchteil von 1 Sekunde 2 m unter Wasser riß. Ohne irgendeinen Vorboten der Gefahr gab es einen Krach. In demselben Moment lag ich tief im Wasser, ohne dabei zu wissen, wo ich mich befand. Es fällt mir schwer, diesen kurzen Zeitmoment wiederzugeben: Ich öffne die Augen und sehe, daß ich tauchen muß, um aus der Maschine herauszukommen und schwamm dann auch wenige Minuten nach dem Sturz auf der Wasseroberfläche. Die Maschine hatte sich völlig überschlagen, alles war schon ruhig geworden. Mein erster Blick galt meinem Begleiter, der nicht zu sehen war. Ich schwamm an die Stelle, wo der Passagier saß, und da sich nichts rührte, schöpfte ich tief Atem, um zu tauchen und meinen Freund frei zu bekommen. Aber meine Lederjacke hatte Luft gefaßt, die nicht entweichen konnte, so daß mir das Tauchen unmöglich wurde. Noch nie in meinem Leben war ich so aufgeregt, wie in diesem Augenblick: ich wußte, daß er unten eingeklemmt sein mußte.
Wie ich wohl mit etwas wutverzerrtem Gesicht an den Streben schaukelte kam Schlüter plötzlich wie ein Korken aus dem Wasser geschossen. Meine Freude läßt sich wohl kaum beschreiben. Ich weiß nur noch, daß ich ihn, so erschöpft wie er war, instinktiv an mich zog und fest an mich drückte.
Ich habe es empfunden, daß irgendein harter Gegenstand, sei es ein Stück Holz oder ähnliches, meinen rechten Schwimmer getroffen und zertrümmert hat. Es war geradeso, wie wenn man im Dunklen über etwas stolpert. Ein oft sich wiederholender Fall, mit dem jeder Flugzeugführer rechnen muß: die schönsten und wohlberechtigtsten Siegeshoffnungen waren in wenigen Minuten zerstört.«[41]

Prinz-Heinrich-Flug

Als wichtigster großer Rundflug in Deutschland wird vom 17.–25. Mai 1914 der Prinz-Heinrich-Flug ausgetragen. Er findet diesmal nicht nur in Süddeutschland statt, sondern ist auf ganz Deutschland ausgedehnt worden. Von Darmstadt aus geht es

174 **Bodensee-Wasserflug, 1914. Karte mit dem Ehrler-Eindecker vor dem Start. Zusatz: Hermann Ehrler, Erfinder des neuen sturzsicheren Flugzeuges.**

in drei Etappen über Frankfurt und Köln nach Hamburg. Hier veranstaltet man einen Rundflug und am 23. Mai eine Aufklärungsübung, die die Flieger wieder nach Köln führt. Dieser Flug steht unter einem sehr ungünstigen Stern, da noch nie so schwere Unfälle und Todesopfer bei einem Rundflug zu beklagen sind. Der Flug ist wieder für Militärpiloten und Zivilflieger offen. Wir finden Namen wie Leutnant Joly, Leutnant Geyer, Leutnant v. Hiddessen und Leutnant v. Thüna. Unter den Zivilpiloten sind Laitsch, Stoeffler, Schlegel, Friedrich, Thelen und Stiefvatter vertreten. Am 17. Mai, morgens 4 Uhr gibt Prinz Heinrich die Starterlaubnis. Von nun an reiht sich Unglück an Unglück. Flugzeuge verbrennen, Kühler werden undicht, Leutnant Walz stürzt ab, wobei Beobachter Leutnant Miller verbrennt, Leutnant Rohde wird bei einer Notlandung schwer verletzt und stirbt kurz darauf im Lazarett. Reihenweise zerschellen die Flugzeuge im Wald, oder die Flieger zertrümmern ihre Maschinen bei Notlandungen. Zwei Offiziere prallen gegen einen Baum und sind auf der Stelle tot. Vier tote junge Flieger und unzählige Verletzte – eine traurige Bilanz. Interessanterweise haben die alten und deswegen erfahrerenen Zivilflieger keine großen Unfälle.

Es gibt aber auch Positives von diesem Flug zu berichten. Bei Schauflügen in Mannheim nimmt als Attraktion der Flieger Audemars teil. Hier, vor begeistertem Publikum, scheint die Welt noch in Ordnung zu sein. Bei der Aufklärungsübung stehen sich wieder einmal rote und blaue Armee gegenüber, wobei die Flieger die Ausweichbewegungen der beiden Armeen genauestens beobachten müssen. Die militärischen Teile der Flüge nehmen zeit- und bedeutungsmäßig von Rundflug zu Rundflug zu. Schwere, dunkle Wolken ziehen langsam über dem europäischen Kontinent herauf.

Sieger des Fluges wird in diesem Jahr Leutnant von Thüna (LVG-Doppeldecker), der den Kaiserpreis erhält. Wilhelm Krumsiek (Hansa-Taube) bekommt den Prinz-Heinrich-Preis zugesprochen.

Vom 24.–28. Mai ist wieder der Bodenseewasserflug

177 **Ostmarken-Flug, 1914. Fotomontage mit verschiedenen Flugmaschinen. Zusatz: »Gruß vom Ostmarkenflug.«**

angesagt. Hirth (Albatros-Doppeldecker) gewinnt auch diesen Flug wieder ganz souverän. Er fliegt um den See die schnellste Runde über eine Distanz von 50 km und erhält den 1. Preis sowie einen Ehrenpreis der Stadt Konstanz. Zweiter wird Wilhelm Truckenbrodt (FF-Doppeldecker).

Ostmarkenflug

Der letzte große Rundflug vor dem Kriege sollte der Ostmarkenflug werden, der vom 20.–25. Juni 1914 von Breslau nach Königsberg und Danzig führt. Hier nehmen eine große Zahl von Militär- und Zivilfliegern teil. Am 20. Juni starten in Breslau bei einem regelrechten Massenstart 27 Piloten innerhalb von 25 Minuten. Das Publikum ist beglückt, und die deutsche Luftfahrtindustrie scheint nach dem Debakel des Prinz-Heinrich-Fluges wieder rehabilitiert zu sein, da es auch im Verlauf des weiteren Fluges auf den drei Etappen zu keinen nennenswerten Aus- oder Unfällen kommt.
In Danzig werden die Flieger vom Kronprinzen persönlich begrüßt. Oberleutnant von Freyberg (LVG-Doppeldecker) erhält den Kaiserpreis, Georg Hans (LVG-Doppeldecker), der den Flug in der kürzesten Zeit zurückgelegt hatte, den Kronprinzenpreis.

Letzte sportliche Ereignisse vor dem 1. Weltkrieg

Man schreibt den Monat August 1914. Für den 1. August ist ein großer nationaler Wasserflug-Wettbewerb in Warnemünde ausgeschrieben. Einen Tag vor Beginn wird der Flug abgesagt und die Flugzeuge von der Marine beschlagnahmt. Damit erlischt so ziemlich jede sportliche Fliegerei in Deutschland.

Hellmuth Hirth hatte sich noch rechtzeitig zum internationalen Flug London–Paris–London gemeldet und nützt diese letzte Möglichkeit seinen geliebten Flugsport zu betreiben. Er berichtet: »Ich flog mit einem mir zur Verfügung gestellten Eindecker gemeinsam mit Garros von Paris nach London, um den internationalen Flug London–Paris–London zu bestreiten. Garros habe ich unter den wenigen Fliegern, die mir begegnet sind, als einen Mann gefunden, der nicht nur aus Sensationslust, sondern aus wirklichem Drang und Interesse an der Eroberung der Luft durch das Flugzeug fliegt.
Der von mir benutzte Eindeckertyp war der meines Erachtens in flugtechnischer Beziehung am weitesten vorgeschrittene französische Morane-Saulnier-Eindecker, den ich im Wettbewerbe erproben wollte.
Ich flog an einem schönen, etwas dunstigen Morgen von Paris ab, nachdem Garros in seiner höflichen Art gewartet hatte, bis ich mich sicher in der Luft befand. Wir nahmen Richtung auf Calais und kamen zunächst hart an Versailles vorbei. Wir folgen in geringer Höhe, einer immer den andern im Auge behaltend, über eine große Reihe von Städten und Flüssen. Ich blieb meist viele hundert Meter höher als Garros, der wegen seiner schlechten Augen immer sehr niedrig fliegen muß. Nach zweieinhalbstündigem Fluge kamen wir ans Meer und waren gezwungen, bis auf 300 m tiefer zu gehen. Wir folgten der Küste bis Calais, wo wir auf einem kleinen Platz landeten, um vor der Überquerung des Kanals der Sicherheit wegen neuen Brennstoff aufzunehmen, was sehr rasch geschah, da alles bereitstand. Um 9 Uhr startete ich wieder, schraubte mich auf dem schnellsteigenden Flugzeug auf 1000 m hinauf und verließ das Festland nördlich Calais. Nur der Sonne und dem Kompaß folgend, befand ich mich über dem Wasser.
England war an den weißen Kreidefelsen sehr leicht zu erkennen. Wir überflogen Folkestone und folgten einer langen geraden Bahnlinie. Das Wetter wurde immer dunstiger, so daß ich von meiner Höhe, die über dem Kanal 1800 m betrug, auf 400 m heruntergehen mußte, um einigermaßen die Orientierung zu behalten. Die Vorstädte Londons tauchten schon auf, als ich einen heftigen Schlag verspürte.

178 **Deutscher Luftflotten-Verein e. V. Mitgliedskarte und Quittung der Ortsgruppe Berlin 1915 als Postkarte versandt.**

81 Offizielle Karte der Internationalen Luftschiffahrt-Ausstellung in Frankfurt, Juli–Oktober 1909, Nr. 3. Entwurf: A. Oppenheim.

82 Offizielle Karte der Internationalen Luftschiffahrt-Ausstellung in Frankfurt, Juli–Oktober 1909, Nr. 2 »Von einem Ausflug zur Ila sendet Dir die besten Grüße.« Entwurf: Jos. Correggio.

123 Nationale Flugwoche in Kiel, 17.–23. Juni 1911, innerhalb des Deutschen Rundfluges. Sehr seltene Lithographie. Verlag L. Handorff, Kiel.

124 Nationale Flugwoche in Kiel 1911. Ansichtskarte der Kieler Förde mit Schiffen der Kriegsmarine, Zeppelin, Parseval und mehreren Flugzeugen.

125 Nationale Flugwoche in Kiel, 1911. Ansicht des Kieler Flugplatzes mit Luftfahrzeugen und der Luftschiffhalle.

126 Nationale Flugwoche in Kiel, 1911. Stadtpanorama mit Hafen und Luftfahrzeugen. »Herrlicher Flugtag, 19 Aufstiege gesehen, Hirth mit Passagier 1100 m hoch, Schall 1¾ Std. lang geflogen.«

131 Offizielle Postkarte der Nordhäuser Flugtage zum Deutschen Rundflug, 1911. »Büchner hat glänzend geflogen. Erster Preis bei dem Überharzflug in 36 Minuten nach Halberstadt – unglaublich.« Entwurf: A. Seewald.

132 Deutscher Rundflug, 1911. Rumpler-Taube, das erfolgreichste deutsche Flugzeug dieser frühen Jahre, erhielt die größte Gesamtsumme im BZ-Fluge (Vollmoeller). Entwurf: N. Beraud.

154 Flug »Rund um München«, 14.–16. Juni 1913. Abgebildet ist ein Otto-Doppeldecker. Entwurf: Erwin Henel. Reinerlös der Karte zur Förderung der Luftfahrt und zum Besten des Jugendfürsorgeverbandes.

153 Süddeutscher Flug, 1912. Offizielle Postkarte des Künstlers W. Ditz.

155 National-Flugspende, 1912. »Prinz Heinrich von Preußen wendet sich an das gesamte deutsche Volk mit der Bitte zu zeigen, daß ein jeder gerne bereit ist, zu dem großen patriotischen Zweck der Flugspende sein Scherflein beizutragen.«

156 National-Flugspende, 1912. Von dem Erlös einer jeden Karte fallen 3 Pfennig der Nationalflugspende zu. Entwurf: Aug. Wilh. Buck.

168 Bodensee-Wasserflug, 1913. Karte mit dem Eindecker des Flugzeugbaues Friedrichshafen, Flugzeugführer Herbert Kohnert.

167 Bodensee-Wasserflug vom 29. Juni–5. Juli 1913 in Konstanz. Unter dem Protektorat Seiner Königlichen Hoheit des Großherzogs von Baden. Entwurf: Propaganda, Stuttgart. »Heute großes Leben und Treiben in Konstanz – Flugwoche.«

175 Prinz-Heinrich-Flug, 1914. Offizielle Postkarte der amtlichen Luftpost Mannheim-Speyer am 17. Mai 1914. Entwurf: Hans Kaufmann, Traunstein.

176 Prinz-Heinrich-Flug, 1914. Hauptetappe Darmstadt. Offizielle Festpostkarte des Vereins für Luftfahrt Darmstadt. »Herzlichen Gruß vom Flugplatz! Gestern Zeuge eines Absturzes gewesen.«

179 **Deutscher Luftflotten-Verein e. V. Bayerischer Landesverband. Entwurf: Anslinger, München. Zusatz: »Trete dem Verbande bei! Werbet dem Verbande neue Mitglieder! Unterstützet die Bayerische Fliegerstiftung!«**

Aluminiumteile und andere Stücke sausten mir am Kopf vorbei, und ich stellte den Motor instinktiv ab. Es blieb mir nur wenig Zeit, mich nach einem Landungsplatz umzusehen. Die einzige Möglichkeit einer Landung bot mir eine 70 m lange und 40 m breite Wiese, auf der Vieh weidete, und die noch dazu von hohen Bäumen umsäumt war. Ich sah mich gezwungen, das Flugzeug zwischen zwei Bäumen in sehr starker Schräglage durchzuführen. Das Flugzeug aufrichten, das Höhensteuer anziehen war eine Augenblickssache! Die zuerst fassungslosen Kühe gaben sehr schnell Fersengeld, und ich konnte den Eindecker vollkommen heil zum Stillstand bringen. Die Ursache des Versagens meines Motors war der Bruch einer kleinen Stahlstange, die die Steuerung der Ventile betätigte.

Am anderen Tage sollte der Start zu dem Wettfluge sein. Es war jedoch nicht möglich gewesen, in der kurzen Zeit das Flugzeug einwandfrei in Ordnung zu bringen. Eine genaue Untersuchung des Apparates ergab, daß er infolge des starken Vibrierens 11 Muttern verloren hatte, weitere 21 hatten sich gelöst, darunter auch die Kabel, die die Flächen festhalten.

Am anderen Tage fand der Start zu dem Rennen statt. Es tat mir doch innerlich sehr leid, einen nach dem anderen so abfliegen zu sehen. Das Gefühl, dableiben zu müssen und die andern zu dem schönen Wettbewerb starten zu sehen, war mir ziemlich schmerzlich.

Ein in England gearbeiteter Morane-Saulnier-Eindecker, für den Graham White die Lizenz hatte, war mit Brooks am Steuer Sieger der Konkurrenz. Garros kam als zweiter an, er hatte Schwierigkeiten mit seinem Motor, was ihn in Paris über eine Stunde aufhielt.

Ich blieb mit Garros noch 8 Tage in England, besuchte alle in Frage kommenden Flugzeugfabriken und an einem wolkigen Nachmittag flogen wir beide, jeder auf seiner Maschine, zurück nach Paris. Wir blieben auch jetzt wieder beide zusammen, nur daß ich vor dem Kanal sehr schnell in die Höhe kletterte. Mein reparierter Motor arbeitete bis dahin einwandfrei. Nachdem ich vergeblich eine Stunde lang nach einem freien Durchblick durch die Wolken auf die Erde gesucht hatte, beschloß ich, langsam tiefer zu gehen, um mich zu orientieren. Wie ich vorsichtig nach vorn spähend im dicken Nebel fliege, tauchten plötzlich Bäume und Felsen vor mir auf. Ich erkannte auch gleich, daß ich eine Dünenbildung vor mir hatte und drehte mein Flugzeug nach dem Kompaß nach Westen zurück, um nach wenigen Minuten wieder das Meer zu erreichen. Ich sah, daß ich zu weit südlich gekommen war, denn der Platz, wo wir uns treffen wollten, um Benzin und Betriebsstoff aufzunehmen, war Hardelot, ein von Blériot eingerichteter Flugzeugstützpunkt. Blériot besitzt hier übrigens auch eine Villa. Ich drehte um und folgte dem Strande, bis ich das Flugzeug von Garros erkannte, der schon gelandet war. Wir kamen dann ohne weiteres in Paris an. Ich sah mir in Frankreich noch verschiedene Flugzeugfabriken an und flog auch die verschiedensten Typen. Da ich mit Stolz Garros Deutschlands Flugwesen zeigen konnte, lud ich ihn ein, mit mir nach Deutschland zu kommen. Er nahm es an, da er noch nie in Deutschland war, und der Konstrukteur des französischen Apparates, Herr Saulnier, schloß sich uns an. Wir fuhren in meinem Wagen nach Süddeutschland, wo wir größere Motoren- und Flugzeugzubehörteile-Fabriken besichtigten sowie auch einige Flugzeugfabriken.

In Berlin kamen wir vier Tage vor Kriegsausbruch an. Garros verließ den Potsdamer Bahnhof am Freitag nachmittag; Sonnabend kam die Kriegserklärung heraus.«[42]

Die ersten Postflüge

In den Jahren vor dem ersten Weltkrieg hatte das Flugzeug zur Genüge seine Leistungsfähigkeit und Zuverlässigkeit bewiesen. Fliegen ergab jedoch volkswirtschaftlich nur dann einen Nutzen, wenn – abgesehen von Vergnügungsflügen einzelner »Luftfanatiker« – auch Fracht oder Personen damit befördert werden konnten. Aber gerade diesen alten Aviatikern haben wir es zu verdanken, daß die Anfänge der Postflüge so früh in Angriff genommen wurden. Bereits am 19. August 1911 fand ein Flug statt, der als »Zeitungsflug« in die Fluggeschichte einging. Das Berliner Verlagshaus Ullstein hatte die Idee, seine »Berliner Morgenpost« möglichst früh nach Frankfurt/Oder zu befördern. Dafür wurde der Pilot Siegfried Hoffmann engagiert, um mit seinem Harlan-Eindecker mehrere 100 kg Zeitungen, frisch aus der Druckpresse, nach Frankfurt zu fliegen. Alle diese Zeitungen trugen den Aufdruck »Mittels Flugmaschine befördert«.
Danach war es Hans Grade, der Postsendungen in größerer Anzahl im Februar 1912 zwischen den Flugplätzen Bork und Brück in der Mark beförderte. Zu diesem Zweck druckte der Verkehrsverein in Brück Extra-Sondermarken, die zu Reklamezwekken benutzt wurden. Der erste Flug fand unter Führung des Piloten Hermann Pentz statt. Er beförderte einen Postsack mit 500 Sendungen. Da die Post dem Verkehrsverein den Verkauf von weiteren Marken verbot, konnte sich diese Luftpostverbindung nicht halten und wurde eingestellt.
Offiziell wurde das Ganze erst am 19. Mai 1912, als ein Postflug zwischen Mannheim und Heidelberg stattfand. Mit normaler Frankatur und einem Sonderstempel versehen wurde eine eigens hierfür entworfene Sonderpostkarte zwischen den beiden Städten befördert. Der Pilot war Karl Krieger auf einem Jeannin-Eindecker. Unter der Reichspostflagge flog aber erst ein Flugzeug am 10. Juni 1912. In Anwesenheit des Großherzogs und der Herzogin von Hessen und einer großen Menschenmenge startete Leutnant v. Hiddessen die Eulersche Flugmaschine »Gelber Hund« von Frankfurt nach Darmstadt. Initiiert hatte diesen Flug die Großherzogin, um damit für ihre Postkartenwoche für Mutterschutz und Säuglingsfürsorge zu werben. Die mitgeführte Post bestand aus etwa 10000 Luftpostkarten mit einem Gesamtgewicht von 40 kg. Leutnant v. Hiddessen benötigte für die Strecke 14 Minuten. Es folgten weitere Postflüge nach Worms, Mainz und Frankfurt, an denen sich nun auch das Luftschiff »Schwaben« mit sechs Fahrten beteiligte. Insgesamt wurden bis zum 23. Juni rund 300 kg Luftpost befördert.
Am 30. Juni 1912 gab es einen Postflug zwischen Pforzheim und Karlsruhe und vom 13. bis 26. Oktober 1912 zwischen Frankfurt und Wiesbaden, wobei wiederum zusätzlich ein Zeppelin-Luftschiff, diesmal die »Viktoria Luise«, bei der Beförderung mit behilflich war. Besonders zu erwähnen ist auch noch die erste »Bayerische Flugpost«. Durchgeführt wurde sie am 22. September 1912 in Rosenheim und am 5. Oktober in München. Zur Förderung der Luftfahrt wurde eine schöne Sonderkarte mit eingedruckter Marke verkauft. Pilot dieser Luftpostbeförderung war Anton Baierlein auf einem Otto-Doppeldecker.
Kleine Postflüge fanden vor dem Krieg z.B. zwischen Gotha und Erfurt (25. Juli 1912), zwischen Dresden und Leipzig (11. Mai 1914) und Mannheim und Speyer (17. Mai 1914) statt. Zu einer dauerhaft eingerichteten Postfluglinie ist es jedoch in dieser Zeit nie gekommen. Dies blieb erst der Luftfahrt nach dem Kriege vorbehalten.
So eröffnete die Deutsche Luftreederei (DLR) am 6. Februar 1919 den Luftverkehr von Berlin nach Weimar zur Nationalversammlung. Die dafür eingesetzten Flugzeuge (AEG J II) waren am Rumpf mit der Reichspostflagge geschmückt.

180 **Flugpostkarte der Kunstanstalt Stengel & Co. in Dresden. Als Zusatz ein Zitat von Goethe: »Und ein Flügelpaar faltet sich los. Dorthin! Ich muß! Ich muß! Gönnt mir den Flug.«**

181 Flugpostkarte zur Eröffnung der Postkartenwoche der Großherzogin von Hessen am 10. Juni 1912. Befördert durch das Postluftschiff »Schwaben«.

182 Flugpostkarte zur Eröffnung der Postkartenwoche, 1912. Ankunft der Postflugmaschine »Gelber Hund« am Luftpostamt Darmstadt. Leutnant von Hiddessen in seinem Flugfahrzeug vor dem Start am Abend.

183 Offizielle Luftpostkarte der Verkehrsvereine Mannheim und Heidelberg anläßlich der ersten deutschen Luftpost am 19. Mai 1912. Entwurf: Morano.

184 Erste bayerische Flugpostkarte am 23. September 1912. Zur Förderung der Luftfahrt und zum Besten des Jugendfürsorgeverbandes. Entwurf: W. Ditz. »Herzliche Grüße aus hoher Ferne.«

Die Flüge im Kriege

Situation vor Ausbruch des Krieges

Wie alle technischen Errungenschaften wurde auch bald das Flugzeug für Kriegszwecke mißbraucht.

Das Militär hatte zwar in den Jahren vor 1914 Flugzeuge zur Kenntnis genommen, aber als dritte Waffengattung wurden die Luftstreitkräfte erst 1916 akzeptiert. Deutschlands Militär setzte auf den Ausbau seiner Marine: Wenn es schon etwas mit der Luft zu tun haben sollte, sah der Generalstab nur noch für Luftschiffe einen Verwendungszweck. Zur Erfahrung und Entwicklung von Luftstreitkräften hatte der Generalstab am 1. Oktober 1912 die drei Festungsflugabteilungen Metz, Straßburg und Darmstadt ins Leben gerufen, allgemeine Skepsis herrschte jedoch vor. Die in Metz stationierten »Offiziersflieger« hatten ein recht angenehmes Leben. Gerne ließen sie sich in ihrem Flugzeug photographieren, machten Flüge über der Stadt oder in die Umgebung. Leutnant Carl Braun berichtet: »Als ich in den Jahren 1911/12 zur neuerrichteten Fliegerstation Metz kommandiert wurde, und wir unsere ersten Flüge über der Stadt und Umgebung ausführten, schickte uns die Firma Garuda zur Probe einen vollkommen neuartigen Propeller, dessen eigenartige Form den alten Fliegern sicherlich noch in Erinnerung sein wird.
Mein Monteur, eine treue Seele, brachte den Propel-

◀ *185* **Deutsche Luftwehr. Spendenkarte zum Blumentag, 1912, der Reichsfliegerstiftung. Entwurf: Prinz Friedrich Leopold II von Preußen.**

▼ *186* **Metzer Offizierflieger. Oberleutnant Keller auf Rumpler-Taube. »Der umseitig sitzende Oberleutnant Keller ist heute morgen um 11 Uhr und 30 Minuten (17. 12. 1912) mit seinem Aeroplan abgestürzt. Die näheren Umstände findet Ihr sicher morgen in der Zeitung.«**

187 **Abb. links außen: Werbekarte der Firma Benz-&Cie. in Mannheim. Deutsches Kriegsflugzeug (LVG CII) mit Benzmotor (BZ-III 150 PS) über Paris.**

188 **zweite Abb. von links: Kriegspostkarte zu Ehren des Fliegers Karl Ingold, der 1914 als erster mit dem Eisernen Kreuz ausgezeichnet wurde.**

189 **Abb. in der Mitte: Kriegspostkarte zu Ehren von Hellmuth Hirth, der kurz nach Ingold mit dem Eisernen Kreuz ausgezeichnet wurde. Entwurf: Salenger. »Für Tapferkeit und Heldentat Hellmuth Hirth das Eiserne Kreuz erwarb.«**

ler, um ihn an meiner Maschine, der Etrich-Rumpler-Taube Werk Nr. 5, aufzumontieren. »Herr Leutnant« sagte er, »der Propeller ist ja ganz schön, aber er ist schwarz und bringt uns sicher Unglück.«– Ich lachte ihn aus und sagte: »Wie kann man so abergläubisch sein!«–
Der Propeller wurde aufmontiert, und ich faßte den großen Plan, einen Überlandflug von Metz nach Zweibrücken auszuführen, was in der damaligen Zeit immerhin ein großes Unternehmen bedeutete. Ich startete mit meinem Beobachter, Leutnant Prinz, frühmorgens, bei schönstem Wetter, jedoch gelang es uns trotz aller Bemühungen nicht, eine größere Höhe als 150 Meter zu erreichen.
Wir hatten ungefähr die Hälfte der Strecke zurückgelegt, als plötzlich der Motor mehrmals aussetzte, um dann ganz stehenzubleiben, eine Erscheinung, auf die man damals bei jedem Überlandflug gefaßt sein mußte. Bei der geringen Höhe war die Auswahl eines Notlandeplatzes in der hügeligen Landschaft nicht sehr groß, und wir näherten uns mit dem unerbittlichen $gt^2:2$ (Anziehungskraft der Erde) ei-

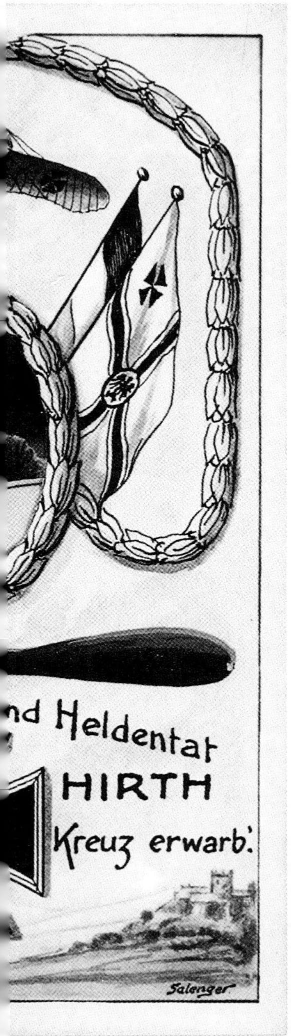

191 **Abb. rechts außen: Fotokarte: »Unser erfolgreicher Flieger Alfred Friedrich.«**

190 **zweite Abb. von rechts: Hellmuth Hirth, »der altbeliebte Meisterflieger, wurde zum Leutnant bei der Fliegertruppe befördert.«**

nem mir als geeignet erscheinenden Stoppelfeld, welches eine starke Steigung hatte. Vor dem Aufsetzen rief ich meinem Beobachter zu: »Rausspringen, festhalten!« Er folgte dieser Aufforderung nur dahin, daß er sich in der Maschine festhielt. So mußte ich denn selbst herausspringen und das Flugzeug festhalten, da es tatsächlich Anstalten machte, den Steilhang rückwärts hinunterzurollen.
Nachdem wir die Magnetstörung beseitigt hatten, brachten wir, mit Hilfe der herbeigeeilten Bauern, die Maschine auf etwas ebenes Gelände, dessen Beschaffenheit aber ein gutes Wegkommen von der Erde immer noch höchst zweifelhaft erscheinen ließ. Hinter der Anlaufstrecke befand sich ein Taleinschnitt, so daß wir bei Nichthochkommen der Maschine mit hundert Prozent Bruch rechnen mußten. Einen kurzen Augenblick dachte ich an den schwarzen Propeller.
Um es vorwegzunehmen, wir kamen vom Boden hoch und überflogen um die Mittagszeit als erstes Flugzeug die Stadt Zweibrücken, die vollkommen in Aufruhr geriet. Tausende strömten zum Exerzierplatz, um das Flugzeug aus der Nähe betrachten zu können. Wir wurden mit Blumen überschüttet und zu gleicher Zeit von vielen Stellen eingeladen, wie es in der ersten Zeit der Fliegerei üblich war.
Am nächsten Tag wurde der Rückflug nach Metz angetreten, der glatt verlief.

Mein Monteur kam uns strahlend entgegen und gratulierte zum erfolgreichen »großen Überlandflug«. Ich schüttelte ihm die Hand und sagte: »Sehen Sie, der schwarze Propeller bringt doch kein Unglück«.
Als ich tags darauf zum Dienst kam, wurde mir gemeldet, daß mein Monteur durch Zurückschlagen des »schwarzen Propellers« ein Auge und zwei Finger verloren hatte...«[43]
Bei Kriegsausbruch im August 1914 hatte das Heer 49 Fliegerabteilungen und ca. 500 Offiziere als fliegendes Personal (Flugzeugführer und Beobachter). An Bord der Flugzeuge, meist veraltete Tauben, Albatros-Doppeldecker und der Otto-Doppeldekker, waren anfangs noch keine Waffen. Oberstleutnant Siegert schreibt darüber: »Das Frühjahr 1914 war noch erfüllt von einem ausgedehnten Schriftwechsel über die Möglichkeit oder Zweckmäßigkeit der Anbringung eines Säbels im Flugzeug. Zu den ersten Flügen gegen den Feind gab man uns eine Selbstladepistole mit verlängertem Lauf in die Hand. Es klingt heute wie Fliegerlatein, wenn ich erwähne, daß ich persönlich zu Flügen gegen Belfort im August 1914 als einzige Waffe einen Karabiner mitführte, dessen Schaft ich mit einem Grammophontrichter umnagelt hatte, um bei Begegnung mit feindlichen Flugzeugen wenigstens durch das vorgetäuschte Kaliber Furcht und Schrecken zu erregen. Später fanden Leuchtpistolen, dänische Madsen-Musketen und 25schüssige Mausergewehre Verwendung. Aber schon der Sommer 1916 sah Flugzeugkämpfe mit einem täglichen Einsatz von mehreren hundert Maschinengewehren auf beiden Seiten. Auch die Kanone gliederte sich in die Flugzeugwaffen ein.«[44]
Da es an Flugzeugführern an allen Ecken mangelte, wurden zunächst die altgedienten Zivilflieger herangezogen. Supf schreibt dazu: »Als erster der alten Flieger erhält im Sept. 1914 der Elsässer Charles Ingold das Eiserne Kreuz. Gleichfalls schon in den ersten Kriegswochen werden Hirth, Vollmoeller, Schlegel, Friedrich, Sedlmayer, Lindpaintner, Züst, Reichard und Caspar mit dem Eisernen Kreuz ausgezeichnet. Hirth und Schlegel werden im September 1914 für hervorragende Leistungen im Aufklärungsdienst zu Leutnants befördert. Als der Krieg ausbrach, war Hellmuth Hirth bei der Festungsflieger-Abteilung in Metz als Flugzeugführer tätig.«[45]
Dann begann die Zeit, in der die Kriegstechnik Oberhand gewann, und die Vernichtung des Gegners an oberster Stelle stand. Die Flugzeuge wurden nun mit Maschinengewehren ausgerüstet und zudem leichter, wendiger gebaut. Zum ersten Ruhm kam hier der Fokker-Jagdeinsitzer unter den Leutnanten Immelmann und Boelke.

Immelmann

Max Immelmann hat einen unvergleichlichen aber kurzen Siegeslauf. Erst im März 1915 besteht er seine Pilotenprüfung und wird zur Fliegerabteilung 62, der auch Boelke angehört, abkommandiert. Am 1. August 1915, bei seinem dritten Feindflug, zwingt er ein englisches Flugzeug nieder. Er entwickelt eine Methode, ein feindliches Flugzeug anzugreifen, die als »Immelmann-Turn« in die Fluggeschichte eingeht. Von seinem ersten Flug erzählt er uns: »Für den 1. August 1915 hatte ich Fernauftrag. Das Auto wurde aber abbestellt, weil kein Flugwetter sei. Also konnte man weiterschlafen. Kurz darauf wüstes Geknatter. Also schnell zum Platz. Mein Beobachter sagt, er hielte es für aussichtslos, aufzusteigen, die Fernsicht sei zu schlecht. Also folgen wir nicht. Aber ich ärgerte mich. Es waren noch immer zehn Feinde in der Luft. Boelcke sah man in der Ferne einen anderen Eindecker verfolgen. Ich nicht faul, ziehe den zweiten Fokker aus dem Stall und brumme ab. Als ich zweitausend Meter hoch bin, ziehen über mir zwei Feinde dahin, etwa zweitausendfünfhundert Meter hoch. Sie fliegen Richtung Arras, ich komme von da. Ich war froh, daß sie mich nicht angriffen, denn sechshundert Meter tiefer wäre ich wehrlos gewesen. Als ich fast in Douai war, traf ich abermals zwei Feinde, die von Boelcke verfolgt wurden. Sie waren alle drei etwa dreitausendzweihundert Meter hoch und flogen in Richtung Arras. Plötzlich sah ich Boelcke steil nach unten gehen. Schwere Ladehemmung. Als ich halbwegs zwischen Douai und Arras war, sah ich vor mir einen neuen Flieger. Wir waren etwa in gleicher Höhe. Ich konnte nicht sehen, ob es ein feindlicher Flieger oder ein unsriger war. Erst als ich näher kam, sah ich, daß er über Vitry Bomben abwarf: Feind.
Ich stieg noch etwas und flog auf ihn zu. Etwa achtzig bis hundert Meter war ich höher, in der Geraden etwa fünfzig Meter entfernt. Groß und deutlich sah ich die französischen Abzeichen: blau-weiß-rote Ringe. Nun war kein Zweifel mehr. Die beiden anderen Feinde kamen jetzt auch auf mich

192 **Fotokarte des Fliegerhelden Leutnant Immelmann vor seinem Fokker-Eindecker.**

zu, wenngleich sie noch viel höher waren. Ich mußte also schnell handeln. Wie ein Habicht stürzte ich mich auf den Gegner und schoß mit meinem Maschinengewehr. Für einen Augenblick glaubte ich, in ihn hineinzufliegen. Nach etwa sechzig Schuß hatte ich eine Ladehemmung. Das war recht unangenehm, denn um sie zu beseitigen, brauchte ich beide Hände. Ich mußte also freihändig fliegen, was mir noch neu und fremd war, aber es gelang. Auch zwei weitere Ladehemmungen konnte ich beseitigen. In meinen Feuerpausen hörte ich nur noch leise das Maschinengewehrknattern der Feinde über mir. Ich hielt mich beständig über meinem Opfer. Nach vierhundertfünfzig bis fünfhundert Schuß – der Kampf hatte etwa acht bis zehn Minuten gedauert – ging der Feind in steilem Gleitflug nieder. Ich ging ihm nach. Schießen konnte ich nicht mehr. Das Maschinengewehr versagte. Als ich sah, daß er gelandet war, landete ich sofort neben ihm, stieg aus und ging auf ihn zu. Kein Mensch war in der Nähe. Ich ohne jede Waffe. Werden die Insassen Widerstand leisten? Es war ein unangenehmer Augenblick. Schon von weitem rief ich: »Prisonniers!« Erst jetzt sah ich, daß nur einer drin saß. Er hatte die rechte Hand erhoben zum Zeichen, daß er keinen Widerstand leisten wolle. Ich ging zu ihm, gab ihm die Hand. »My arm is broken, you shot very well!« Jetzt erst sah ich daß er am linken Arm schwer verwundet war. Ich half ihm beim Aussteigen und legte ihn ins Gras, zog ihm die Handschuhe aus und schnitt die Ärmel von Lederrock, Uniform und Hemd auf. Der Unterarm war durchschossen. Schon kamen von allen Seiten Autos an. Allerseits wurde mir herzlich Glück gewünscht. Er hatte etwa vierzig Treffer im Apparat. – Boelcke, der den Kampf von unten beobachtet hat, ist auf dem Platz umhergelaufen und hat gerufen: »Die schießen uns den Immelmann kaputt!« Sie haben ihn aber nicht kaputtgeschossen. Meine Kurven und Gleitflüge, überhaupt mein ganzes Fliegen soll ausgesehen haben, als flöge ich schon wochenlang auf Fokker. Als Auszeichnung habe ich das Eiserne Kreuz 1. Klasse bekommen. Nun habe ich den schönsten Orden, den ein junger Offizier überhaupt bekommen kann.«[46]

Knapp ein Jahr später, am 18. Juni 1916, nachdem er wieder im Sturzflug auf ein englisches Flugzeug niederstößt, bricht der linke hintere Teil des Rumpfes seines Fokker-Eindeckers, und Immelmann, der mit Hochachtung von seinen Gegnern der »Adler von Lille« genannt wird, stürzt tödlich ab.

Boelcke

Oswald Boelcke steht in der Kriegsgeschichte in noch größerem Ruhme da. Wenige Tage vor Kriegsausbruch legt er seine Pilotenprüfung ab und ist in den ersten Monaten als Erkundungsflieger tätig. Als Kampfflieger hat er am 6. Juli 1915 seinen ersten Abschuß. Boelcke hat seine Kampftaktik von den Raubvögeln abgesehen. Er stürzt sich von großen Höhen auf seine Gegner und schießt erst im letzten Augenblick aus nächster Nähe. Als Staffelführer ist es für ihn dabei besonders wichtig, seine Erfahrungen und seine Erfolge an die Piloten seiner Staffel weiterzugeben. Er erreicht durch Schulung und Kameradschaft eine in der Armee bisher noch nicht dagewesene Verbundenheit der Staffelangehörigen. Obwohl er Disziplin fordert, wird er von seinen Fliegern verehrt und geliebt. Einen Luftkampf schildert er selbst: »Am 13. März 1916 war wieder großer Luftbetrieb. Früh kam ich gerade dazu, wie über dem Fort Douaumont ein Deutscher von einem »avion de chasse« angegriffen wurde. Letzteren habe ich mir gleich vorgenommen und verjagt – es war eine reine Pracht, wie er ausriß. – Nachmittags gegen ein Uhr sah ich ein französisches Geschwader beim »Toten Mann« über die Front Richtung Dun fliegen. Ich suchte mir von ihnen einen etwas rechts vom Geschwader abhängenden Voisin-Doppeldecker aus und stieß auf diesen los. Da ich sehr hoch über ihm war, kam ich schnell ran und schoß ihm die Jacke voll, ehe er noch die Situation richtig kapiert hatte. Er machte sofort kehrt, um nach der Front auszureißen. Ich griff ihn nochmals energisch an, da kippte er nach rechts und verschwand unter meinem Flügel. Ich glaubte, er stürzte ab, drehte aber gleich wieder bei, um ihn weiter im Auge zu behalten, und sehe zu meinem Erstaunen, daß der Gegner sich wieder aufrichtet. Ich gehe natürlich nochmals auf ihn los, da erblickte ich etwas ganz Sonderbares. Der Beobachter war aus dem Apparat rausgeklettert und saß auf dem linken Tragdeck, hielt sich an den Streben fest, sah erschreckt auf mich und winkte mit der Hand. Das Bild sah sehr kläglich aus, und ich zauderte einen Augenblick, auf ihn zu schießen. – Er war ja gänzlich wehrlos. Ich hatte dem Apparat die Steuerorgane zerschossen, und die Maschine war abgestürzt. Um sie wieder in die Gewalt zu bekommen, war der Beobachter rausgeklettert und hatte sich auf den einen Flügel gesetzt, um das Gleichgewicht wiederherzustellen. Ich schoß noch einige Schuß auf den Führer, um den Gegner ganz runter zu bekommen. Da wurde ich von einem zweiten Franzosen gestört, der seinen Kameraden zu Hilfe kam. Da ich nur noch wenige Patronen hatte und auch schon über den Schützengräben war, drückte ich mich nun schleunigst. Der feindliche Apparat ist dann noch eine kurze Strecke im Gleitflug geflogen, schließlich aber doch aus niedriger Höhe abgestürzt. Er liegt vor einer unserer Feldwachen östlich des Dorfes

193 **Fotokarte des Fliegerhelden Leutnant Boelcke mit dem »Pour le Mérite«.**

◀ *194* **Werbekarte der Firma Batschari-Cigaretten. Abgebildet ist ein Fliegerkampf. Entwurf: Carl Tips, Karlsruhe.**

▶ *195* **Fotokarte des Fliegerhelden Rittmeister Manfred Freiherr von Richthofen – Der rote Baron – mit dem »Pour le Mérite«.**

▶▶ *196* **Werbekarte der Firma Fokker Flugzeugbau, Schwerin mit der Fokker D VI. Entwurf: M. Wild.**

Malancourt. Man kann ihn von unserer Front aus deutlich liegen sehen.«[47]
So erfolgreich wie Boelcke ist im Jahre 1916 kein anderer Flieger. Am 2. September erringt er seinen 20sten »Luftsieg«, am 8. Oktober seinen 30sten, und bereits am 26. Oktober gelingt ihm sein 40ster und letzter Abschuß.
Zwei Tage darauf stößt sein Albatros-Doppeldecker bei einem Luftkampf mit dem Flugzeug seines Freundes Erwin Böhme zusammen, wobei ein Teil seiner Tragfläche bricht. Steuerlos geworden stürzt er ab.

Richthofen

Als größter »Luftheld« des I. Weltkrieges geht Manfred Freiherr v. Richthofen in die Geschichte ein. Dieser junge Flieger wird zunächst Beobachter und legt im Oktober 1915 seine Prüfung als Flugzeugführer ab. Aber erst 1916, als Boelcke ihn zu seiner Jagdstaffel holt, lernt er richtig, was Fliegen heißt. Er wird sein bester Schüler, und am 17. September 1916, während eines Staffelfluges, hat er seinen ersten anerkannten Sieg. Damit beginnt sein kometenhafter Aufstieg, der erst 19 Monate, später am 21. April 1918, enden sollte. Der Name Richthofen taucht nun immer häufiger in den Heeresberichten auf. An seinem 25jährigen Geburtstag wird er vom Kaiser zum Frühstück eingeladen, bei dem er zwischen Hindenburg und Ludendorf sitzen darf. Als er bei dieser Gelegenheit dem Kaiser sagt, daß es schon ein eigenartiges Gefühl sei, Menschen totzuschießen, und anschließend sich an den Tisch zu setzen und so zu tun, als sei nichts gewesen, antwortet dieser: »Meine Soldaten schießen keine Menschen tot, meine Soldaten vernichten den

Gegner.«
Zu diesem Zeitpunkt hat er bereits so viele Abschüsse wie sein Lehrmeister und großes Vorbild Boelcke. Von einem dieser Luftkämpfe erzählt er uns: »An einem wunderbaren Tage (6. Juli 1917) unternahm ich mit meiner Jagdstaffel einen Jagdflug. Wir waren schon eine ganze Weile zwischen Zypern und Armentieres herumgetobt, ohne so richtig zu einem Kampf kommen zu können. Da sah ich drüben ein Geschwader und dachte mir gleich: die Brüder wollen rüber. Sie kamen ran an die Front, sahen uns, bogen wieder ab, und schon glaubte ich, ich hätte mir den Feind vergrämt. Deshalb mußte ich zu einer List greifen und flog weg; aber dauernd beobachtete ich das feindliche Geschwader. Es dauerte nicht lange, so sah ich sie wieder Richtung unsere Front fliegen.
Wir hatten ungünstigen Wind, d.h. also Wind von Osten her kommend. Ich ließ sie erst eine ganze Strecke hereinfliegen ins Land; dann schnitt ich ihnen den Weg zur Front ab. Es waren wieder meine lieben Freunde, die großen Vickers. Das ist ein englischer Flugzeugtyp mit einem Gitterrumpf; der Beobachter sitzt vorn.
Nur langsam holten wir die schnellen Gegner ein. Wir hätten sie wahrscheinlich nie gekriegt, wenn wir nicht die größere Höhe gehabt hätten und auf sie drücken konnten. Ich hatte nach einer ganzen Weile den hintersten so nahe vor mir, daß ich mir schon die Art und Weise, ihn anzugreifen, überlegen konnte. Unter mir flog Wolff. Ich erkannte nach dem Tacken des deutschen Maschinengewehrs, daß er sich bereits in einen Kampf eingelassen hatte. Da drehte mein Gegner ab und nahm den Kampf mit mir auf. Aber immerhin noch auf eine so große Entfernung, daß man eigentlich von einem wahren Luftkampf noch nicht sprechen konnte. Ich hatte noch nicht einmal entsichert, so viel Zeit war noch, bis ich mich in den Kampf mit dem Gegner einlassen konnte. Da sah ich bereits, wie der Beobachter, wohl aus lauter Aufregung, schon schoß. Ich ließ ihn ruhig schießen, denn auf eine Entfernung von dreihundert Meter und darüber hilft selbst dem besten Schützen seine Schießkunst nichts. Man trifft eben nicht! Nun hatte er ganz auf mich eingedreht, und ich hoffte, in der nächsten Kurve hinter ihm zu sitzen und ihm was auf den Pelz brennen zu können. Da, mit einem Male ein Schlag gegen meinen Kopf! Ich war getroffen! Für einen Augenblick war ich völlig gelähmt am ganzen Körper. Die Hände hingen mir runter, die Beine taumelten in die Karosserie. Das Übelste war: durch den Schlag auf den Kopf war der Sehnerv gestört, und ich war völlig erblindet. Die Maschine stürzte ab. Für den Augenblick durchzuckte es mir den Kopf: also so sieht es aus, wenn man abstürzt und sich kurz vor dem Tode befindet. Ich erwartete jeden Augenblick, daß die Flächen das Stürzen nicht aushalten und abbrechen würden.
Ich sitze allein in der Kiste. Die Besinnung hatte ich nicht für einen Augenblick verloren. Ich kriegte auch bald wieder die Gewalt über meine Arme und Beine, so daß ich die Steuer ergreifen konnte. Das Gas abstellen und Zündung herausnehmen machte ich mechanisch. Aber was half's mir. Mit geschlossenen Augen kann man nicht fliegen! Ich hatte die Augen weit aufgerissen, die Brille weggeworfen, aber es war nicht einmal möglich, die Sonne zu sehen. ich war vollständig erblindet. Die Sekunden wurden mir zu einer Ewigkeit. Ich merkte, daß ich noch immer fiel. Die Maschine hatte sich wohl ab und zu gefangen, kam aber immer wieder ins Stürzen. Ich war wohl anfangs viertausend Meter hoch gewesen und konnte jetzt schon mindestens zweitausend bis dreitausend Meter gefallen sein. Meine ganze Energie zusammennehmend, sagte ich mir immer: »Ich muß sehen.«
Ob mir die Energie dabei geholfen hat, weiß ich nicht. Jedenfalls, mit einem Male konnte ich schwarze und weiße Flecke vor mir unterscheiden. Immer mehr und mehr bekam ich wieder mein Augenlicht. Ich guckte nach der Sonne, konnte sie frei ansehen, ohne auch nur den leisesten Schmerz zu empfinden oder das Gefühl zu haben, ich würde geblendet. Ich sah wie durch eine dicke schwarze Brille. Aber es genügte mir.
Mein erster Blick war auf den Höhenmesser. Er zeigte noch achthundert Meter an. Wo ich mich befand, ahnte ich nicht. Ich fing die Maschine wieder, brachte sie in eine normale Lage und setzte meinen Gleitflug fort. Nichts wie Granatlöcher waren unter mir. Einen großen Waldkomplex erkannte ich und konnte an diesem feststellen, ob ich drüben oder bei uns war. Zu meiner großen Freude sah ich, daß ich bereits ein ganzes Stückchen diesseits mich befand. Wäre der Engländer mir gefolgt, er hätte mich ohne Zucken abschießen können. Aber Gott sei Dank befand ich mich von meinen Kameraden beschützt, die sich mein Fallen und Stürzen anfangs gar nicht erklären konnten.
Ich wollte anfangs gleich landen, weil ich nicht wußte, wie weit ich es noch aushalten könnte, bevor ich ohnmächtig würde. Deshalb ging ich bis auf fünfzig Meter herunter, fand aber in den vielen Granattrichtern kein Fleckchen, auf dem die Möglichkeit einer Landung war. Deshalb gab ich noch einmal Gas und flog Richtung Osten, in niedriger Höhe, solange ich noch das Bewußtsein hatte. Es ging anfangs ganz gut. Nach einigen Sekunden aber merkte ich, wie die Kräfte nachließen, und mir so sachte schwarz vor den Augen wurde. Nun war es höchste Zeit. Ich landete und konnte die Maschine sogar noch glatt hinsetzen, nahm dabei einige Pfähle und Telephonleitungen mit, was mir aber in diesem

Augenblick ziemlich schnuppe war. Ich hatte sogar noch die Kraft, in meiner Maschine aufzustehen und wollte noch aussteigen. Dabei fiel ich heraus und hatte nun nicht mehr die Kraft aufzustehen, sondern legte mich gleich hin.
Sofort waren einige Leute zur Stelle, die den ganzen Vorgang beobachtet hatten und die an meiner roten Maschine erkannten, daß ich es war. Die Mannschaften wickelten meinen Kopf mit ihren Verbandspäckchen ein. Was nun geschah, ist mir bloß in dunkler Erinnerung. Das Bewußtsein hatte ich nicht ganz verloren, aber ich befand mich in einem etwas dösigen, benommenen Zustande. Ich weiß nur noch, daß ich mich ausgerechnet auf eine Distel gelegt hatte und nicht mehr die Kraft fand, von dieser Stelle mich herunterzuwälzen; was auf die Dauer höchst peinlich war.
Ich hatte das Glück, meine Maschine neben einer Straße gelandet zu haben. Es dauerte nicht lange, da kam ein Sanitätsauto gefahren, in das ich gleich verfrachtet wurde. Und nun ging's in mehrstündiger Fahrt nach Cortrai in ein Feldlazarett. Hier waren bereits die Ärzte vorbereitet und begannen nun ihre Arbeit.
Ich hatte ein ganz anständiges Loch im Kopf, eine Wunde von etwa zehn Zentimeter Länge, die man nachher zwar zusammenziehen konnte; an einer Stelle aber blieb der blanke, weiße Knochen wie ein Taler groß frei liegen. Meinen Richthofenschen Dickkopf hatte ich wieder mal bewiesen. Der Schädel war nicht einmal durchschlagen. Mit etwas Phantasie konnte man bei der Röntgenaufnahme eine kleine Einbeulung feststellen. Ein Schädelbrummen, das ich tagelang nicht loswurde, war weniger angenehm.«[48]
Januar 1917 wurde Richthofen Führer einer eigenen Jagdstaffel. Aus einer Laune heraus kommt er auf die Idee, seine »Kiste« knallrot anzumalen, und bald ist er bei Freund und Feind als »roter Baron« bekannt. Als allerdings die Engländer ein Anti-Richthofen-Geschwader aufstellen, um ihn »unschädlich« zu machen, läßt er kurzerhand seine gesamte Staffel rot anmalen. Am 21. April 1918, als er mittlerweile doppelt so viele Abschüsse auf seinem Konto hat wie sein Lehrmeister Boelcke, ist er wieder mal mit seinem roten Fokker-Dreidecker in einen Luftkampf verwickelt. Bei der Verfolgung eines Gegners, kommt er zu nah an die feindliche Linien heran und wird durch die Kugel einer Maschinengewehrkompanie tödlich getroffen, sodaß er mit seiner Maschine abstürzt.

Udet

Der »erfolgreichste« Flieger im Geschwader von Richthofen war Ernst Udet. Sein Werdegang verlief etwas anders als die bisher geschilderten. Im Herbst 1914 lernt er bei Gustav Otto in Schleißheim fliegen. Die bayerische Fliegerersatzabteilung weist ihn jedoch mit der Begründung zurück, er sei noch zu jung. Nun kämpft er sich durch, bis er im September 1915 zu einer Artillerie-Fliegerabteilung ins Elsaß berufen wird. Hier kann er endlich fliegen, aber erst im Mai 1916 kommt er in Habsheim zu seinem ersten »Sieg«. Es sollte jedoch lange dauern, bis er zum »As des As« werden sollte. Im Winter 1917 wird er Führer der Jagdstaffel 37, nachdem sein bisheriger Staffelführer nach Mazedonien versetzt wurde, und nun fängt sein »Stern an zu leuchten«. Von einem dieser Flüge erzählt er: »Zwei englische Geschwader waren bereits durchgebrochen, als ich in Begleitung eines Herrn meiner Staffel startete. Südlich von uns sahen wir Flakfeuer und hielten darauf zu. Ein aus neun Einheiten bestehendes zurückfliegendes Geschwader wurde beschossen. Wir flogen nach Südwesten in etwa dreitausend Meter Höhe, nahmen sofort die Verfolgung auf und erreichten das Geschwader kurz vor der Front. In dieser Gegend war ich noch nie geflogen und kannte sie noch nicht, woraus sich das Folgende erklären läßt.
Ich hatte mich in einen Martinsyde-Einsitzer verbissen und ihn bereits von dem übrigen Geschwader getrennt, als ich plötzlich unmittelbar unter mir Schießen hörte. Nach der Ursache spähend, erkannte ich einen RE-Doppelsitzer, der mich von unten angriff. Dies war der gefährlichere Gegner, ihm wandte ich daher meine Aufmerksamkeit zu und hatte ihn sehr schnell im Kurvenkampf auf etwa fünfhundert Meter heruntergedrückt. Als wir noch etwa zweihundert Meter hoch waren, versagten meine beiden Maschinengewehre. Dadurch ließ ich mich aber nicht beeinflussen, sondern beschloß, den Gegner auf alle Fälle zur Landung zu zwingen durch ganz nahes Heranfliegen.
Nachdem wir in ganz niedriger Höhe beide allerhand Kapriolen gemacht hatten sah ich, wie der englische Beobachter sein Maschinengewehr hochstellte und an ihm herumhantierte. Jetzt war also wieder die Reihe an mich gekommen. Ich flog ganz nahe an ihn heran und drückte ihn so zu Boden. Er landete glatt. Beim Ausrollen schien jedoch sein Gewehr wieder in Ordnung zu sein, denn er nahm mich plötzlich unter Feuer. Ich erhielt auch mehrere Treffer, darunter einen Schuß in den dritten Zylinder meines Motors, der aber ähnliche Sachen gewohnt war und Gott sei Dank noch weiter mittat. Da mir das langsam aus dem Zylinder austretende Wasser über das Gesicht spritzte, wollte ich neben dem Gegner landen. Ich befand mich nur noch wenige Meter über dem Boden. Der Beobachter war aus dem Flugzeug herausgesprungen und hatte sich in einen in der Nähe befindlichen Graben gelegt. Anscheinend rechnete er mit meinem erneuten Angriff wegen seines hinterlistigen Schießens. Da sah ich auf einmal etwa zwanzig bis dreißig Mann, die teils in Hemdsärmeln waren, auf das gelandete Flugzeug zulaufen. Andere waren gelbbraun bekleidet. Und als ich sofort sehr kräftig von Infanteriegewehren beschossen wurde, erkannte ich sie als Engländer. Das war wenig erfreulich. Infolge des Ostwindes mußten wir über die Linien getrieben sein. Es hieß nun sofort handeln. Ich gab Gas, zog meine Kiste kräftig an und wollte in etwa dreihundert bis vierhundert Meter Höhe nach Osten abfliegen. Da jedoch auch die Artillerie mich aufs Ziel nahm und bereits mehrere Geschosse in ganz bedenklicher Nähe von mir krepierten, wendete ich die Finte an. Ich überschlug mich, nahm Gas weg und ging auf eine Wiese herunter, die nicht weit von der Landungsstelle meines Gegners entfernt war. Als ich einige Meter über dem Boden schwebte, sah ich, wie ein Zug englischer Soldaten, die in der Nähe biwakierten nach der zu vermutenden Landungsstelle hinliefen. Ich bedauerte in diesem Augenblick herzhaft, daß ich nicht schießen konnte. Nach meinem Überschlagen in der Luft und dem plötzlichen Niedergehen, das bei den Engländern den Anschein des Getroffenseins erweckt hatte, setzte Artillerie- und Maschinengewehrfeuer aus. Der Zweck war also erreicht. Nun flog ich ganz wenige Meter über dem Boden mit Halbgas entlang und kam unmittelbar über den Haufen Soldaten, die mir mit recht langen Gesichtern nachgesehen haben mögen. Ihrer Sicht war ich schnell durch einen Sprung über ein etwa fünfzig Meter breites Gehölz entschwunden.
Auf der anderen Seite dieses Wäldchens flog ich noch immer in derselben Höhe und, da ich vereinzelt wieder Maschinengewehrfeuer hörte, in Zickzacklinien nach Osten. Nach acht Minuten hatte ich, nachdem ich den Engländern viel Aufregung und Ärger verursacht hatte, unsere Front überflogen. Mein Motor fing an, langsam nachzulassen,

◄◄ *197* **Fotokarte des Fliegerhelden Leutnant Udet in Positur.**

◄ *198* **Werbekarte für das Buch »Kreuz wider Kokarde – Jagdflüge des Leutnant Udet«. Entwurf: Claus Bergen, 1918.**

und ich konnte gerade noch glücklich unseren Flugplatz erreichen. Trotz der geringen Höhe, in der ich geflogen war, hatte das Flugzeug nur zwei Treffer von der Erde aus erhalten. Unsere Beobachtungsstelle hatte geglaubt, ich wäre jenseits neben dem Gegner gelandet. Sie hatte die Befürchtung auch bereits weitergegeben.«[49]

Nach seinem 20sten Sieg wird er von Richthofen in sein Geschwader geholt, und im Gegensatz zu anderen Fliegern, bleibt ihm das Glück treu. Ernst Udet beendet den Krieg lebend. Auf seiner Abschußliste sind 62 Flugzeuge verzeichnet, Namen von jungen Piloten, die wie er vom Fliegen begeistert waren.

Was für eine Tragik und welche Schicksale mit der Fliegerei im Weltkrieg verbunden waren, kann nicht ermessen werden. Mit folgenden Zahlen soll versucht werden, dies anschaulich zu machen. Allein in der deutschen Fliegertruppe starben in der Zeit von 1914 bis 1918 11 180 Soldaten, davon 3340 Offiziere und 7840 Unteroffiziere und Mannschaften.

Aus dem Traum vom Fliegen und der Idee der Völkerverbindung war ein Alptraum des Tötens geworden.

Die ersten Passagierflüge

Situation nach dem I. Weltkrieg

Nach dem Krieg lag Deutschlands Luftfahrt zertrümmert am Boden. Alle Flugzeuge, soweit sie die letzten Kriegswirren überstanden hatten, mußten auf Anordnung der Siegermächte ausgeliefert oder zerstört werden. Um welche Dimensionen es dabei ging, mag darin ersichtlich sein, daß die deutsche Luftfahrtindustrie in den Kriegsmonaten des Jahres 1918 pro Monat 2000 neue Flugzeuge an den Generalstab geliefert hatte. Tausende neuwertiger Flugzeuge wurden so vernichtet. Zusätzlich verbot der Versailler-Vertrag den Bau irgendwelcher bewaffneter Luftfahrzeuge und schränkte die Zivilluftfahrt durch »Begriffsbestimmungen« derart ein, daß sie nur unter größten Schwierigkeiten möglich war.
Zunächst behalf man sich mit alten Rumpler- oder Albatros-Doppeldeckern und Bombenflugzeugen (AEG, FF-45 etc.), die man vor der Zerstörung gerettet hatte. Das Fundament für ein ziviles Luftverkehrsflugzeug wurde jedoch von zwei Männern gelegt: Hugo Junkers und Alfred Rohrbach, später dann von Claude Dornier und Antony Fokker.
Professor Junkers hatte schon zu Ende des Krieges den Plan für ein Zivilflugzeug entworfen und noch im November 1918 seine Mitarbeiter für den Aufbau einer deutschen Friedensluftfahrt begeistert. So entstand in aller Stille ein neuer Flugzeugtyp, der der Ahnherr aller Verkehrsflugzeuge werden sollte. Die berühmte Junkers F 13 war ein Ganzmetallflugzeug, das mit einer Kabine für vier Fluggäste und zwei Mann Besatzung ausgestattet war. Dieser verspannlose, einmotorige Typ wurde bereits in den ersten Monaten des Jahres 1919 herausgebracht, noch ehe der Versailler-Vertrag unterzeichnet war. Das Flugzeug trat einen Siegeszug an, der nur mit dem der legendären Ju 52 vergleichbar ist. Bereits 1919 wurde eine Serie von 10 Flugzeugen in die USA verkauft. Die F 13 flog in den skandinavischen Staaten genauso wie in der Schweiz und Italien und entwickelte sich zu einem regelrechten Exportschlager.
Die zweite große Innovation war eine Entwicklung, die in der Zeppelinwerft in Staaken (Berlin) Gestalt annahm. Hier waren schon im Kriege unter Mitwirkung von Hellmuth Hirth und Professor Baumann die berühmten Staakener-Riesenflugzeuge entstanden. Was lag also näher, als auf diesem Weg fortzufahren. Mit der Konstruktion beauftragt wurde Dr. Adolf Rohrbach. In einem Umfeld, das gewohnt war, mit Leichtmetall zu bauen, schuf er den 4-motorigen Kabineneindecker E 4/20 Staaken. Adolf Rohrbach schreibt dazu: »Um die während der letzten Jahre durch den Bau der bekannten Staakener Riesenflugzeuge erfolgreich begonnene Entwicklung weiterzuführen und die Eignung des großen Mehrmotoren-Flugzeuges für den Personenverkehr praktisch zu erproben, haben die Zeppelinwerke G.m.b.H. Staaken in der Zeit vom Mai 1919 bis September 1920 ein von mir entworfenes Schnellverkehrs-Flugzeug mit vier 260 PS-Maybach-Motoren erbaut. Das Leergewicht beträgt 6072 kg. Die Eigengeschwindigkeit wurde bei Betrieb mit gedrosselten Motoren zu 211 km/h ermittelt. Die vier völlig voneinander unabhängigen, genau gleichen Motoranlagen sind von dem Mittelrumpf, der die Reisenden und die Führung aufnimmt, vollständig getrennt. Die Motoren ruhen auf kräftigen Konsolen aus Duraluminiumprofilen am Vorderrand des Flügels und treiben je eine Zugschraube unmittelbar an, wobei die hohe Fluggeschwindigkeit einen guten Wirkungsgrad sichert. Auf der Vergaserseite jedes Motors ist in der Motorgondel ein Raum ausgespart, von dem aus ein Wärter, gegen den Flugwind völlig geschützt, den Motor beobachten und kleinere Störungen beheben kann. Durch einen innerhalb des Flügels entlang

199 **Fotokarte der berühmten F 13, die Prof. Hugo Junkers 1919 entwickelte. Dieses Flugzeug wurde zum Ahnherrn des modernen Verkehrsflugzeuges.**

200 **Fotokarte der Staaken E 4/20, entworfen von Dr. Adolf Rohrbach, 1919. Mit diesem Flugzeug wurden neue Konstruktionsgedanken in den Flugzeugbau eingeführt. Das Flugzeug mußte 1920 auf Befehl der Ententemächte vernichtet werden.**

laufenden Gang kommt man auch während des Fluges an die Motoren heran. In diesem Gang sind auch die Querruder- und Vergaserzüge sowie die Benzinleitungen verlegt. Er wird ausreichend belüftet und durch die Abwärme der Motoren erwärmt und ermöglicht eine sehr gute Verständigung zwischen den einzelnen Personen der Besatzung, da man das Motorengeräusch darin nur stark gedämpft hört. Die Betriebstoffbehälter, die für rd. 6 Stunden Vollbetrieb ausreichen, sind im Flügel in völlig abgeschotteten und gut belüfteten Räumen auf kräftigen biegungssteifen Hohlträgern mit Filzzwischenlagen und Bändern befestigt. Die beiden Führer sitzen nebeneinander im vorderen Teil des Rumpfes über den Fahrgästen. Die für beide Führer vorgesehenen Steuerhebel sind miteinander gekuppelt. Vergaserhebel und Zündschalter sind nur einmal vorhanden. Der Raum für Fahrgäste ist für 12, bei kürzeren Flügen für 18 Personen bemessen. Nach hinten schließen sich hieran die Toiletten sowie die Räume für Post, für Gepäck und für die Funkanlage.«[50]
Die Probeflüge am 9. November 1920 verliefen sehr erfolgreich, und das Flugzeug, das ja immerhin 1040 PS besaß, erreichte eine Geschwindigkeit von über 200 km/h und hatte damit eine Reichweite von 1200 km. Diesem Flugzeug war jedoch ein trauriges Los bestimmt. Anstatt den Flugverkehr zwischen Berlin und Friedrichshafen zu eröffnen, hegten die Siegermächte den Argwohn, es könne sich um ein verkapptes Bombenflugzeug handeln, und so mußte es bereits am 21. November wieder demontiert werden.

Deutsche Luftverkehrsgesellschaften

Schon 1917 wurde auf Initiative einiger vorausblikkender Wirtschaftsexperten, so z.B. Walter Rathenau von der AEG, die »Deutsche Luftreederei« gegründet. Von diesem Zeitpunkt bis zur Gründung der Deutschen Lufthansa war aber noch ein verwirrender, schwieriger Weg. Ein Zeitgenosse, Ernst Heinkel, erinnert sich: »Bald nach dem Waffenstillstand, am 5. Februar 1919 – dem Geburtstag der deutschen Handelsluftfahrt – wurde von der Luftreederei ein Flugdienst zwischen Berlin und Weimar eingerichtet. Schon ein Jahr später konnten mit den Linien Warnemünde-Malmö und Malmö-Kopenhagen-Hamburg-Amsterdam die ersten Luftbrücken nach dem Ausland geschlagen werden, in freundschaftlicher Zusammenarbeit mit den schwedischen, dänischen und holländischen Luftverkehrsgesellschaften. Wie diese Linien im Norden und Westen die erste Bresche in die Luftblockade Deutschlands legten, so wurde durch die Gründung der »Deruluft« im Jahre 1921 der Weg nach dem Osten geöffnet. Die russische Regierung beteiligte sich an dieser gemischten deutschrussischen Gesellschaft zur Hälfte. Am 1. Mai 1922 wurde der Verkehr auf der Strecke Königsberg-Moskau eröffnet. Zu dieser Stammlinie trat 1928 die Abzweigung Königsberg-Riga-Tallin-(Reval)-Leningrad, die den Verkehr mit den baltischen Randstaaten vermittelte.
In Deutschland entstanden in den Jahren 1920/24 nebeneinander zahlreiche Luftverkehrsgesellschaften, die im gegenseitigen Wettbewerb verschiedene, z.T. gleichlaufende Linien betrieben. Um dieser Zersplitterung ein Ende zu bereiten, erfolgte im Jahre 1923 der Zusammenschluß in die zwei Konzerne: Deutscher Aero Lloyd und Junkers Luftverkehr.
Die Jahre 1923/25 wurden gekennzeichnet durch den Wettbewerb dieser beiden Unternehmen, durch die Ausbreitung deutscher Luftverkehrslinien nach den europäischen Ländern und durch die starke Verdichtung des innerdeutschen Streckennetzes. Die beiden Unternehmen gingen dabei nach verschiedenen Grundsätzen vor. Der Aero Lloyd, als reine Reederei ohne eigene Fabrikation, bevorzugte im Verkehr mit dem Ausland das Poolsystem, d.h. er suchte durch gemeinschaftliches Befliegen der Strecken, durch Betriebsverträge und Aufteilung der Einnahmen die ausländischen Interessen mit den eigenen zu verflechten. Junkers übte seinen Einfluß auf die ausländischen Betriebsgesellschaften durch das System der Unionen aus, wobei der Ab-

201 **Fotokarte vom Flugplatz Fuhlsbüttel 1925. Abgebildet sind die Hallen des Deutschen Aero Lloyd, davor drei Flugzeuge der Gesellschaft (2 LVG C VI, 1 LVG C V).**

satz von Junkers-Flugzeugen bei der engen Verbindung zwischen Junkers-Flugzeugwerk und Junkers-Luftverkehr im Vordergrund stand. Dieser Wettbewerb machte jedoch eine einheitliche Luftverkehrspolitik gegenüber dem Ausland unmöglich und führte zu Doppelausgaben, die durch die Notwendigkeit staatlicher Beihilfen für den Luftverkehr auf die Allgemeinheit zurückfielen. Daher schlossen sich im Januar 1926 unter Mitwirkung des Reiches Aero Lloyd und Junkers zur »Deutschen Lufthansa« zusammen.«[51]

Die Lufthansa wurde damit die einzige Gesellschaft in Deutschland, die sowohl Personen- als auch Luftfrachtverkehr durchführte. Als Direktoren wurden Otto Merkel, Erhard Milch und Martin Wronsky berufen. Nachdem im Mai 1926 die Baubeschränkungen für die zivile Luftfahrt aufgehoben wurden, gab es auch für die Lufthansa keine Hindernisse mehr. Innerhalb kurzer Zeit erwarb sie sich einen hohen internationalen Ruf und wurde zu einer der größten Fluggesellschaften dieser Zeit.

Daß jener Erfolg nicht zufällig kam, sondern die Arbeit von Hunderten von Technikern, Piloten, Monteuren, Facharbeitern und Organisatoren war, liegt auf der Hand. Einer von diesen, der alle Stationen des deutschen Verkehrsflugwesens von der Delag über die DLR, den Aero Lloyd bis hin zur Lufthansa miterlebt hatte, war Wilhelm Reutter.

Schon beim Ausbruch des Krieges war der gelernte Maschinenschlosser Wilhelm Reutter als Arbeiter im Luftschiffbau Zeppelin in Friedrichshafen tätig. Hier lernte er von der Pike auf, was ein Luftschiffmonteur so alles wissen mußte. Als durch die Kriegsereignisse der Generalstab den Zeppelinbau forcierte, wurde er 1915 als Facharbeiter zum Luftschiffbau Zeppelin nach Potsdam versetzt. Der Potsdamer Luftschiffhafen, der von der Delag (vertreten durch Herrn Colsmann) im November 1912 eröffnet wurde, hatte eine große Doppelhalle, in der gleich zu Kriegsbeginn mit dem Bau von Luftschif-

202 **Fotokarte vom Flugplatz Fuhlsbüttel, 1925. Wartungsarbeiten an einer Fokker F III des Danziger Aero Lloyd's. Pilot eventuell Hoffmann, Monteur Wilhelm Reutter aus Staaken.**

▲ *204* **Dornier-Flugboot »Delphin II« an der Uferpromenade in Friedrichshafen. In der Luft ZR III bei seiner ersten Probefahrt am 27. August 1924.**

◀ *203* **Werbekarte des Bodensee Aero Lloyd, 1924. Rund- und Streckenflüge am Bodensee mit Dornier Delphin-Flugbooten. Entwurf: Rudolf Lack.**

fen begonnen wurde. Bald war aber auch dieses Areal zu klein, und ab 1916 begann man, in zwei gigantischen Hallen auf dem neuen Werksgelände in Staaken noch größere Luftschiffe zu bauen.
Nach seiner Militärzeit an der Westfront kehrte Wilhelm Reutter nach Staaken zurück. Als Spezialist für Maybachmotoren war er nun für die Wartung dieser Motoren bei dem Luftschiff »Bodensee« zuständig. Mit diesem Luftschiff versah die Delag Ende 1919 die Verkehrslinie Friedrichshafen-Berlin. Reutter war bei Probeflügen in der offenen Motorengondel mit dabei.
»Eines Abends«, so erzählt er, »warteten wir in Staaken auf die Ankunft der LZ 120 (Bodensee). Das Schiff landete und wurde von der Haltemannschaft zur Halle herübergezogen. Plötzlich wurde das Schiff von einer Böe erfaßt und in die Höhe gerissen, dann wieder auf den Boden gedrückt. Voller Panik ließen die Haltemannschaften los, zwei Mann jedoch wurden mit in die Höhe gerissen. Verschiedene Fahrgäste sprangen aus den Fenstern, es war ein heilloses Durcheinander, jeder schrie – schließlich hatten alle Haltemannschaften losgelassen und das Schiff trieb gegen Südwesten ab. Die Bodensee wurde fast bis Magdeburg abgetrieben, konnte dort aber dann nur gering beschädigt landen.«[52]
Nachdem den Luftschiffen Ende 1919 von den Siegermächten Fahrverbot erteilt wurde, baute man in der Staakener Zeppelinwerft das von Rohrbach konstruierte Verkehrsflugzeug E 4/20 Staaken Bei den Probeflügen nahm Wilhelm Reutter wieder teil. Auch hier kam es zu einem kleinen Unfall, als bei einer Landung das Fahrwerk brach. Reutter: »Wir purzelten durcheinander wie reife Pflaumen.« Außer ein paar Prellungen und einem verstauchten Fuß verlief die Sache glimpflich. Sein Vorgesetzter in jener Zeit, Luftschiffkapitän Albert Sammt, vermietete die nun freigewordenen Luftschiffhallen an verschiedene Filmgesellschaften. Reutter war nun mit dabei, als Filmbauten erstellt oder Statisten gebraucht wurden. Sehr lang hielt er diese Art der Arbeit nicht aus, und schon im April 1922 wechselte er als erster Monteur und Kontrolleur zu der ebenfalls am Flugplatz Staaken ansässigen »Deutschen Luftreederei«. Hier betreute und kontrollierte er nun alle gängigen Passagierflugzeuge der damaligen Zeit, z.B. AEG-K, Dornier-Koment, Fokker F II und F III, die kleinen LVG oder die Sablatning P III. Oft flog er zur Abnahme der Motoren die

Strecke nach Hamburg (inzwischen war die DLR im Aero Lloyd aufgegangen), Magdeburg, Leipzig oder Danzig. Schließlich wechselte Reutter zur mittlerweile neugegründeten Lufthansa und war dort als Kontrollmeister tätig.

Expansion der Lufthansa

Die Flugzeuge wurden in den 20er Jahren perfekter, langlebiger, zuverlässiger und damit auch sicherer. Vor allem die Instrumentenfliegerei setzte sich durch, wobei die Piloten auf Blindflugbedingungen umgeschult wurden. Durch Peilzeichen und Funkverkehr konnte nun auch bei Nebel oder Wolkenwetter geflogen werden. So war die Lufthansa in der Lage, die Zahl der Betriebsstunden innerhalb von 4 Jahren (1927–31) von 8000 auf 38 000 zu erhöhen. Die Flüge wurden dadurch pünktlicher und die Passagiere zufriedener. Was ein Flugkapitän damals erlebte, schildert Robert Knauß: »Auf dem ersten Lufthansa-Postflug nach Bagdad fuhren wir am 20. November 1930 nachts um drei Uhr über den Tigris zum Flugplatz von Bagdad hinaus. Vom deutschen Konsulat wurden uns eine Kurierdepesche und zwei Pakete für das Auswärtige Amt in Berlin an Bord unserer Junkers W 33 D 1696 »Balkan« (Besatzung: Leiter Dr. Knauß, Flugkapitän Klaus und Bordwart Fehmi Mehmed) gegeben. In sachkundiger Weise hatte der Flugleiter der Imperial Airways eine Reihe von Benzinfeuern für unseren Nachtstart aufgebaut, wie auch der englische Zoll- und Paßbeamte sich mit keiner Miene die ungewöhnliche Störung ihrer Nachtruhe anmerken ließen, sondern im Gegenteil freundlich und hilfsbereit waren. Wir hatten uns zu dem Nachtstart entschlossen, in dem Gedanken, trotz der kurzen Ta-

205 **Oben: Fotokarte des Verkehrsflugzeuges Focke-Wulf A 166 der Deutschen Lufthansa in Tempelhof, Berlin (1928). »Ich habe eben im Flughafen-Restaurant gut gegessen.«**

206 **Unten: Fotokarte des Zentralflughafens Tempelhofer Feld. Vor der Abfahrt, einsteigende Passagiere. Abgebildet ist eine Dornier DoB »Merkur« der Deutschen Lufthansa.**

geslichtdauer in einem Tage von Bagdad über Aleppo nach Stambul durchzufliegen.
Um 4 Uhr 50 Minuten brausten wir an den Benzinfeuern entlang und hoben uns von der dunklen Erde ab. Wir machten eine große Schleife über dem Tigris und grüßten die funkelnden Lichter von Bagdad zum Abschied. Dann blieben sie hinter uns zurück. Die Erde ist in rabenschwarze Finsternis gehüllt, aber die Sterne funkeln prächtig. An Steuerbord ist der Große Bär, so daß man es gar nicht nötig hatte, auf den Kompaß zu blicken. Unter diesem klaren Sternenhimmel muß ich an die alten Chaldäer denken, die Meister der Astronomie und Astrologie waren. Blaue Flammenbüschel zucken aus dem Auspufftopf. Der Höhenmesser zeigt bald 1000 Meter.
Die nächste Stunde bis zur Helligkeit ist kritisch. Eine Motorpanne darf jetzt nicht eintreten, denn bei einer Landung in dem unbekannten Gelände wäre trotz unserer vier Landelichter ein Bruch kaum zu vermeiden. Aber ist es nicht etwas Gewaltiges, daß wir hier dahinbrausen über dem Zweistromland, in dem sich seit uralten Zeiten die Kulturen vergangener Völker überlagern wie die Schichten, die heute unsere Ausgrabungen aufdecken!
Nach dreiviertel Stunden ist die erste Spur des Erdbodens zu erkennen: die Umrisse eines hellen Salzsees heben sich von der dunkleren Umrahmung ab. Allmählich hellt sich hinter uns im Osten der Himmel auf. Langsam kommen Farbtöne in die Landschaft. Die Wüste färbt sich braun, dann schießt plötzlich ein heller Strahl über unsere Köpfe weg: Das große Tagesgestirn ist aufgegangen. Rosa und violette Lichter gleiten über die Wüstenlandschaft unter uns. Da Sandstürme heute nicht zu befürchten sind, gehen wir hinunter auf »gefechtsmäßige« Höhe, wie es Klaus nennt, d.h. wir brausen in 30 bis 50 Meter Höhe über die Wüste. Bei der klaren Sicht sehen wir dunkle Punkte von ferne: Es sind die breiten, schwarzen Zelte der Beduinen. In der Umgebung weiden Herden schwarzer Schafe, die sich beim Donnern unseres Motors wie bei nahendem Gewitter zusammendrängen, während die mutigeren Hunde bellend auf uns loslaufen. Die stolzen Kamele, die auf der Weide zusammengekoppelt sind, beunruhigen sich weniger. Es sind prachtvolle Tiere darunter, auch weiße Reitkamele. Die Zeltvorhänge sind nach Osten, der aufgehenden Sonne zu, geöffnet. Die Beduinen treten ohne Hast heraus und schauen mit stolzer Würde zu dem deutschen Silbervogel hinauf. Wir winken ihnen zu, und sie erwidern unser Grüßen.
So fliegen wir über vier bis fünf Lager der Schammarh-Araber. Nicht weit davon treffen wir Gazellenrudel an. Die entzückenden, graziösen Tiere werden flüchtig, verhoffen, äugen zu uns herauf. Hasen werden aufgestöbert, Geier mit schwarzweißen Querstreifen auf den Flügelspitzen erheben sich schwerfällig. Es ist ein herrliches Gefühl, dicht über dem Erdboden über unbekanntes Land dahinzubrausen, so dicht, daß man sogar den herben, kräftigen Erdgeruch der besonnten Wüste atmet.
Plötzlich entdecken wir mitten in der weiten Leere eine Ruinenstadt. Ein Mauernrechteck von etwa 100 mal 600 Meter umschließt mit wohlerhaltenen Mauern die Ruinen von Häusern, aus denen zwei Kirchen, Paläste mit schönen Wölbungen, Rundbogen und Säulen hervorragen. Der Sand ist überall nach Schätzen durchwühlt. Wir grüßen die tote Stadt mit einer Ehrenrunde. Nach der Karte muß es Resafa sein. Schon um neun Uhr landen wir in Aleppo.«[53]
Wie die unerschrockenen Passagiere Flüge von damals erlebten, ist uns durch einen Bericht aus dem Jahre 1932 von Sophie v. Uhde erhalten: »Als ich vor wenigen Jahren meinen ersten Flug mit der Deutschen Lufthansa machte, repräsentierte die kleine viersitzige Junkers »F 13«, in die ich gesetzt wurde, noch mehr oder weniger den »guten Ton« der Lüfte, den F-D-Zug der Himmel sozusagen. Aber schon wuchsen in den Werkstätten die gewaltigeren Schwestern. Und wenn ich heute der kleinen »F 13»begegne, die sich mit ihren hohen Flugeigenschaften noch lange nicht geschlagen gibt, so möchte ich immer zärtlich mit der Hand über sie streichen wie über die alten Postkutschen. Denn nun donnern um sie her die großen, modernen Schwestern, die Drei-, die Vier-, die Zwölfmotorigen, die Luftluxuszüge mit Speisewagen und Maschinenräumen wie Schiffe und Platz für zwanzig und dreißig und vierzig Passagiere.
Diese Passagiere – wie haben auch sie sich gewandelt! Vor gar nicht vielen Jahren noch galt Fliegen ohne zwingendes Muß bei dem Durchschnittsbürger mehr oder weniger als Tollkühnheit und frevelhaftes Gottversuchen. Verängstigte Verwandte umstanden die startbereite Maschine, in welcher der

211 **Fotokarte des Ganzmetall-Großverkehrsflugzeuges Junkers Ju 52/3 m der Deutschen Lufthansa. Die Ju 52 »Tante Ju« wurde zum beliebtesten Verkehrsflugzeug der Vorkriegszeit.**

212 **Fotokarte der Focke-Wulf FW 200 »Condor«, mit der der historische Non-Stop-Flug von Berlin nach New York und zurück vom 12.–14. August 1938 gelang.**

waghalsige und recht vereinzelte Fluggast um sich schaute wie der Held Achill. Wie anders heute! Welch ein sachliches, geschäftiges und vergnügtes Bild bietet solch ein Luftbahnhof mit seinem regen Treiben! Hier verabschiedet sich eine junge Frau lachend von ihrem Manne, froh, daß er das Flugzeug gewählt, um möglichst rasch wieder bei ihr zu sein. Dort setzt eine Mutter ihr vor Erwartung strahlendes kleines Mädchen in eine Maschine; bei der nächsten Landung wird der Onkel die selbständige kleine Fliegerin abholen. Da besteigt eine alte Dame, geschäftig von dem adretten Luftboy gestützt, die riesige Maschine nach London, und man sieht ihr an, wie froh sie ist, den Fortschritt der neuen Zeit noch erleben und genießen zu können. Und im Innern solch einer Maschine, welche Ruhe, welche Behaglichkeit! In den tiefen Ledersesseln versunken, genießen die Passagiere den Flug, jeder auf seine Weise. Da holt einer, lang ausgestreckt, den versäumten Schlaf von Wochen nach; sein Nachbar zückt ein Picknickkörbchen und findet, daß es nirgendwo auf der Erde so gut schmeckt wie hier oben, was ihn aber nicht hindert, bei der nächsten Zwischenlandung wie alle die andern in das Flughafenrestaurant zu laufen und mit wahrem Himmelsappetit nochmals zu essen. Aber unerschüttert von diesen Genießern bereiten sich zwei Geschäftsfreunde auf die Konferenz vor, zu der sie fliegen und unterbrechen ihre Notizen nur, indem sie sich Kurse und Zahlen in die Ohren schreien. Und unbekümmert um Himmel und Erde und Kurse und Zwischenlandung küßt sich ganz hinten auf den letzten Sesseln ein Hochzeitspärchen mit einem Dauerkuß von Berlin bis Köln und blickt auch nicht einmal auf zu den großen Fenstern, vor denen die Wolkengebirge strahlen, noch zu dem kleineren Fensterchen, hinter dem eine braune, zuverlässige Hand am Knüppel arbeitet und durch das der Funker ab und zu eine Wettermeldung reicht. Was ich so auf den vielen Flügen, die ich im Laufe der Jahre mit der Deutschen Luft Hansa und auch mit ausländischen Luftlinien gemacht habe, an Schönheit der Himmel sah, das ist und bleibt ein Märchen. Mag der Frachtenraum der Maschine mit prosaischen Kollis gefüllt sein, mag ein poesiefremder Flugplan Start und Landung des silbernen Zaubervogels bestimmen, mag das Ganze zehnmal klipp und klar Luftreisen sein und heißen: es bleibt doch blaues Wunder und goldener Traum!«[54]

Das Kapitel Verkehrsflug soll nicht abgeschlossen werden, ohne auf die heldenhaften Pionierflüge der Lufthansa auf der Atlantikroute oder nach Südostasien hinzuweisen. Hier stehen Namen wie Wolfgang v. Gronau, Freiherr v. Gablenz, Herrmann Köhl und Dr. Robert Knauß, um nur einige zu nennen.
Als dann 1938 der Lufthansa Crew unter Führung von Flugkapitän Henke ein Non-Stop-Flug von Berlin nach New York und zurück mit dem viermotorigen Landflugzeug Focke-Wulf 200 »Condor« gelang, war der Bann gebrochen. Die Entwicklung zum modernen Verkehrsflugzeug mit interkontinentaler Reichweite war vollzogen.

Die Sportfliegerei zwischen den Kriegen

Beginn des Sportflugzeugbaues

Erst sehr langsam erholte sich die Sportfliegerei in Deutschland. Die wenigen Militärmaschinen, die dafür in Frage kamen, hatten mit ihren großen Motoren einen Brennstoffverbrauch, der nicht bezahlt werden konnte. Neue, leistungsfähigere Flugzeuge und Motoren durften nicht gebaut werden, und so blieb keine andere Möglichkeit, als auf »Sparflamme« zu arbeiten, wenn man sich überhaupt an das Fliegen wagen wollte. Ein Konstrukteur, der aus dieser Not eine Tugend machte, war Hans Klemm, der Schöpfer des Leichtflugzeuges. Als Technischer Direktor des Konstruktionsbüros bei Daimler versuchte er, 1919 ein Flugzeug zu entwickeln, bei dem das Flügelprofil so gestaltet werden sollte, daß geringster Widerstand mit größter Steig- und Schwebefähigkeit verbunden war. Er schreibt darüber: »Dem kritisch Nachprüfenden, aber auch schon dem kritisch Miterlebenden ist und war es unverkennbar, daß die Entwicklung des Flugzeuges während des Krieges auf Seitenwege geraten war, die, für Kriegsbedürfnisse beschritten, vielleicht die richtigen waren, für die friedliche Verwendung des Flugzeugs aber Abwege bedeuteten. Der Zwang der Kriegserfordernisse, ein immer sich steigernder Wettkampf, buchstäblich auf Leben und Tod, haben die Entwicklung des Flugzeugs auf Bahnen getrieben, die immer weiter von dem Ziel abführten, das sonst über allem technischen Schaffen steht, dem Ziel möglichster Ökonomie.
Die Mißachtung aber der Kräfteökonomie ist der Hemmschuh jeder technischen und wirtschaftlichen Weiterentwicklung und damit auch der allgemeinen Verbreitung des Flugzeugs als Verkehrsmittel.«55
Das Ergebnis von Klemms Überlegungen war die L 15. Die Maschine war mit einem 12,5 PS Harley-Davidson-Motorradmotor ausgerüstet und unternahm 1922/23 vielversprechende Flüge. Auf Erfahrungen mit diesem Typ aufbauend, gestaltete Klemm dann 1924 die L 20, mit der sich Erfolg an Erfolg reihte. Sie wurde das meistgeflogene Flugzeug der 20er Jahre.

213 **Fotokarte des beliebtesten Sportflugzeuges der 20er Jahre, der Klemm L 25. Aufnahme in 3000 Meter Höhe.**

Erste Flugveranstaltungen

1921 wird zum erstenmal wieder eine größere Flugveranstaltung ausgeschrieben. Dazu heißt es im »Flugsport«: »Der Kyffhäuser-Flug, eine großzügige Flugveranstaltung zur Förderung der Deutschen Luftfahrt, wird am 18. und 19. Juni a.c. aus Anlaß der 25jährigen Kyffhäuser-Jubiläumsfeier auf dem nahe beim Kyffhäuser-Denkmal hergerichteten Flugplatz Rathsfeld-Frankenhausen eröffnet.
Die Veranstaltung, der am 17. Juni ein Flugspendentag im Solbad Frankenhausen a. Kyffh. vorausgeht, ist das Werk des in der Luftfahrt bekannten Ingenieurs Kromer, Frankenhausen, welcher einen Kreis namhafter Persönlichkeiten für die Durchführung seines Planes zu gewinnen wußte, der tatkräftigste Unterstützung bei den Orts- und Landesbehörden findet. Der ehemalige Fürst von Rudolstadt hat in hochherziger Weise das zum Jagdschloß Rathsfeld gehörige, inmitten des Kyffhäuser-Gebirges idyllisch gelegene Gelände als Flugplatz zur Verfügung gestellt. Die bekanntesten Deutschen Luftverkehrsgesellschaften stellen ihre modernen

214 **Abb. links außen: Kyffhäuser-Flug am 19. Juni 1921, Frankenhausen am Kyffhäuser. »Freundliche Grüße vom Kyffhäuser Flug. Zusatz: Gesamterlös für die Flugspende.« In der Luft ein Flugzeug ähnlich dem LFG-Roland ›Walfisch‹.**

215 **zweite Abb. von links: Werbekarte des Bayerischen Fliegerclubs München, Preysingpalais. Entwurf: F. Quidemus.**

219 **Mittlere Abb.: Flugpostkarte der ersten Flugpost Görlitz – Dresden am 10. August 1924. Herausgegeben von Luftfahrt Görlitz e. V. Entwurf: E. Krafft. In der Luft ein Doppeldecker.**

Verkehrsflugzeuge in den Dienst der Veranstaltung, so daß die Reise zur Kyffhäuser-Jubiläumsfeier aus allen Teilen Deutschlands zu angemessenem Preis in behaglich eingerichteten Verkehrsflugzeugen über die schönsten Teile unseres deutschen Vaterlandes hinweg ausgeführt werden kann. Hunderttausende haben sich zur Teilnahme an der deutsch-vaterländischen Kyffhäuserfeier gemeldet, und es wird deshalb auch am Flugplatz Rathsfeld-Frankenhausen jedem Gelegenheit geboten, zu billigem Preis einen Rundflug über dem prächtigen Kyffhäuser-Gebirge, Harz und Umgebung auszuführen.«[56]

Die Begeisterung war zwar groß, aber die Zeit, die seit dem Krieg vergangen war, wohl noch zu kurz. Nur wenigen Luftverkehrsgesellschaften war es gelungen, eine Anzahl Flugzeuge von der Entente freizubekommen und einen bescheidenen Luftverkehr durchzuführen.
Kleinere Flugtage werden in München, Braunschweig oder Bremen abgehalten, die Sport oder Zivilluftfahrt findet jedoch außerhalb von Deutschland statt, so z. B. in Zürich, wo ein großes internationales Flugmeeting veranstaltet wird. 1922 gelingt es Franz Hailer zum erstenmal, mit einem Flugzeug

auf der Zugspitze zu landen, eine bravouröse Einzelleistung. 1924 endlich, nach der Inflation, beginnt sich das fliegerische Leben in Deutschland wieder zu regen: Beim Samland-Küstenflug richtet sich der Wettbewerb nach der Stärke des Brennstoffverbrauches. Udet und Hailer tragen auf U 6, einer Maschine aus dem Udet-Flugzeugbau, den Sieg davon. Beim Geschicklichkeits-Wettbewerb des ADAC auf dem Rissersee begrüßt Udet die Automobilisten von oben, und in Görlitz finden Flugtage statt, bei denen die erste Flugpost nach Dresden befördert wird.

Deutscher Rundflug 1925

Die erste übergreifende Flugveranstaltung war jedoch der Deutsche Rundflug 1925 um den BZ-Preis der Lüfte. Dieser Rundflug wurde vom Aero-Club organisiert, um die allgemeine Betriebssicherheit von Flugzeugen zu erhöhen.
Start war am 31. Mai 1925 in Berlin-Tempelhof. Der Flug führte in fünf Tagesrundflügen durch ganz Deutschland, wobei die Flieger abends immer wieder in Berlin landen mußten. Die Flugzeuge wurden

216 **zweite Abb. von rechts: Werbekarte des Kölner Club für Luftfahrt e.V. Helft dem deutschen Sportflieger. Zusatz: »Was tust Du zur Förderung der deutschen Luftfahrt?« Entwurf: Rolf Lange, Köln.**

217 **Abb. rechts außen: Offizielle Postkarte vom Internationalen Flugmeeting in Zürich vom 3.–10. Oktober 1922. Zum Programm gehörte auch ein Alpenrundflug.**

entsprechend ihrer PS-Zahl in drei Kategorien eingeteilt. Eine Fülle von Neukonstruktionen war am Start, und über 90 Flieger trugen sich in die Meldeliste ein. Der Flug selber wurde zu einem großen Erfolg. Von 50 gestarteten Flugzeugen hatten 20 die 5260 km lange Strecke strafpunktefrei zurückgelegt. Ein Teilnehmer, Otto Fuchs, erzählt von diesem Flug: »Wie niedlich! – Gott, wie süß! – Nein, ist das mal ein nettes Spielzeug!« So und ähnlich lauteten die schmeichelhaften Ausrufe des weiblichen Publikums, als unser »Mohammed« in den letzten Maitagen 1925, lackglänzend und neubespannt, auf dem Tempelhofer Felde stand, dem Ausgang- und Sammelpunkt des großen Rundflugs.

▲ *218* **Fotokarte vom Geschicklichkeits-Wettbewerb des ADAC auf dem Rissersee am 2. Februar 1924. Udet begrüßt die Automobilisten von oben.**

▶ *220* **Flugtage in Görlitz, 9. und 10. August 1924. Offizielle Postkarte. Entwurf: E. Krafft. Abgebildet ist eine Junkers F 13.**

Pfingstsonntag um vier Uhr morgens, mit Karten, Benzin und dem zum Fliegen unentbehrlichen Auftrieb ausgerüstet, saß ich frierend im »Mohammed« und wartete auf das Zeichen zum Start. Der Motor sprang an, wider Erwarten gut, die Startflagge senkte sich, Vollgas und – plupp-plupp aus. Und nun sprang der gute Blackburne-Motor, der die Berliner Luft nicht vertragen konnte, nicht mehr an. Verspätet, mitten in der B-Klasse kam ich los. In großen Kreisen stieg ich auf 500 Meter, ehe ich über die westlichen Ausläufer des Häusermeeres weg Schwerin entgegenzog.

Als Erster der A-Klasse landete ich in Hamburg, als Erster auch in Bremen, obwohl ich, ganz meinem Kompaß vertrauend, der sich bisher als einwandfrei erwiesen hatte, angesichts Bremerhavens und der Wesermündung schnell wieder meine Karten hervorzog und wutgeschwollen 60 Kilometer Umweg feststellte. Aber schon fünf Minuten nach mir erschien der erste Daimlervogel. Und als unsere Propeller um die Wette angeworfen wurden, siegte er, da ein muskulöser Monteur aus dem meinen ein Stück herausbrach. Erst nachdem wir aus dem unbeschädigten Blatt ein gleichgroßes herausgeraspelt hatten, verließ ich diesen heimtückischen Ort. Wie sehr ich mich auch auf der Strecke nach Münster beeilte, drückte, Richtungspunkte anpeilte und Wege abschnitt, der Vorsprung der Konkurrenz war nicht mehr einzuholen. Kurz nach ihm glitt ich in den kleinen binsenbewachsenen Platz. Hier postierte Gruppenmitglieder nahmen mich in Empfang, hohe Tiere bewegten den Mund und drückten mir die Hand. Verstehen konnte ich kein Wort. Ich hatte neun Stunden hinter meinem braven Blackburne zugebracht und war vorderhand taub. So endete der erste Tag.

Dietrich Sportflugzeug D P VII a

Junkers-Ganzmetall-Sport- und Schulflugzeug T 26 E

221 **Deutscher Rundflug, 1925. Postkarte herausgegeben vom Deutschen Luftfahrt-Verband. Dietrich Sportflugzeug DP VIIa mit Siemens Sternmotor 55 PS.**

Der zweite Tag begann abermals um vier Uhr. Ich hatte ausgezeichnet geschlafen, während die zwei Grupperiche die Nacht durch an der Instandsetzung der Maschine gearbeitet hatten, eine Dienstleistung, die auch in Berlin bekannt war. Wieder spielte mir der Motor einen Streich. Der Daimler brauste ab, und ich hatte das Nachsehen. Erst gegen 11 verließ ich Münster. Die Orientierung bei dem strahlend blauen Himmel bereitete keine Schwierigkeiten. So hatte ich Zeit zu überlegen, wie ich es anfinge, doch noch als erster nach Berlin zu kommen. Der andere würde gewiß unterwegs landen. Wenigstens in Magdeburg, denn da war ein Preis zu holen. Wie wär's, wenn ich durchflöge? Da lag Kassel, ich äugte, während ich das Zielband überflog, nach der silbergrauen Konkurrenz. Sie war nicht da. Also weiter auf den Harz zu. Ich umflog das mächtige Massiv über Nordhausen, die stattlichen Aufwinde ausnützend und in Geschwindigkeit umsetzend. Karte um Karte faltete ich zusammen und schob sie unter den Sitz. Ein Silberband: die Elbe. Ein rötlich im Dunst verschwindender Fleck: Magdeburg. Ich kreiste über dem Flugplatz, suchte und suchte – umsonst. Auch hier entdeckte ich keinen Daimler. Kiefernwälder – Heide – Kiefernwälder – Heide, dazwischen mal ein kleiner grüner Teich, zerstreute Gutshöfe, ein Dorf. Das war die Mark. Bald blitzten wie unregelmäßig geschnittene Spiegelscheiben die Havelseen auf. Potsdam, das Schmuckkästchen von Sanssouci wie aus Elfenbein geschnitzt und dahinter im grauen Meer Berlins ein fahler Fleck: das Tempelholfer Feld. Um 2 Uhr 30 Minuten setzte ich den »Mohammed« wohlbehalten vor den beiden Funkmasten nieder. Ich hatte die 600 Kilometer lange Strecke von Münster nach Berlin in dreieinhalb Stunden zurückgelegt.
Mit frischen Kräften setzte ich zur dritten Schleife an. Dessau.
Notlandenderweise gelangte ich nach Erfurt – was war los? Ja, wer das wüßte! Ich nahm das Ding auseinander, bog es wieder zurecht, startete, fuhr einen großen Bogen und durfte von Glück sagen,

222 **Deutscher Rundflug, 1925. Postkarte herausgegeben vom Deutschen Luftfahrt-Verband. Junker-Ganzmetall-Sport- und Schulflugzeug T 26 E mit Junkersmotor, 80 PS.**

daß ich mich gerade noch in den Platz mogeln konnte. Am Abend kam Hilfe aus Berlin. Andern Tags nach mehreren mißglückten Versuchen kam ich am Abend endlich frei. Ich wollte nach Berlin zurück. Da, in der Höhe von Merseburg, tat nur noch der eine Zylinder mit. In ein Meter Höhe schwebte ich, die Ähren eines Kornfeldes streifend, in den Flughafen von Halle. Ein Zündkabel hatte sich selbständig gemacht. Ein Ventil hatte gefressen. Die Nacht ging es luftig durch. Im ersten Morgengrauen huschte ich nach Naumburg, nahm hier wieder die reguläre Strecke auf und überquerte das Vogtland, nicht ohne mich über dem bahn- und wegearmen Berggelände zu verfranzen. Erst nach einigem Kreisen und eifrigem Blättern in meinen Karten erkannte ich Bayreuth, erwischte auch die richtige Bahnstrecke nach Fürth und – saß zehn Minuten später bei Schnabelwaid in einer schönen grünen Wiese. Eine Zündkerze war völlig verschmort. Nach bedenklichem Start mit Rückenwind in meterhohem Gras, Hang ab auf einen Hohlweg zu, jenseits einen ansteigenden Kartoffelacker mit Querfurchen hinauf, oben erst unter einer Telephonleitung durch, dann über eine Hochspannung weg, näherte ich mich Fürth.
Eben wollte ich das Donauried überfliegen, da fiel das Singen des Propellers um eine volle Oktave, sprang noch einmal hoch und hörte plötzlich ganz auf. Noch einige matte Umdrehungen, dann stand das Scheusal still und rührte sich nicht mehr. Ich fand eine Bahnstation in erreichbarer Entfernung, dabei ein Wiesenfleckchen, klein, aber gegen den Wind gerichtet. Dicht über Baumwipfel weggleitend, berührte ich die Erde, rollte aus, und Krach, da lag ich auf dem Flügel: ein im Grase verborgener Pfahl hatte die eine Hose des Fahrgestells abgerissen, der einzige Pfahl in der ganzen Umgebung. Hätte ich freilich den bedeutungsvollen Namen des Dörfchens geahnt, wer weiß, ob ich es nicht vorgezogen hätte, auf den Vorteil der Bahnverbindung zu verzichten. Ist es überhaupt erlaubt, daß sich ein Nest Pechhofen nennt!?
Damit hatte der Deutsche Rundflug für uns seinen Abschluß gefunden, keinen sehr rühmlichen, aber doch auch keinen dessen wir uns zu schämen brauchten.«[57]
Sieger des BZ-Preises wurde in Gruppe A (bis 40 PS) Loerzer, in Gruppe B (bis 80 PS) Hochmut und in Gruppe C (bis 120 PS) Ritter. Als Flugzeuge bewähren sich die Klemm L 20 sowie die Udet U 10.

Deutscher Seeflug 1926

Ein Jahr später fand als großes Ereignis, diesmal für Wasserflugzeuge, der Deutsche Seeflug-Wettbewerb vom 24.–27. Juli in Warnemünde statt. Es ging darum den Anforderungen des Seeflugverkehrs Rechnung zu tragen und ein seetüchtiges und leistungsfähiges Flugzeug zu konstruieren. 14 Maschinen waren angemeldet worden, so die neue Maschine von Ernst Heinkel und Flugboote von Adolf Rohrbach. Als Aufgabe wurden den Piloten vier Etappen auferlegt, wobei Norderney, Sylt und Pillau anzufliegen waren. Überragender Sieger im Hauptwettbewerb, im Zuverlässigkeitspreis und in der Zusatzausschreibung wurde Wolfgang von Gronau auf einer Heinkel He-V. Er konnte 250000 Mark an Preisgeldern gewinnen. Er berichtet über diesen Wettbewerb: »Es war im Sommer 1926. Ein Tag mit nordwestlichen Winden. Der erste deutsche Seeflugwettbewerb nach dem großen Krieg und nach Aufhebung der Flugzeugbaubeschränkungen durch die Alliierten hatte begonnen.
Das Napier-Lion-Triebwerk von mir in dem Heinkel-Seeflugzeug He-V dröhnte wunderbar. Ich gab ihm noch einen Zahn Gas mehr, drückte den Vogel etwas an und überflog auf die Sekunde genau die Startlinie.
Mit dem linken Arm wischte ich den Schweiß vom Gesicht. Unter mir lag die Ostsee. Hinter mir versank Warnemünde, versanken unzählige Menschen, die herbeigeeilt waren, um den Start der Maschinen zu sehen.
Die He-V flog, sie flog so schnell sie konnte, zweihundert Kilometer in der Stunde.
Der Motor vor mir lief mit fast voller Leistung. Ich hatte nur Spitzengas weggenommen. Ich mußte nach Hamburg. Ich hatte nichts zu verlieren.

225 **Gruß vom Deutschen Seeflug, 1926. Abgebildet ist das Rohrbach-Ganzmetall-Flugboot »Robbe« (Ro VII).**

226 **Werbekarte zum Wohl des Deutschen Luftfahrt-Verbandes – Fliegen tut not! Abgebildet ist die Dornier R4 »Superwal 2« über dem Wasser.**

Weit voraus lag die Dunstglocke der Großstadt. Dann schoben sich die ersten Hamburger Vorstadtsiedlungen unter die Flächen. Von links wuchs die Elbe ins Bild. Ich brauchte keine Karte. Jede Straße, jede Bahn, jedes Dorf waren mir vertraut.
Für die erste Landung auf der Alster hatte das »Hamburger Fremdenblatt« einen Goldpokal gestiftet. Ich dachte daran.
Überholt haben konnte mich niemand. Immer wieder sah ich nach oben zu den Wolken und zurück. Die andere Maschine war verschwunden.
Meine He-V setzt sich weich auf das Wasser. Die erste Landung eines Seeflugzeuges auf der Alster! Der goldene Pokal war gewonnen!
Weiter ging der Wettbewerb. Über die Wendemarken Harburg-Bremerhaven-Wilhelmshaven und Borkum sollte am Abend des ersten Tages Norderney erreicht werden. Aber als wir in Hamburg nach der vorgeschriebenen Viertelstundenpause den Motor wieder anlassen wollten, tat er es um keinen Preis der Welt. Zu dritt arbeiteten wir bis zur völligen Erschöpfung. Über eine Stunde ging verloren. Einsam und verlassen schwabberte die He-V auf der Alster. Schließlich, als die Temperatur genügend herunter war, sprang der Motor plötzlich an.
Die Landung am Abend in Norderney löste die größte Spannung. Dort war ich daheim, dort hatte ich vor elf Jahren das Fliegen erlernt. Die Flugstation, der Hafen, die Häuser, die Dünen, der Leuchtturm, alles war mir ans Herz gewachsen, durch Erinnerungen vergoldet. Der zweite Tag des Streckenfluges führte über Helgoland nach List. Starke Regenböen mußten durchflogen werden. Zwei Flugzeuge wurden bei Notlandungen zerstört – zwei Konkurrenten weniger.
Die Strecke von Warnemünde über Stralsund-Adlergrund, – ein in der Ostsee liegendes Torpedoboot-Danzig-Rossitten nach Pillau war sehr schwierig. Der Werkpilot Zimmermann von Junkers mußte bei schwerer See in der Nähe des Torpedobootes notlanden. Zwei weitere Besatzungen machten Bruch und waren tot. Die Schatten der Trauer legten sich über den so froh begonnenen Wettbewerb.
Am nächsten Tag war Startverbot – des Sturmes wegen. Und als wir am fünften Tag mit etwas flatterndem Hosenboden nach Warnemünde zurückkehrten, registrierte ich ohne besondere Freude die Mitteilung, daß ich mich in der Zwischenwertung auf den dritten Platz vorgearbeitet hatte.
Nach dem Los hatte ich am kommenden Morgen auch noch als erster anzufangen. Ich konnte also nicht bei anderen sehen, wie die Sache klappte.
Meine erste Landung verlief glatt. Wettbewerbsnummer zwei, v. Dewitz war noch nicht zur Stelle. Also machte ich gleich weiter. Die zweite Landung... auch in Ordnung. Voll Vertrauen brachte ich auch noch die dritte hinter mich und kehrte dann hocherfreut zum ruhigen Wasser zurück.
Das war geschafft.
Die spätere Wendigkeitsübung im Seegang konnte kein Problem mehr sein. Jetzt war ich Zuschauer. Ich lief zu Heinkel, der am Ufer stand, und rief: »Ihre Flugzeuge sind großartig. Sie benehmen sich hervorragend bei Seegang! Meinen Glückwunsch!«
Hätte ich nur geschwiegen. Heinkel starrte durch das Fernglas und sagte: »Sehen Sie sich das an.«
Da stand das Flugzeug v. Dewitz auf dem Kopf! Bei der Landung hatte er offensichtlich durch den Versuch, sich nach seiner Theorie den Wellenbergen anzupassen, zuviel Fahrt gehabt und beide Schwimmerspitzen abgebrochen.
Nummer drei knickte Streben ein und trieb ans Ufer. Nummer vier brach die Schwimmer und mußte aufgeben. Damit war meine He-V das einzige Flugzeug, das unbeschädigt durchkam, und ich gewann zu meiner eigenen Überraschung den ersten Preis.
Die Presse hatte damals kaum etwas über fliegerische Ereignisse in Deutschland zu berichten. So wurde sehr eingehend über den Verlauf des Wettbewerbs geschrieben, und es war ein neues und unbekanntes Gefühl, den eigenen Namen in der Zeitung zu lesen. Ich fühlte mich schon glücklich, als die Überschrift lautete: Von Gronau landet als erster nach Beendigung des Streckenfluges.
Nun stand aber in dicken Lettern auf der ersten Seite der Nachtausgabe mit dem roten Strich darunter: Von Gronau Sieger im Seeflugwettbewerb«.[58]

Fliegerische Persönlichkeiten und Höchstleistungen

Die Lockerung der Luftfahrtbestimmungen brachte auch für die Sportflieger Erleichterungen. Doch bis es 1926 soweit war, versuchten viele deutsche Flieger und Fliegerinnen ihr Glück im Ausland. Der Pilot, der dieser Zeit seinen Stempel aufgedrückt hat, war Ernst Udet. Wohl selten hat es einen begnadeteren Flieger gegeben als ihn. Wenn er an einem Flugtag teilnahm, strömten die Menschen zu Tausenden auf den Flugplatz. »Udet« wurde zu einer Zauberformel für perfektes, nicht zu überbietendes fliegerisches Können. Mit seinen akrobatischen Kunststücken, seinen Sturzflügen und seiner Präzision, mit der er z.B. ein Taschentuch mit der Flügelspitze vom Boden aufheben konnte, begeisterte er das Publikum in aller Welt. So schreibt er über einen Flugtag in Cleveland: »Ich bleibe noch eine Weile auf dem Flugplatz, sehe dem Training der andern zu. Schneidige Burschen! Mit ihren schweren, starkpferdigen Maschinen sausen sie wie Granaten in der Luft herum. Wird schwer sein, sich gegen die Konkurrenz zu behaupten, denke ich. Mein Spatz mit seinen hundert PS muß gegen Falken fliegen... Im Hotel sehe ich die Meldeliste ein. Der Engländer Atcherley ist da, der Pole Orlinsky, der Italiener de Bernhardi. Die besten Männer, die besten Maschinen. Und ich soll Deutschland vertreten mit einem Hundert-PS-Flamingo? Mehr Pferdekräfte erlaubt der Friedensvertrag unseren Motoren nicht. Ich schlafe schlecht die nächsten Nächte. Als Einzelner zu verlieren, ist leicht. Man kämpft, gibt sein Bestes. Sieg oder Niederlage stehen nicht in der eigenen Hand. Aber für das Vaterland zu verlieren, ist bitter. Und dann sind die National Air Races da... »Major Udet, Germany!« dröhnt der Lautsprecher übers Feld, während ich in die Kiste klettere. Dann beginne ich zu arbeiten. Mein Programm habe ich mir vorher genau zurechtgelegt. Es ist mir klar, ich kann mit den starken Maschinen der andern nicht konkurrieren. Sie steigen schneller, rollen wendiger, drehen ihre Loopings und Turns in einem Tempo, bei dem der Flamingo den Atem verlieren würde. So habe ich mich auf langsames Fliegen eingestellt, dicht am Boden des Rollfelds – Parterreakrobatik des Flugsports. Ich fliege auf dem Rücken, dicht an der Erde. Ich schleife mit der linken Fläche über die Startbahn, daß der Staub aufwirbelt. Ich drehe Loopings mit stehendem Propeller, reiße wenige Meter vor den Tribünen die Maschine wieder hoch. Schließlich lande ich mit einer Tellerlandung genau an dem Platz, von dem ich gestartet bin. Vielleicht hätten die andern es ebenso gut gemacht, wenn sie in meinem leichten »Flamingo« gesessen hätten. So aber hatten sie ihre schweren Maschinen und ich den Erfolg. Als ich lande, springen die Leute von ihren Sitzen auf, schreien, schwenken Hüte, Arme, Tücher.«[59]

Aber Deutschland hatte noch weit mehr Flieger von Format. Nachdem Lindbergh, Lewin und Chamberlin 1927 den Atlantik in West-Ost-Richtung überquert hatten, erwartete die Welt mit Spannung, welchem Flieger nun der erste Ost-West-Flug glükken würde. Viele Versuche waren schon fehlgeschlagen, und viele sollten noch fehlschlagen, wie z.B. der von Costes und Bellonte 1929. Aber am 12./13. April 1928 sollte es zum erstenmal klappen. Hermann Köhl, Freiherr v. Hünefeld und Major Fitzmaurice starteten von Irland aus in ihrem Junkers Flugzeug »Bremen«. Der Flug gestaltete sich sehr schwierig, da sie in Nebel und schwere Stürme gerieten, aber nach 36½ Stunden hatten sie es geschafft. Hermann Köhl erzählt darüber: »Nach einer halben Stunde Fliegens, als wir uns zwischen den Wolkenbergen durchschlängelten, traten plötzlich Wolkenlöcher auf, die uns einen Durchblick auf die Wassermassen unter den Wolken gaben. Wie verändert waren jetzt die tänzelnden Wogen des Weltmeers. Weiße Striche von Gischt auf hohen Wellenkämmen rollten vom Winde getrieben dahin, in unaufhörlicher Folge, als wollte das Meer ein Meer gebären. Da drunten schien die Hölle los zu sein. Wir flogen schon in 2000 m Höhe, und immer noch war es nicht möglich, über die aufsteigenden Wolkentürme wegzukommen. So schlängelten wir uns westlich hindurch...

Es war nun der Moment gekommen, wo wir in all dieses Unsichere und Ungewisse hineintauchen mußten, hinein in die Nebelwolken unter uns. Wir waren in 2000 Meter Höhe in die Wolken hineingeflogen. Allmählich sank der Höhenmesser, und er

227 **Erste Ost-West Atlantiküberquerung (1928) durch Köhl, von Hünefeld und Fitzmaurice auf Junkers-Flugzeug »Bremen«.**

228 **Erste Ost-West Atlantiküberquerung, 1928. Werbekarte der Gemeinschaft Deutscher Automobil-Fabriken. Einzug der Ozean-Flieger in Berlin am 20. Juni 1928.**

war schon auf Null angekommen, als plötzlich aus dem dunklen Nebel graue und schwarze Zacken und weiße Striche auftauchten. Wir waren 70 Meter über dem wogenden Meer. Das Meer war so vom Sturm zerwühlt, wie ich es mir in meinen wildesten Phantasien nicht hätte vorstellen können.

Unser Flugzeug zitterte buchstäblich in allen Fugen, die Flügel schwangen und bogen sich, und das Steuer erhielt Stöße von ungeahnter Heftigkeit. Stundenlang tobte so der Sturm um uns, und wie man sich an alles gewöhnt, so gewöhnte ich mich auch an diese Art des Fluges...

Da trat etwas Unerwartetes ein, das geeignet schien, uns die letzte Hoffnung zu nehmen. Mit Rotstift schrieb mir Fitz die folgenden Worte auf einen Zettel: »Wir scheinen Öl zu verlieren!«

Fitzmaurice stieg im schüttelnden Sturm in die Kabine, legte sich auf den Boden und suchte mit der elektrischen Taschenlampe unter dem Führersitz herum. Als er wieder mit ziemlich hoffnungslosem Gesichtsausdruck auf seinem Sitz war, schrieb er mir unter die Bemerkung von vorher: »Versuche so schnell wie möglich zu landen, wir verlieren schrecklich viel Öl!« Das einzige Mittel war also, einen Kurs zu fliegen, der uns auf alle Fälle sobald wie möglich an Land brachte. Aber noch etwas Unangenehmes trat hier ein: Die elektrische Beleuchtung vom Kompaß fing an, so schwach zu werden, daß der Kompaß nicht mehr genügend beleuchtet war, und deshalb wurde das Kompaßfliegen unendlich schwierig.

Fünf Stunden nichts als Nacht – noch nicht einmal den Nebel sah ich. Meine Taschenlampe blitzte immer wieder auf und beleuchtete den Kompaß. Die Augen waren müde und schmerzten. Endlos lang schlichen die Minuten vorüber in der dunklen, stürmischen Nacht. Es war jetzt gleich wieder so weit, daß der Kabinenbenzintank leer sein konnte.

Plötzlich wurde es etwas lichter im Wolkennebel, ich sah Lichter – Sterne waren es. Wir suchten uns Sterne aus für unsere Richtung. Es wurde jetzt klar, und die Wolken unter uns verschwanden plötzlich. Eigenartige Gebilde tauchten da unten auf. Weiß, viel Weiß und dazwischen langgestreckte schwarze Stellen. Eisberge glaubte ich zu sehen. Es war aber Land. Fitz sagte mir »Labrador«, und ich glaubte es auch, war aber erst sicher, als Fitz einige Leuchtkugeln abgeschossen hatte, in deren Lichtschimmer er Wald und Schnee erkannte.«[60]

Durch diese Großtat fliegerischen Könnens erlebte Deutschland eine Zeit wie nie zuvor, in der jeder junge Flieger hinaus in die Welt drängte, um die letzten, noch unbekannten Gebiete zu erobern. Flüge zu anderen Kontinenten und, als dies nicht mehr ausreichte, Flüge um die Welt standen von nun an auf dem Programm. Freiherr v. König-Warthausen, Thea Rasche, Marga v. Etzdorf, Günther Plüschow, Hans Bertram, Lisel Bach, Gerhard Fieseler, Wolf Hirth, Elly Beinhorn und viele, viele andere mehr erbrachten fliegerische Leistungen, von denen man bisher nur geträumt oder die man für unmöglich gehalten hatte. Stellvertretend für alle soll hier eine Begebenheit von Freiherr v. König-Warthausen wiedergegeben werden, die er auf seinem Weltflug mit seiner nur 20 PS starken Klemm L 20 erlebte.

»Auf meinem Indienflug 1928 flog ich ein altes, verwittertes Felsendorf an, das auf der Höhe eines zerklüfteten Bergrückens lag. Es hieß Jasd-i-Khast. Hier begann die gefahrvolle Strecke, vor der die Junkerspiloten mich besonders gewarnt hatten: »Wenn Sie nach Jasd-i-Khast kommen, so sehen Sie sich das nur genau an«, rief ich mir ins Gedächtnis, »es ist der letzte Platz, wo Sie eine Notlandung machen können.« – Hatte ich das schon nötig? – Ich mußte lächeln, als ich vorüberflog und an den guten Ratgeber dachte. Er hatte mir empfohlen, auf alle Fälle jetzt immer der Karawanenstraße zu folgen, die in weitem östlichen Bogen nach Schiras führt. Ich sah auf die Karte und fand, es waren nur einige hohe Berge zu überfliegen, dann schnitt ich den Umweg ab und konnte gute 100 Flugkilometer sparen. Jasd-i-Khast heißt auf deutsch etwa: »Wie Gott will.« Mir schien das der rechte Orakelspruch für meine Entscheidung zu sein. So steuerte ich in südliche Richtung. Sonderbarerweise konnte ich nirgendwo im Gemäuer einen einzigen Menschen entdecken. Nur ein einsamer Geier kreiste über mir, ohne sich im geringsten stören zu lassen. Sonst kam mir alles wie ausgestorben vor. Ich flog in ein

▲ *231* Elly Beinhorn, eine der bekanntesten Sportfliegerin zwischen den Kriegen. Fotokarte mit Originalunterschrift.

229 Links oben: Berlin-Staaken. Clubheim und Clubhalle des Aero Club von Deutschland. In der Luft eine Klemm L 27 (1930).

◀ *230* Fotokarte von Friedrich Karl v. König-Warthausen geschrieben an Freiherr Egloff von Freyberg-Allmendingen, vor seinem Weltflug aus Siam, Februar 1929. »Ich wurde fabelhaft von der Siamesischen Welt empfangen und der KAMERAD (Klemm L 20) erregte großes Aufsehen.«

232 **Kunstfliegerin Thea Rasche auf einer Udet U 12a der Firma Bäumer Aero auf dem Flughafen Hamburg-Fuhlsbüttel.**

weites, offenes Tal, das nach Osten und Westen zwei hohe Felsrücken umgaben. Diese aber mußten sich vor mir im Süden, wo das Tal immer enger zu werden schien, treffen. Wenn ich mittlerweile so hoch gestiegen war, daß ich die 3–4000 Meter Gipfel unter mir lassen konnte, gelangte ich in einen Teil des Hochgebirges, über den selbst die besten Landkarten noch keine Auskunft gaben und den bisher kein menschliches Auge gesehen hatte. Auch die Junkerspiloten hatten dieses unerforschte Gebiet niemals berührt. Aber ich war überzeugt, daß das Unbekannte nur halb so gefährlich wäre.
Leider wurden die Windverhältnisse bald etwas schwierig. Je mehr die Bergzüge rechts und links naherückten, um so stärker hatte ich das Gefühl, keine Höhe mehr zu gewinnen. Wenn ein Luftstrom mich bisher emporgetragen hatte, so wurden jetzt durch langsam zunehmende Erwärmung die kalten Luftmassen wieder zu Tal gedrückt. Hinzu kam, daß jetzt ein hoher Bergrücken vor mir auftauchte, der meine Flugrichtung unerwartet durchquerte. Der war auf meiner Karte im Maßstab 1:1000000 überhaupt nicht verzeichnet, nur ein Flußlauf war da durch blaue Punkte angegeben. Ich sah keinen Paß, nur eine gewaltige Mauer, die mir den Weg versperrte. Knapp kam ich darüber hinweg. Wieder erhalte ich Aufwind. Eine weitere halbe Stunde vergeht. Langsam kommen die Berge immer näher zu mir herauf, als wollten sie uns mit ihren Klauen packen. Der Höhenmesser zeigt regungslos 3100 Meter. Ein starker Regenwind hat eingesetzt. Fallböen, die mich im Nu auf kaum 50 Meter ins Felsgeröll drücken. Jetzt bleibt mir nur übrig, die Maschine herumzureißen. Ich drücke sie fest zu Boden, um durch ausreichende Geschwindigkeit ein Abrutschen über den Flügel zu verhindern. Da ist die Wendung gelungen, 10 Meter Abstand vom Boden. Der Wind ist hinter mir her und fegt mich zurück nach Norden ins Tal hinab. Vollgas, Luftzusatz. Ich gebe, was nur der Motor verträgt. Bloß fort aus diesem verteufelten Hexenkessel. Ich erreiche, daß das Flugzeug ein wenig ins Steigen kommt und nicht auf der tollen Flucht am nächsten aufragenden Felsen zerschellt. Aber dieser kleine Erfolg währt nicht lange. In wenigen Augenblicken läuft sich der Motor heiß und verliert jetzt an Tourenzahl. Wenige Meter vom Boden. Ich reduziere das Gas. Bums! stoßen die Räder auf einen Buckel. Ein furchtbarer Ruck. Ich glaube schon, daß alles in Trümmer geht. Da reißt mich der brausende Wind wieder fort. Es steht auf Biegen und Brechen. In Sekundenschnelle kann alles vorüber sein. »Wie Gott will« denke ich. Wir stolpern wenige Meter über dem Felsenhang mit rasender Eile, daß mir Hören und Sehen vergeht. Ich kann nichts tun, als die Maschine glücklich durch die Schluchten und Felsblöcke lenken. Sowie sich das erste ebene Fleckchen findet: Gas weg und Zündung heraus! damit kein Brand entsteht, wenn das Flugzeug zersplittert. Da klatscht die Maschine hin. Sie haut mit Krachen zu Boden, holpert über einen winzigen schrägen Hang von vielleicht 20 Meter bergab. Dann geht es jäh vor mir in die Tiefe. – Halt! – Ich reiße den »Kameraden« herum in die Kurve, gottlob, der Flügel streift schon den Boden. Wir stehen still. – Schweiß bricht mir aus den Poren. Ich springe heraus. Was mag dem Vogel geschehen sein? Ist der Propeller zerschlagen? Hielt sich das Fahrgestell? Diese Fragen schwirren mir durch den Kopf. Aber nichts von alledem. Die Pneumatiks waren geplatzt. Der Schwanzsporn war weggebrochen. Schäden, die sich leicht reparieren ließen. Ich ging einige Schritte zum Felsenrand hin, sah den gähnenden Abgrund. Mich packte ein Schwindelgefühl wie den Reiter über dem Bodensee. Da also wären mein »Kamerad« und ich um ein Haar hinuntergepurzelt. Das erste, was ein richtiger Flieger gleich nach der Landung tut: – er sieht auf die Uhr. Es war 9 Uhr 40. Der Höhenmesser gab 2850 Meter an. Das kleine Thermometer im schattigen Führersitz zeigte 43 Grad Celsius. Da saß ich also fast so hoch wie auf unserer Zugspitze, ohne Hilfe, sicher zwei Tagemärsche von der nächsten Ansiedelung Jasd-i-Khast entfernt. Kein Wasser, von Nahrung nicht zu reden. Zwei Granatäpfel waren mir als einziger Trost geblieben. Erschöpft legte ich mich auf den Boden nieder, im Schatten der Flugzeugflügel, um alles Weitere zu bedenken. Zwei Startversuche waren erfolglos. So bleib mir nichts übrig, als in die Nacht hineinzustapfen. Wie Gott will!«[61]
Die Jahre 1928–1933 waren von Zuversicht und Lebensfreude geprägt. Den Krieg, den Versailler-Vertrag und die Inflation hatte man überwunden und trotz Weltwirtschaftskrise und hoher Arbeitslosigkeit wird soviel geflogen wie nie zuvor. 1928 stiftet Präsident Hindenburg einen Pokal, um das Interesse am Flugsport zu steigern und die jungen

233 **Fotokarte des berühmten Dornier-Flugschiffes Do X, das größte Flugschiff der Welt. Mit der Do X wurde 1932 der Amerikarundflug unternommen.**

Flieger zu Höchstleistungen zu ermutigen. Erste Preisträger sind Freiherr von Warthausen und im nächsten Jahr Wolf Hirth.
Wolf, der junge Bruder von Hellmuth Hirth, macht in diesen Jahren viel von sich reden. Beim DLV-Zuverlässigkeitsflug, bei dem die Vereine untereinander ihre fliegerischen Fähigkeiten messen, siegt er souverän. 1930 unternimmt er mit seiner kleinen Klemm einen Ozeanflug nach Island – u.a. fast 1000 km über das offene Meer – und wird nur durch widrige Umstände am Weiterflug nach Amerika gehindert.
Von der Bezwingung des Atlantiks bis zur Einrichtung einer regulär beflogenen Route war ein längerer Weg, und viele tüchtige Techniker und Flieger haben daran mitgearbeitet. Ein Meilenstein im Transozeanverkehr darf jedoch nicht vergessen werden – die Bezwingung des Süd- und Nordatlantiks durch die Dornier Flugschiffe, allen voran durch das größte Flugschiff der Welt, die Do X. Am 31. Januar 1931 startet dieser Koloß mit einer Spannweite von fast 48 Metern unter Führung von Flugkapitän Friedrich Christiansen zu einem Rundflug nach Südamerika, dann nach New York und zurück nach Berlin. Um die 30 Tonnen Leergewicht in die Luft zu bekommen, ist das Flugschiff mit 12 Motoren à 640 PS ausgerüstet. Der Fernflug wird zu einem wahren Triumph. Jubelnd wird die Do X in New York begrüßt und die Mannschaft von Präsident Hoover im Weißen Haus empfangen. Von dem Rückflug nach. Berlin erzählt uns die Sportfliegerin Antonie Straßmann, die als Passagierin mitgeflogen war: »Sonnabend, 21. Mai 1932. »Rrrrrreise Rrrrrreise Rrrrrreise« das ist »Krischans« – des Kommandanten Christiansens – »Wecken« an Bord. 3.30 Uhr. Im Schiff halbe Dunkelheit. Ich steige vorsichtig über noch schlafende Kameraden. Mein Ehrgeiz ist, Kaffee und Brote zu servieren, wenn sie aufstehen. Es gibt außerdem kondensierte Milch, Zucker, Butterbrot, Speck und zur Feier des bevorstehenden Fluges pro Mann ein hart gekochtes Ei. Das Frühstück wird in kameradschaftlicher Gemeinsamkeit eingenommen. Der erste Motor läuft. Es ist 5 Uhr, der Himmel bedeckt, das Schiff schwer wie noch nie, annähernd 56 Tonnen. Es wird heller, Morgenröte steigt über eine graue Wolkenwand. Es herrscht keinerlei Aufregung oder Nervosität. Wir sind alle ruhig, jeder geht seinem Dienst nach wie bei jedem bisherigen Start. 5.30 Uhr. Wir rollen aus der Bucht. Der Kapitän geht noch einmal mit wachsamem Auge durch das Schiff. Wir sind aus der Conception Bay herausgerollt. Vollgas. Jeder sieht gespannt auf die Stoppuhr. Das Boot kommt auf Stufe, jagt über das Wasser, springt von Wellenkamm zu Wellenkamm. Letzte Gischt, wir schweben ruhig in der Luft. 1 Min. 50 Sek. Startzeit. Es ist kaum vorstellbar. 6.20 Uhr Neufundlandzeit. Wir gehen sofort auf Kurs, Richtung Südost, Wind Südwest, als leichter Gegenwind.
Der Bordbetrieb nimmt seinen regelmäßigen Fortgang. Die gefürchteten Bänke von Neufundland haben wir hinter uns. 5½ Stunden herrliches Wetter. Unsere Flughöhe 5 m. Das Meer ist von einer unwirklichen Bläue. Unser Umschauhalten nach Eisbergen ist erfolglos. Dafür steigen jeweils neben uns Fontänen aus dem Wasser auf, Walfische.
Wir nähern uns den Azoren. Nach 12 Stunden fliegen wir zwischen den zwei westlichen Azoreninseln, Corvo und Flores, hindurch. Die Navigation war schnurgerade. Es wird dunkel. Wir steigen. Nach 1½ Stunden vor uns die Felsen der Hauptazoren. Dichte Nebelschwaden. Ab und zu ein schwaches Leuchtfeuer. Es beginnt ein Meisterwerk von Navigation und Vorsicht des Kapitäns. Er tastet sich von Leuchtfeuer zu Leuchtfeuer. Eine undurchdringliche Nebelwand verbaut den Fayal-Kanal. Wir landen bei vollkommener Dunkelheit nach einem Fluge von 14½ Stunden, auf offenem Atlantik. Die Landung ist wunderbar glatt. Mit zwei Motoren rollen wir in den Fayal-Kanal und machen im Hafen von Horta an der Boje fest. Die schwere Etappe des Ozeanfluges wurde mühelos und ohne jegliche Störung zurückgelegt und bereits 5 Minuten später wird mit Bunkern angefangen. Die Thermosflaschen werden mit heißem Kaffee gefüllt. Das Schiff sofort wieder klargemacht.«[62]

Neue Entwicklungen im Flugzeug- und Motorenbau

Die Luftfahrtindustrie hatte Anfang der 30er Jahre ebenfalls gewaltige Fortschritte gemacht. Besonders auf dem Gebiet des Sportflugzeugbaues kamen eine

234 **Fotokarte einer Schweizer Bücker-Jungmann, der Sektion Säntis des Aeroclubs der Schweiz, 1938 als Flugpost nach München gesandt. »Werde Dienstag früh 10 Uhr 20 Minuten in München am Flugplatz eintreffen.«**

Fülle von neuen Flugzeugmustern auf den Markt. Die Firma Klemm brachte ihre L 25 (freitragender Tiefdecker) und die KL 35 (freitragender Tiefdekker) heraus. Junkers seine »Junior« (Ganzmetalltiefdecker), Heinkel die He 52 »Kadett« (zweisitziger Doppeldecker), welche vor allem zur Schulung eingesetzt wurde, Focke-Wulf den »Stieglitz« (zweisitziger Doppeldecker), Messerschmitt die M 35 (freitragender Tiefdecker) und Fieseler die F 5 (freitragender Tiefdecker). Wie sie auch alle hießen, ein Stern ging am deutschen Flugzeughimmel auf, der bis heute noch die Herzen der Sportflieger höherschlagen läßt: Bücker. Carl Clemens Bücker gelang es auf Anhieb mit dem »Jungmann« und später mit dem »Jungmeister« ein formvollendetes Flugzeug zu schaffen, mit exzellenten Flugeigenschaften. Die Bü 131 »Jungmann« war ein verspannter und verstrebter Doppeldecker für 2 Personen, der in kurzer Zeit das Ausbildungsflugzeug per se wurde. Die Maschine hatte einen Hirth-Motor 504 mit 105 PS sowie einen Rückenflug-Schwimmervergaser. Dieses Aggregat verlieh dem Flugzeug eine Geschwindigkeit von über 180 km/h. In ihren Flugeigenschaften war die Maschine außerordentlich stabil und unempfindlich gegen Böen. Wolf Hirth unternahm mit dieser Maschine 1938 einen »gemütlichen Afrikaflug« nach Johannisburg.

Die Bü 133 »Jungmeister« war eine Weiterentwicklung der Bü 131. Dieses Flugzeug wurde als Einsitzer das Standardflugzeug für den Kunstflug. Ausgerüstet mit einem Bramo SH 14 A-Motor besaß das Flugzeug glänzende Steigzeiten. Bereits nach 2,5 Minuten hatte man damit 1000 m Höhe gewonnen. Mit diesem Flugzeug wurden ab 1937 alle bedeutenden nationalen und internationalen Kunstflugwettbewerbe gewonnen. Als besondere Flugeigenschaften wurde die Schnelligkeit (220 km/h) und Wendigkeit durch das doppelte Querruder sowie die geringe Spannweite von 6,60 m angesehen.

Wie begabt der Konstrukteur Clemens Bücker war,

235 **Fotokarte Übungseinsitzer Bücker-Jungmeister mit Bramo Sh 14 A-Motor. Das beliebteste Flugzeug für den Kunstflug der 30er Jahre.**

236 Werbekarte der Firma Hirth-Motoren GmbH, Stuttgart-Zuffenhausen. »Sicher wie im Verkehrsflugzeug (Ju 52) reist man im Sportflugzeug (Fieseler F 5) mit Hirth-Motor.«

zeigte er auch mit seinem dritten Flugzeugtyp dem Sportflugzeug »Student«.
Die Erfolge dieser Flugzeuge hingen nicht zuletzt von den eingebauten Motoren ab. Die Reihe der Innovationen war sehr groß. Argus, BMW, Junkers, Siemens und Daimler Benz brachten Motoren heraus, die in Zuverlässigkeit und Leistung hoch entwickelt waren.
Argus setzte mit seinem 1930 herausgebrachten As 10 neue Maßstäbe. Dieser 8 Zylinder 12,7 ltr.-Motor hatte eine Leistung von 220–240 PS, hängende 90°-V-Zylinder und eine Verdichtung von 5,9. International war dieser Motor so erfolgreich, daß über 15000 Stück davon gebaut wurden.
Bereits in den 20er Jahren hatte sich BMW durch eine Reihe von 6 Zylinder und 12 Zylinder-Motoren (z.B. BMW IVa oder BMW VI) hervorgetan. Dann, 1933 trat die Firma mit dem BMW 132 an die Öffentlichkeit. Es handelte sich dabei um einen luftgefüllten 9 Zylinder Sternmotor. Bei einer Leistung von 660 PS hatte dieser Motor 27,7 ltr. Hubraum und einen Durchmesser von 1,40 m. Viele Firmen wählten diesen Motor für ihre Flugzeuge aus. So Focke-Wulf für ihre FW 200 Condor, aber auch die Ju 52 flog mit diesem Motor.
Die Firma Junkers brachte eine Vielzahl von Motoren auf den Markt, den L 5 (ein 6-Zylinder-Reihenmotor) und den Jumo 210 (12-Zylinder-Motor). Junkers hat jedoch besonders im Bau von Zweitakt-Dieselflugmotoren Ansehen erworben. Beim Jumo 205 wurden 6 obere Kolben gegen 6 untere Gegenkolben angetrieben, um so eine hohe Kompression zu erreichen. Dieser Effekt hatte zur Folge, daß billiges Schweröl (Diesel) anstelle von hochwertigem Flugbenzin als Betriebsstoff Verwendung finden konnte. Dazu war es notwendig 2 getrennte Kurbelwellen zu haben, die Nockenwelle lag in der Mitte des Motors. Mit 500 kg Gewicht hatte der Jumo 205 eine Leistung von 600 PS. Der Motor zeichnete sich durch Sparsamkeit und Zuverlässigkeit auf langen Strecken aus. Deshalb flog vor allem die Lufthansa in den 30er Jahren mit diesem Motor.

237 Der Bücker-Student landet in der Wüste. Ein zweisitziger Tiefdecker mit 55 PS-Motor.

Student LANDET IN DER WÜSTE

BESUCH IM AFRIKA-HOTEL

238 **Der Bücker-Student im Afrika-Hotel. Mit diesem Flugzeug flogen Edgar Gotthold und Willy Ruge 25000 km kreuz und quer durch Afrika.**

Was die BMW-Sternmotoren für die größeren Flugzeuge waren, wurde der Siemens Bramo Sh 14A für die kleinen Sportflugzeuge. Dieser luftgekühlte 7-Zylinder-Sternmotor hatte einen Hubraum von 7,7 Liter und eine Leistung von 160 PS. Der Motor war bereits mit 2 Vergasern, 2 Zündsystemen und einem Druckluftanlasser ausgerüstet. Besonders das Sportflugzeug Focke-Wulf FW 44 »Stieglitz« oder der Bücker »Jungmeister« wurden mit diesem Motor ausgerüstet.

Vor allem im Sportflug gab es einen Namen, der über alle anderen herausragte: Hirth-Motoren. Hellmuth Hirth der bekannte Vorkriegsflieger hatte 1931 unter Verwendung eines Patentes seines Vaters (Hirth-Stirnverzahnung) einen Motor mit zusammengesetzter Kurbelwelle entwickelt. Danach konnten zum ersten Male geschlossene Rollenlager anstelle von Gleitlagern benutzt werden, was zu höheren Drehzahlen und geringerem Schmiermittelverbrauch führte. Es handelte sich um einen luftgekühlten Reihenmotor mit 4 hängenden Zylindern und oben liegender Kurbelwelle mit 60 PS Leistung. Der Hirth-Motor wurde so populär, daß beim Deutschlandflug 1935 alle 30 bestplazierten Flugzeuge mit einem HM-60 R (mit 70 PS) ausgerüstet waren. Diesem Flugmotor folgten weitere, wie der HM 506 (6 Zylinder, 160 PS), HM 508 (8 Zylinder, 280 PS) oder der HM 512 (12 Zylinder, 400 PS), die in der Art eines Baukastensystems mit einem Einheitszylinder von 1 Liter Hubraum aufeinander aufbauten.

Ähnlich wie bei den Autos, gab sich die Firma Daimler Benz auch bei Flugzeugen nicht mit kleinen Motoren ab. Ihre Motoren der Baureihe 600/601 waren wassergekühlte 12 Zylinder Motoren in V-Form hängend. Bei einem Gesamthubraum von 33,9 Liter erbrachten sie daher auch eine Startleistung von 1000–1350 PS. Kampfflugzeuge, wie die Do 17, He 111, Me 110, aber auch der berühmte Jäger Me 109F, wurden mit diesem Motor ausgerüstet.

239 **Werbekarte der Firma Hirth-Motoren GmbH, Stuttgart-Zuffenhausen. Abgebildet ist das Transozeanpostflugzeug Heinkel He 116, welches mit 4 Hirth-Motoren HM 508H ausgerüstet war.**

240 **Junkers Ju 52. Festpostkarte zum Reichsparteitag 1937. Die D-2600 war das Flugzeug, welches Adolf Hitler für seine Flüge benutzte.**

Ende der 30er Jahre hatte sich in der Luftfahrtforschung die Meinung durchgesetzt, daß 750 km/h die Grenze für Propellerflugzeuge darstelle. Für den Flug im Überschallbereich mußte eine neue Antriebsart mit weit höheren Drehzahlen gefunden werden: Die Gasturbine. Schrittmacher dieser Entwicklung war, wie bei so vielen Konstruktionen im Flugzeugbereich, Ernst Heinkel. Bereits am 15. April 1936 wurde Dr. v. Ohaim von ihm mit der Konstruktion beauftragt. Das erste Triebwerk, das dann flog war die He S 3 B-Turbine. Im August 1939 erhob sich damit das erste Strahlflugzeug der Welt, die He 178, vom Boden. Fünf Jahre später hatten dann jedoch BMW mit seinem Triebwerk 003 A und Junkers mit dem Jumo 004 B Konstruktionen vorgelegt, die in Serie gingen.

Diese verheißungsvollen Entwicklungen im Flugzeug- und Motorenbau nahmen jedoch einen ganz anderen Verlauf, als vorauszusehen. Die politische Landschaft hatte sich seit 1930 grundlegend geändert. Deutschland hatte seine Lektion des I. Weltkrieges sehr schlecht gelernt und 20 Jahre danach schon wieder vergessen. Der Sportflug und die Luftfahrtindustrie wurden nach und nach gleichgeschaltet und uniformiert. Wer sich nun fliegerisch betätigen wollte, mußte praktisch Mitglied im NSFK (National-sozialistisches Fliegerkorps) werden. Zwar wurden weiterhin Flugwettbewerbe abgehalten, so der jährliche Deutschlandflug, der z. B. 1938 mit annähernd 400 Teilnehmern durchgeführt wurde, jedoch seinen sportlichen Charakter weitgehend verloren hatte. Die Ausbildung zum Flieger wurde von nun an als Vorschule der Militärfliegerei angesehen – Deutschland steuerte auf die größte Katastrophe seiner Geschichte zu.

Fliegerisches Leben vor dem II. Weltkrieg

War die Zeit in den Zwanziger Jahren noch den Glanzleistungen einzelner Fliegerpersönlichkeiten vorbehalten, so gewannen nach und nach nationale und internationale Wettbewerbe an Bedeutung. Georg Brütting schreibt dazu: »Höhepunkt all dieser Wettbewerbe in der Geschichte des Sportflugs waren fraglos die Europarundflüge, die fast alle europäischen Länder berührten und sogar über das Mittelmeer an die Küsten von Nordafrika führten. 1929 gewann der Deutsche Fritz Morzik vor den beiden Engländern Broad und Carberry, 4. Lusser, 6. v. Dungern, 11. Roeder, 15. Poß – Deutschland unter 32 Teilnehmern. 1930 gelang Fritz Morzik der große Wurf. Er gewann zum zweiten Male dieses klassische Sportflugereignis, diesmal vor seinen Landsleuten Poß und Notz und der Engländerin Miß Spooner, 5. Polte, 7. v. Massenbach, 9. Krüger, 10. Dinort – Deutschland. 1932 lagen 8 Deutsche unter den ersten 9, der Sieger aber war der Pole Zwirko vor den Deutschen Poß, Morzik, Stein, Fretz, Hirth, Cuno, Seidemann und Lusser!
In den Dreißiger Jahren gewannen nach dem Europaflug die Deutschlandflüge mehr an Bedeutung. 1931 siegte nach 2200 km über Deutschland Dinort vor Wolf Hirth, Adolf Kneip und Liesl Bach. 1933 flogen 150 Teilnehmer 2500 bis 4050 km. Sieger wurden die Hannoveraner Köhnk, Höfft, Dietrich, Roese und Beseler. 1934 gab es nur eine Staffelbewertung. Wieder siegte Hannover, diesmal vor Eßlingen, Oberschlesien und Mannheim. 1935 flogen 30 Verbände mit 154 Flugzeugen in sechs Tagen 5335 km. Die siegreiche Staffel hieß Danzig mit Braun/Rohwel, Cuno/Kuhn, Szolbe/Wagner, Schneider/Jahnke, Blumes/Pasternak vor Stuttgart und Hannover. 1937 holten sich die Stuttgarter den Sieg vor Breslau und Greifswald. Der Deutschlandflug 1938 wurde die bisher größte Luftsportveranstaltung Europas.«[63]
Von den 390 Flugzeugen, die am 22. Mai 1938 an den Start gingen, kamen am 29. Mai noch 347 Maschinen nach 4500 km in Wien-Aspern an. Die Gesamtflugleistung der Maschinen betrug damit 2,75 Millionen Kilometer. Sieger wird Dresden vor dem DVL und Gütersloh. Wie politisch das fliegerische

243 **Deutschlandflug 1937. Eine Klemm-Staffel KL 35b auf dem Flughafen Friedrichshafen-Löwental! »Das ist die Kaserne in der ich bin«.**

Leben zu dieser Zeit war, zeigt der Bericht des »Flugsports«: »Die Sehnsucht der deutschen Flieger vom NSFK, endlich einmal ihre Leistungsfähigkeit zu beweisen, ist durch den Deutschlandflug in bisher noch nie durchgeführtem Umfange erfüllt worden. Alle bisherigen, auch im Ausland, durchgeführten Wettbewerbe und Veranstaltungen sind mit dieser Zerreißprobe nicht zu vergleichen. Man muß schon alle diese Veranstaltungen mit durchlebt haben, um einen Vergleich ziehen zu können. Bisher war man gewöhnt, 10 oder 50 Maschinen, für den Wettbewerb besonders gezüchtet, am Start zu sehen. Die Führer waren meist berufsmäßige Piloten, um nicht zu sagen, Akrobaten. Am Start und auf den Zwischenlandungsplätzen war ein großer Stab von Hilfspersonal, Ersatzteillager und sonstige Hilfseinrichtungen, die Pilot und Maschine in den Stand versetzten, die nächste Etappe zu durchfliegen. Flugzeuge und Pilot waren in all diesen Fällen Einzelexemplare. Und somit war auch die Flugleistung letzten Endes eine Einzelleistung. Spitzenleistungen wurden vor Sicherheit und Zuverlässigkeit gewertet.
Ganz anders geartet waren die geforderten Leistungen im Deutschlandflug. Hier handelte es sich nicht um 10–50 Flugzeuge, sondern um 390. Hier waren es keine Rennpiloten auf raffiniert konstruierten Maschinen, sondern Flieger mit Besatzung aus dem großen Durchschnitt des NSFK. Hier gab es keine Etappenhilfs- und Reparaturstellen. Das Gegenteil wurde gefordert. Hilfsleistungen wurden mit Minuspunkten gewertet. Die Besatzung war ganz auf sich selbst angewiesen. Das Flugzeugmaterial war kein ausgesuchtes. Im Gegenteil. – Man sah die ältesten Maschinen, wie sie für die breite Masse der NSFK – Flieger erreichbar waren. Und gerade mit diesem Material konnte der NSFK-Flieger seine Leistungsfähigkeit beweisen. Er mußte fortgesetzt erwägen, »wie muß ich meinen Motor behandeln, damit er die vielen tausend Kilometer durchhält, um nicht aus dem Wettbewerb herauszufallen.« Er mußte erwägen, »wie muß ich fliegen, um genügend Kräfte verfügbar zu haben, um gegen Ende des

244 **Deutschlandflug 1938. Sonderstempel des Fluges mit Endziel Wien vom 29. Mai 1938.**

Wettbewerbes den Anforderungen noch gewachsen zu sein.« Er mußte auch damit rechnen, daß die sich fortgesetzt verschlechternde Wetterlage die Anforderungen an Flugzeug und Menschen noch steigern würde. Er mußte fortgesetzt darauf bedacht sein, die Nerven in der Hand zu haben, daß Flug und Landung mit Sicherheit durchzuführen waren und nicht von günstiger Zufälligkeit abhingen. Er durfte nicht sagen, es wird gehen, sondern er mußte sich in allen Lagen sagen, es wird mit Sicherheit gehen. Dieses war die Generalrichtlinie für die durch das sich verschlechternde Wetter besonders stark angespannte Zerreißprobe.

Diese war es auch, die vielleicht die Veranlassung gab, daß verschiedene einzelne Kameraden aus dem Wettbewerb herausgerissen wurden. Und wer da sagt, wenn er hört, Opfer müssen gebracht werden, dies sei eine Verlegenheitsrede, dem kann man nur mitleidig erwidern, daß er in der Entwicklung der Fliegerei geschlafen hat und den Kampf nicht miterlebte. Genau so wie im Segelflug 1920, als von Löß'l auf der grünen Wiese lag und die junge Fliegerschar mit trauernden Gesichtern die Zähne aufeinanderbiß und nicht erlahmte! »Nun erst recht!« Zu Ehren des Gefallenen! Wir müssen weiterfliegen.

Während der Preisverteilung im Wiener Rathaus gedachte unser Korpsführer der ausgebliebenen Kameraden. Er rief sie bei Namen. Die große Schar der versammelten Wettbewerbsteilnehmer, annähernd 800, antworteten mit »hier«. – Man muß sie gesehen haben, die braungebrannten Gesichter mit leuchtenden Augen im ehrwürdigen Rathaussaal. Der diesjährige Deutschlandflug ist zu Ende. Wir warten auf die Aufgaben des Korpsführers für das nächste Jahr!.«[64]

»Die Jahre nach 1930 bis zum unseligen II. Weltkrieg waren überhaupt die Zeit zahlreicher Flugwettbewerbe, von denen Wolfgang von Gronau einmal sagte: »Alle Länder wetteiferten in der Ausschreibung von Wettbewerben und Fliegertreffen mit gemeinsamen Rundflügen. Hierbei überboten sich Clubs und Städte in Fürsorge für die Teilnehmer und in Gastlichkeit. Das Wort Freundschaft und Kameradschaft über die Ländergrenzen hinweg wurde groß geschrieben.« Es würde in diesem Rahmen zu weit führen, all jene Wettbewerbe und Treffen aufzuzählen; erinnert sei nur an die Rheinischen Flugturniere, an den Alpenflug, Zugspitzflug, Ostpreußenflug, Sachsen-Rundflug, Küstenflug, an die Fliegertreffen in Belgien, Holland und England, an den Oasenrundflug. Ein Wettkampf ganz besonderer Art waren die Kunstflugmeisterschaften von 1928 bis Kriegsausbruch, in denen die Namen Ernst Udet, Fieseler, Willi Stör, Achgelis, Graf Hagenburg, Lochner und Falderbaum zu Weltruhm gelangten.«[63]

Die Leistungen von einzelnen Piloten speziell bei den Fernflügen waren beeindruckend. Besonders die Pilotinnen taten sich hier hervor. Neben Thea Rasche und Lisel Bach, die sich besonders im Kunstflug und durch Flüge im Ausland einen Namen machten, war es Elly Beinhorn, die in dieser Zeit die Flugszene dominierte. Bereits 1932 hatte sie bei einem Weltflug 37000 km zurückgelegt. 1933 folgte ihr Flug rund um Afrika, und 1934 Flüge in Zentralamerika, Mexiko und den USA. Für 1935 hatte sie sich etwas Besonderes ausgedacht. Sie wollte an einem Tag von Deutschland aus zwei Erdteile überfliegen. Darüber berichtet sie: »Ganz hinten in einer dunklen Hallenecke der Bayerischen Flugzeugwerke stand sie, verstaubt und vergessen, die vielbesprochene »Me 108«. Wesentlich war, daß die Maschine mit ihren 300 Kilometer Höchstgeschwindigkeit seinerzeit eine der schnellsten ihrer Klasse auf der ganzen Welt war. Durch ihre hochwertigen aerodynamischen Eigenschaften war sie imstande, unglaubliche Mengen von Benzin mitzuschleppen, ohne in ihren Start- und Landeeigenschaften nachzulassen. Der Acht-Zylinder-Hirth-Motor HM 8 mußte nach meinen bisherigen Erfahrungen mit Hellmuth Hirths Motoren eine sichere Garantie für das Aushalten einer starken Belastungsprobe sein. Einen Tag lang hatte ich über meinem Riesenatlas daran herumgeknobelt, welche größte Strecke ich in einem Tag mit Sicherheit – soweit es das in der Fliegerei gibt – würde schaffen können. Nach einigem Überlegen nannte ich meine »Me«»Taifun«. Das war ein Name, unter dem man sich auch in englisch- und französischsprechenden Ländern etwas vorstellen konnte, etwas, das mit Tempo und Gebrause zusammenhing. Später wurde dieser Name für den ganzen Typ übernommen. Als mein Plan ausgebrütet war, flog ich hinunter nach Augsburg und entwickelte auf einer Vorstandsbesprechung meine Idee, in einem Tag nach Asien und wieder zurück nach Deutschland zu fliegen. Das Echo war gar nicht so begeistert, wie ich es mir vorgestellt hatte. Im Gegenteil, die BFW-Männer (Bayerische Flugzeugwerke) sahen mich mitleidig an, als wenn sie nur mit Mühe ihre Ansicht herunterschluckten:

Das arme Mädchen hat durch die vielen Flüge wohl doch etwas zuviel Sonne auf den Kopf gekriegt. Aber ich ließ nicht locker. Nach Stunden hatte ich den Vorstand soweit. Ich bekam die Zusage, die Maschine in kürzester Zeit mit Supertanks auszurüsten, den Motor zu überholen und alles zu tun, was für die Durchführung dieses Fluges nötig war. »Ja, und Sie wollen doch nicht etwa wieder allein...«Jawohl, genau das wollte ich – natürlich allein! Ich hatte für den Flug den 13. August ausgewählt, weil ich nun mal eine Vorliebe für die 13 habe. Am 12. August landete ich in Gleiwitz, und schon im Laufe des Nachmittags wurden alle Zoll- und sonstigen Formalitäten für den Start in der Nacht erledigt. Die Hirth-Leute sahen sich meinen Motor noch einmal von allen Seiten an. Die BFW-Männer beguckten sich die Zelle von innen und außen. Der Shell-Mann rollte Riesenbenzinfässer herbei, deren Inhalt nacheinander in den schier unergründlichen Tanks verschwand. Um sechs Uhr nachmittags stand die »Taifun« fix und fertig und bekam von mir noch einen Kuß auf die Blechschnauze. Dann zog ich mich bei einer Affenhitze in mein Hotel zurück, wo ich mich bis ein Uhr früh hinlegte, um dann piepsmunter und ausgeschlafen aufzuwachen. Trotz der stockfinsteren Nacht der Mond war schon um zwei Uhr untergegangen – hatte sich eine ganze Menge Presseleute auf dem Flugplatz eingefunden, die mich, wohl wegen der recht unbequemen Startzeit, etwas säuerlich begrüßten. Zehn Minuten später war ich in der Luft. Drei Uhr vierzig war es auf meiner Borduhr. Im Osten zeigte sich der erste Schimmer des heraufziehenden Morgens. Da meine »Taifun« nicht mit Funk ausgerüstet war, konnte ich mich nur nach Kompaß und Karte orientieren. Der Bahnhof des nächsten unter mir liegenden Ortes lag sehr versteckt. Aber da kam mir eine gute Eigenschaft meiner Maschine zu Hilfe. Ich drehte einfach die Landeklappen heraus. Dadurch konnte ich in kurzer Zeit von 250 Kilometer Reisegeschwindigkeit auf nur 100 Kilometer zurückgehen – was mir die Feststellung erleichterte, daß ich mich über Hadju-Nánás auf genauem Kurs befand. Danach zog ich die Landeklappen wieder ein und flog mit voller Geschwindigkeit weiter – eine herrliche Neuerung! Eine Weile war nichts Besonderes los, bis ich über den Transsilvanischen Alpen an eine Gewitterfront kam, die mir bei dem Gedanken an meinen Rückflug nachmittags nicht besonders gefiel – aber bis dahin konnte sich ja noch allerlei ändern. Durch die hohe Geschwindigkeit der Maschine mußte ich meine Karte fortwährend anders falten und hatte früh um sechs Uhr schon das fünfte Land überflogen. Inzwischen war das Wetter wunderschön geworden. Über mir leuchtete ein wolkenlos blauer Himmel, und in der Ferne sah ich wie einen feinen Pinselstrich das Marmarameer liegen. Bald war ich über Konstantinopel. Dessen Flugplatz Jeshilkoy ließ ich unter mir liegen und flog gleich weiter auf die asiatische Seite des Bosporus an den großen, nicht zu verfehlenden Bahnhof Haidar Pascha, südlich von Istanbul. Natürlich wäre es noch eindrucksvoller gewesen, wenn ich in Asien gelandet wäre. Aber hier gab es auf mehrere hundert Kilometer keinen Flugplatz, darum mußte es mit einer Beurkundung meines Überfliegens gehen, die ein türkischer Major mit einigen Helfern vornahm. Hier, von Haidar Pascha, wurde die erste Meldung über meinen Flug nach Deutschland durchgegeben. 9.20 Uhr, also 5 Stunden und 40 Minuten hatte ich in einer kleinen Sportmaschine von Deutschland nach Asien gebraucht. 10.47 Uhr, nach einer guten Stunde Aufenthalt in Jeshilkoy, war ich wieder in der Luft und mir sehr darüber im klaren, daß jetzt der in jeder Weise schwierigere Teil des Fluges vor mir lag. Die nun noch zu erledigende Strecke war 450 Kilometer länger als der Hinflug. Nachdem ich morgens um ein Uhr aufgestanden war, mußte ich damit rechnen, daß ich nicht mehr so ganz frisch war wie in der Frühe. Bald nach meinem Start hatte ich einen toten Punkt. Das Wetter war schön; das Land unter mir flach, und es gab keine besonderen Schwierigkeiten, dadurch kam wohl diese leichte Abspannung. So trank ich meine Thermosflasche mit Kaffee aus, aß etwas Obst und Kuchen und war bald wieder munter. Das kann man in einer modernen Sportmaschine natürlich alles machen. Es ist, wenn man bei gutem Wetter erst einmal in der Luft ist, ja nicht wie beim Autofahren, wo man jede Sekunde mit einem neuen Hindernis rechnen muß. Auf dem Hinflug hatte ich schon ein halbes Magazin ausgelesen. Manchen Brief habe ich unterwegs auf meinen Langstreckenflügen zwischen den Wolken geschrieben. Über den Transsilvanischen Alpen war es besser als auf dem Hinflug. Die Gewitter waren abgezogen. Ich hatte, in 3000 Metern Höhe fliegend, keine Schwierigkeiten. Dagegen waren über der Hohen Tatra, die sich auf dem Hinflug so gut aufgeführt hatte, jetzt viele große dicke Wolken, die so hoch hinaufstiegen, daß ich vorübergehend sogar blind fliegen mußte. Jetzt näherte ich mich der deutschen Grenze mit dem Gefühl, nun kann eigentlich nichts mehr passieren! Zuerst ging es auch gut. Kurz vor Berlin, über dem Spreewald, als ich mich schon wieder völlig zu Hause fühlte, schickte mir der Wettergott noch schnell eine Schlechtwetterfront vor die Nase, die es in sich hatte. Die Wolken hingen bis auf den Boden herunter, und um ein Haar wäre ich in die Funktürme von Königs-Wusterhausen hineingeflogen. Außerdem regnete es stark, so daß man keine hundert Meter weit sehen konnte, was bei meiner Geschwindigkeit ohne Funk reichlich wenig war. Sehr stolz war ich Jahre später, als mir ein Lufthansa-Kapitän anvertraute, er sei an diesem Tage zur gleichen Zeit auf derselben Strecke nicht durchgekommen, was ihm von seinen lieben Kollegen allerlei Spott mit dem Hinweis auf meine Landung eingetragen habe. 18.08 Uhr setzte meine Maschine nach einer Strecke von 3470 Kilometern in Tempelhof auf. Nach einer Weile Händeschütteln und Fotografieren verschwand ich unauffällig hinter der Menschenwand und lief schnell zu der Halle, in der man meine »Taifun« untergestellt hatte. Sie stand brav und gelangweilt da, als wenn überhaupt nichts gewesen wäre. Leise und voll Dankbarkeit fuhr ich ihr mit der Hand über die Motorhaube. »Nicht wahr, du – es war doch ein wunderbarer Tag, unser 13. August?!« Dieser Flug hatte ein erstaunliches Echo in der ganzen Welt. Jedenfalls, die bis zum 12. August außerhalb von Deutschland unbekannte »Me 108« war als die »Messerschmitt Taifun« von einem Tag auf den anderen für die Fliegerei in einigen Erdteilen ein Begriff geworden.«[65]

»Neben diesen Fernflügen und Wettbewerben wurden Rekorde um Rekorde aufgestellt, so daß der Name Allemagne immer öfter in der Rekordliste der FAI (Fédération Aéronautique Internationale) auftauchte.

Was aber vielleicht über all diese Wettbewerbe, Meisterschaften und Rekorde hinaus das Allerschönste war, das waren die Wochenendflüge der zahlreichen Sport- und Privatflieger in die schönsten Winkel Deutschlands, so die Kaffeeflüge zum unvergessenen Papa Braun nach Prien am Chiemsee oder wie Otto Thomsen, einer der »Ganz Alten« aus dieser Zeit, erzählt: »In der Pionierzeit war das Fliegen fast ausschließlich eine private und, wie heute auch noch, durchaus lustbetonte Tätigkeit. Auch ich durfte noch erleben, wie man sich vergnügt in seinen kleinen Vogel klemmte, langsam Gas gab und immer lustig den »Knüppel zwischen die Beene« von einer grasnarbigen Fläche, auf der muntere Schäfchen weideten, zur anderen zwitscherte und dorten von einem reizenden Monteur (den man schon von früher her kannte) und einem ebenso wohlwollenden Luftaufsichtsmann (der froh war, wieder einmal eine Amtshandlung vornehmen zu dürfen) in Empfang genommen wurde. Häufig kam dann noch der Hohe Flughafendirektor persönlich, und man mußte mit ihm, je nach Jahreszeit, eine Schale heißen Kaffee oder ein kühles Blondes genießen. Diese Zeiten sind dahin und es wäre nutzlos, ihnen nachzuweinen, denn mit dem Massenflugverkehr ist auch die Individualität vorbei.«[63]

Die Segelfliegerei

Anfänge der Segelfliegerei

Ebenso wie die Motorfliegerei stand die Segelfliegerei 1919 nicht nur vor dem Nichts, sondern es gab sie praktisch nicht mehr. Zwar hatten über die Jahre hinweg immer wieder waghalsige Männer versucht, es dem Altmeister Otto Lilienthal gleichzutun, aber viel weiter war man nicht gekommen. So fanden 1909 und 1912 Flüge in Frankfurt und Darmstadt statt. 1914 gelang es Regierungsbaumeister Harth ein Segelflugzeug zu konstruieren, mit dem er 1916 beachtliche Flüge unternahm. Auch Ursinus versuchte über die Jahre hindurch, in seinem ›Flugsport‹ die Idee des Gleitfluges wachzuhalten.
Als durch den Versailler-Vertrag ein Fliegen mit Motor kaum mehr möglich war, führte dies bei jenen, denen die Fliegerei zum Lebensinhalt geworden war, zu einer Trotzhaltung, die unwahrscheinliche Energien freisetzte. Diese Männer fühlten sich in die Anfangsjahre der Fliegerei zurückversetzt, in der das Fliegen noch ein »Ringen um das Luftmeer« gewesen war. Allgemein hieß die Parole: »Fliegen wir nicht mit, dann eben ohne Motor – aber geflogen wird!« Alte Pioniere wie Harth, Ursinus und Klemperer scharten nun jüngere enthusiastische Menschen um sich. Viele hatten bis zu diesem Zeitpunkt einem Modellflugverein angehört und drückten noch die Schulbank. So verdienten sich ein 17jähriger Willy Messerschmitt, ein 19jähriger Wolf Hirth und ein 14jähriger Peter Riedel die ersten Sporen.
Als am 24. März 1920 Klemperer und Mayer einen

247 **Oben: Der »Vater des Menschenfluges« Otto Lilienthal in seinem Doppeldecker. Karte herausgegeben vom Deutschen Museum in München, in dem der Gleitflieger aufbewahrt wird.**

248 **Unten: Rhön-Segelflug-Wettbewerb 1920. Karte mit Wolf Hirths persönlichen Eintragungen vom Rekordflug Klemperers (1830 m) und Lössls Todessturz (9. August).**

Aufruf zu einem Gleit- und Segelflugwettbewerb im »Flugsport« veröffentlichten, erfolgte eine nicht vorausgeahnte Wirkung. Überall in Deutschland regte es sich, es wurde entworfen, konstruiert und gebaut, und als Ende Juli 1920 der 1. Rhönwettbewerb stattfand, standen 25 Teilnehmer am Start. Dieser Wettbewerb kann daher sicherlich als Geburtsstunde des Segelfluges angesehen werden. Klemperer gelingt auf seinem Eindecker »Schwarzer Teufel« ein Flug von 2 Minuten 22 Sekunden. Er legt damit eine Strecke von 1830 Metern zurück und wird Sieger. Paul Brenner und Wolf Hirth vom Flugtechnischen-Verein Stuttgart, bauen innerhalb von nur 5 Tagen mit Freunden ein Gleitflugzeug, erreichen mit Mühen gerade noch rechtzeitig am letzten Wertungstag die Rhön und erringen einen Trostpreis von 300 Mark.
Am 9. August stürzte der so begabte Eugen v. Lössl aus hundertfünfzig Meter Höhe ab. Der Segelflugsport hatte nach Lilienthal sein erstes Opfer gefunden.

Rhönwettbewerb 1921

Die Rhönwettbewerbe wurden nun als ständige Einrichtung im jährlichen Turnus abgehalten. Im Jahre 1921 hatten sich schon 45 Flugzeuge aus allen Teilen Deutschlands gemeldet. Im allgemeinen herrschte der Eindecker vor, es gingen aber auch noch einige Doppeldeckersegelflugzeuge an den Start. Wolf Hirth berichtet über diesen Flugwettbewerb: »Am 10. August, Punkt 8 Uhr vormittags, startete um den Frühpreis als erster Pelzner, der bald schon historische Hängegleitflieger. Es folgte Klemperer, Aachen, auf seiner letztjährigen Siegermaschine und führte mehrere kleinere Flüge aus, hernach Drude, Berlin und Koller, München. Am 14. Aug. wurde bei vorübergehendem Aufklären

249 **Oben: Rhön-Segelflug-Wettbewerb, 1921. Karte der Firma Weltensegler mit der Schulmaschine »Frohe Welt«, eines der wenigen Doppeldecker-Segelflugzeuge.**

250 **Unten: Rhön-Segelflug-Wettbewerb, 1921. Karte der Firma Weltensegler mit dem schwanzlosen Knickflügel-Segelflugzeug »Feldberg«. Es stürzte beim Wettbewerb ab, wobei Leusch ums Leben kam.**

253 **Rhön-Wettbewerb, 1922. Vier Segelflugzeuge deutscher Technischer Hochschulen am Hang der Wasserkuppe in der Rhön.**

der »Weltensegler« zum Start getragen. Der erste Flug des ehemaligen Jagdstaffelführers Leusch gestaltete sich zu einem erschütternden Ereignis. Zum erstenmal sah die staunende Schar der Anwesenden, wie ein Flugzeug ohne eigenen Antrieb sich gegen den Wind in stetigem Anstieg vorarbeitete. Nach 1½ Minuten stand der Segler wie ein Kinderdrachen am Gewitterhimmel, wohl 50 m höher als der Abflugort, als er sich langsam nach vorn neigte, dann die Flügel nach oben klappte und wie ein Stein in die Tiefe stürzte. Otto Lilienthal, Eugen von Lössl und nun Leusch: drei Deutsche, die ihrem Forschungsdrang zum Opfer gefallen!

Später machten auch Koller und Klemperer kürzere Flüge. Den ersten, längeren Flug führte Klemperer, Aachen, aus. Mit seiner »blauen Maus« flog er an einem neu entdeckten Osthang 675 m weit und hielt sich dabei 3 Min. 36 Sek. in der Luft, wobei er über 1 Minute lang höher als die Abflugstelle schwebte. Als am 18. August der Wind drehte und auffrischte, setzte ein lebhafter Flugbetrieb ein, der unter dem Eindruck eines scharfen Kampfes zwischen Stuttgart und München stand. Brenner war der erste, der während des Wettbewerbs eine Strecke von über 1000 m mit glatter Landung durchflog. Um 6 Uhr abends startete der weiße Vogel, der nun schon der Liebling des Flugplatzpublikums geworden war, zu seinem 4. Flug, der sich bei einer Dauer von 1 Min. 18 Sek. über eine Länge von 1050 m erstreckte und unter tosendem Beifall der Zuschauer endete. Eine halbe Stunde später kam Koller in 2 Min. 49 Sek. 1900 m weit.

Als am 22. gegen Mittag der Wind auffrischte, waren als erste Brenner und Koller am Start erschienen, beide mit der Absicht, den Industriepreis von 15000 Mark zu holen, wobei ein vollständiger Kreisflug verlangt wurde. Nach vergeblichen Versuchen gab Koller seine Absicht auf und unternahm einen Talflug von 2 Min. 10 Sek. Dauer. Brenner versuchte trotz des schwierigen Geländes einen geschlossenen Kreis zu fliegen, was ihm aber zum Verhängnis wurde. Gut, wie immer, gelang der Start; die Maschine flog, leicht den Startpunkt über-

254 **Karte der Akademischen Fliegergruppe e. V. der Technischen Hochschule Stuttgart. Wolf Hirth auf Segelflugzeug »Roter Teufel«.**

255 **Postkarte von der ersten Wintersegelflugwoche in St. Andreasberg im Harz vom 28. Januar bis 6. Februar 1923. Skifahrer, Segelflugzeug »Blaue Maus« und der Brocken im Hintergrund.**

höhend, pfeilgerade hinaus. Der Wind wehte stoßweise das kesselförmige Tal herauf und rüttelte an den Schwingen des weißen Vogels. Nun setzte der Führer zur Wendung an, sanft legte sich die Maschine in die Kurve, schon hatte sie halb gewendet, als sie anscheinend in einen heftigen Wirbel geriet, der sie für Augenblicke steuerlos machte und das genügte, um den stolzen Vogel aus seinem Element herabzureißen. Ein dumpfer Krach, alles eilte zur Absturzstelle, wo der Führer sich bereits aus den Trümmern befreit hatte. Durch diesen Unglücksfall verlor der Endkampf viel an Reiz, denn es waren jetzt nur noch 3 Segler im Fliegerlager, die größere Leistungen versprachen: Aachen, München und der neu eingetroffene Hannoveraner. Ein Ereignis war das Auftreten des letzteren, 2 Tage vor Schluß des Wettbewerbs. Der erste von Martens ausgeführte Probeflug bewies die Überlegenheit der Maschine durch ihren verblüffend flachen Gleitwinkel.
Martens legte in 5½ Minuten eine Strecke von 3580 m zurück, wobei er unterwegs 2 große vollständige Kreise flog, Klemperer erreichte bei einem Talflug in 4½ Minuten eine Flugstrecke von 2580 m und beschrieb ebenfalls einen Kreis. Koller flog in der Richtung eines über 4 km entfernten Dorfes ab, das er nach einer Flugzeit von 5 Minuten erreichte. Muttray, Dresden, führte seinen Doppeldecker ebenfalls ins Tal und erzielte 1340 m. Den Schluß machte Klemperer, der während eines jeden Windstoß ausnützenden Fluges 5½ Minuten in der Luft blieb und 2000 m entfernt landete. Die Preisverteilung gestaltete sich folgendermaßen: Der Preis für die größte Flugdauer und die beste Gleitzahl wurde der Akademischen Fliegergruppe Hannover (Martens) zugesprochen, der Preis für die größte Flugstrecke fiel auf den Bayerischen Aero-Club (Koller) und der Preis für die kleinste Sinkgeschwindigkeit auf die Flugwissenschaftliche Vereinigung Aachen (Klemperer). Pelzner, Nürnberg, erzielte die größte Gesamtflugdauer und bekam den 4. Preis. Infolge vorzeitigen Ausscheidens mußte sich der Flugtechnische Verein Stuttgart (Brenner) mit dem 5. Preis begnügen.«[66]
Auch der Winter wurde von den ausdauernden Segelfliegern nicht mehr als Hindernis angesehen. So fand vom 28. Januar bis 26. Februar 1923 die erste Winter-Segelflug-Woche in St. Andreasberg im Harz statt, die jedoch keine größeren Erfolge brachte.
Natürlich blieb der Segelflug nicht nur auf die Wasserkuppe und die Rhön beschränkt. Überall in Deutschland suchte man nach freistehenden Bergen, um die der Wind von mehreren Seiten wehen konnte, mit möglichst wenig Bäumen, da diese bei der Landung eine Gefahr für Flieger und Flugzeug darstellten.

Küstensegelflugwettbewerb 1923

Ferdinand Schulz, ein Ostpreuße, fand am Kurischen Haff ideale Bedingungen. Der Seewind, der an den Sanddünen von Rossitten wehte, war wie geschaffen für den Segelflug. Im Mai 1923 wurde daher der erste Küstensegelflugwettbewerb durchgeführt. Schulz hatte sich ein Segelflugzeug gebaut, praktisch nur aus Tragflächen und einer Handvoll Stangen zur Stabilität bestehend. Mit diesem »Besenstiel«, wie Schulz sein Flugzeug nannte, gelang es ihm, beim 2. Küstensegelflugwettbewerb (1924) einen Rekordflug von 8 Stunden 42 Minuten aufzustellen. Er hatte damit eine Leistung vollbracht, die neue Dimensionen für den Segelflug eröffnete. Schulz schreibt über einen dieser Flüge in Rossitten: »Im Mai 1927 war das. Nachdem alle meine Welthöchstleistungen auch nach unserem Eintritt in die FAI (Fédération Aéronautique Internationale) nicht anerkannt worden waren, beschloß ich, mich noch einmal in meine mehr als enge Kiste für einige Stunden einzusargen und nun einen Flug hinzulegen, bei dem kein Meckern mehr half. So kam der Sechzig-Kilometer-Flug von Rossitten nach Memel zustande.
So ganz einfach war die Sache nicht, denn Richtung Memel stehen die Dünen manchmal nur auf dem Papier. An den nur ein bis acht Meter hohen Vordünen ist die Aufwindzone dermaßen schmal, daß sich bei meinem Flugzeug der verschieden starke Aufwind heftig bemerkbar machte. Dazu kam, daß meine »Westpreußen«, wie das bei Segelkisten meistens ist, hing, und zwar etwas links. Der Erfolg davon war, daß ich sie nun infolge des recht stärke-

ren Aufwindes kaum noch waagerecht halten konnte, zumal ich mehr Rechtsverwindung nicht geben konnte.
Eisern flog ich diesmal über die Mastbaumspitzen, wenn's auch manchmal gruselte. So blieb ich schön sauber an der Hangkante, denn beim Flug nach Cranz hatte ich den Fehler gemacht, anstatt über die Mastbäume der an die Düne gezogenen Kähne hinwegzugehen, vor diesen entlang zu fliegen. So war ich gleich aus der Aufwindzone heraus und mußte mich sehr beeilen, um wieder Anschluß an den Hangaufwind zu bekommen.
Bald wurden die Dünen aber immer niedriger. Bei Nidden wurde es schon sehr schwül. Ganz das Ende weg war hinter dem Mastenwald von Preil. Hier war ich auch meine Konkurrenten Maxe, genannt Kegel, Laubenthal und Bubi Nehring losgeworden. Denn jedem war hier die Spucke ausgegangen. Das Loch erschien mir endlos lang. Ich schätze auf gute vier Kilometer. Zum Glück war der Wind stark. Er erzeugte so viel Aufwind, daß ich die Maschine gerade eine Handbreit über dem Boden halten konnte. Wenn's mal zwei Handbreit waren, atmete ich schon auf. Was will man bei einer Dünenhöhe von ein bis zwei Metern!
Peinlich war nur, daß meine Kiste immer wieder nach links abhauen wollte, so daß ich große Mühe hatte, sie in das enge Aufwindfeld hineinzuquetschen. Geschwindigkeit wurde gespart, wie mit Sandballast. Nur wenn's gar nicht anders ging, zog ich ein oder zwei Kilometer weg. Wenn dann ein zwei Meter hoher Huppel kam, dann setzte ich schleunigst den größeren Aufwind in Geschwindigkeit um und geizte eisern weiter.

256 **Erster Deutscher-Küsten-Segelflug in Rossitten (kur. Nehrung) vom 18.–28. Mai 1923. Entwurf: Prof. Heinz Weber, Königsberg.**

Als ich dieses Loch etwa 39 Kilometer vor Memel hinter mir hatte, ging alles in Butter. Nur bei Kilometertafel 9 wurde die Sache nochmal peinlich. Die Nehrung biegt dort nämlich fast nach Norden. Dementsprechend kam der Nord-West-Wind ziemlich spitz auf den Hang und trug schlecht. Ein Unwetter kam mir außerdem dazwischen. Seine Vorböe war so stark, daß ich mit 80 Kilometer Geschwindigkeit auf demselben Fleck stehenblieb. Dann hatten sich Badebuden vorgenommen, mir das bißchen letzten Aufwind wegzuschnappen, und zu guter Letzt standen gerade dort, wo ich landen wollte, eiserne Pfähle, die keine Miene machten, das Feld vor mir zu räumen. Als der Vogel 40 Meter vor der Südmole des Memeler Tiefs stand, hatte ich aber immerhin 60 Kilometer 380 Meter Luftlinie hinter mich gebracht. Diese Fliegerei in Handbreiten-Höhe ist sicher nicht jedermanns Sache. Wenn mir einer das früher gesagt hätte, dann würde ich vielleicht auch verschiedene Haare drin gefunden haben, aber jetzt hab ich mir immer gesagt: »Nu grade nich! Der Offizielle wird hingehauen!« und da ging's ja auch.«[67]
Um der Segelfliegerei größeren Auftrieb zu geben, um neue Geldquellen zu erschließen und um vor allem die Segelflugzeuge auf ihre Flugtauglichkeit zu überprüfen und allgemeinverbindliche Richtlinien für den Bau von Gleit- und Segelflugzeugen herauszugeben, wurde am 21. August 1924 die Rhön-Rossittengesellschaft gegründet. Die führenden Männer waren hier unter dem Vorsitz von Konsul Dr. Karl Kotzenberg, Prof. Walter Georgii, Oskar Ursinus, Prof. Wilhelm Hoff, Prof. Dr. Linke, Prof. Dr. Prandl, Alexander Lippisch und, als Leiter der Fliegerschule Wasserkuppe, Fritz Stamer.

Weitere Rhönwettbewerbe

Das allgemeine Klima in der Segelfliegerei war 1924 nach anfänglichem Enthusiasmus der ersten Jahre auf einem ziemlichen Tiefpunkt angelangt. Zwar hatte 1923 Botsch einen neuen Weltrekord von 18,7 km gegen den Wind aufgestellt, aber Segelfliegen bedeutete zu dieser Zeit immer noch, unter Ausnutzung der Hangwinde möglichst lange Segel- bzw. Gleitflüge auszuführen. Ein Segelflug in der

▲ *260* Rhön-Wettbewerb 1925. Karte des Siegerflugzeuges »Moritz« von Martens. »es ist Nebel hier oben, sonst alles wohl«.

257 Rechts oben: Rhön-Wettbewerb, 1923. Karte von der Wasserkuppe (950 m). Im Vordergrund Segelflugzeug »Strolch« von Martens.

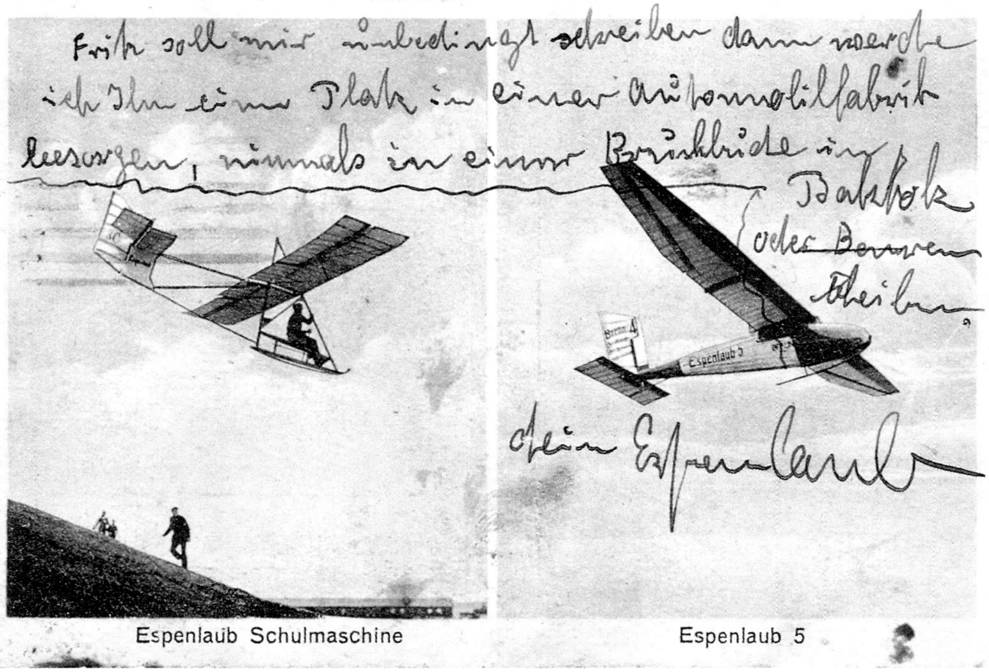

► *258* Rhön-Wettbewerb, 1924. Karte des Segelfliegers Gottlob Espenlaub. »Bin inzwischen aus Rußland zurück und werde mich in Kassel niederlassen.« (geschrieben nach der Rußland-Expedition deutscher Segelflieger 1925). Abgebildet ist die Espenlaub-Schulmaschine sowie die Espenlaub 5 »Berlin«. Damalige Leistungen: 50 min. Flugzeit und 18 km Strecke.

259 **Rhön-Wettbewerb 1924. Fotokarte von Wolf Hirth auf »Roter Teufel«.**

Ebene oder ein größerer Überlandflug schien undenkbar.
So kam der 12. August 1926. Beim 7. Rhön-Wettbewerb hatte es bisher nur wenige kurze Flüge, aber um so mehr Bruch gegeben. Die Stimmung war auf einem Nullpunkt angekommen. An diesem Tag jedoch zog während des Wettbewerbs eine Gewitterfront herauf, so daß die Flugzeuge von Fritz Stamer mit einer roten Signalleuchtkugel zum Landen aufgefordert wurden. Dieser Aufforderung kamen auch alle nach, bis auf Max Kegel, der sich ein besonders stabiles Flugzeug gebaut hatte. Er berichtet: »In Eile wird gestartet, und in wenigen Minuten hatte ich eine größere Höhe. Die Gewitterwand kam immer näher. Ein ausgesprochenes Frontgewitter. Die »Witwe Bolte« und die »Cöthen« sehe ich in Richtung Lager abdrehen und landen.
Ich kurve nochmals dem Gewitter entgegen und komme in gewaltig aufsteigende Luftmassen. Sofort ist mir klar, daß ich auf Strecke in Richtung Neustadt fliegen müßte. Ich drehe in den Rückenwind ein, um aus den immer dichter werdenden Wolkenmassen herauszukommen. Aber die Rechnung war falsch. Die Wolkenbildung hat sich in großem Umfange so schnell vollzogen, daß ich nicht mehr herauskomme, obwohl ich jetzt in Zugrichtung des Gewitters fliege. Im Nu ist die Maschine in Wolken gehüllt. Es regnet – es hagelt! Längst ist die Erde meinen Blicken entschwunden und jede Orientierung unmöglich geworden. Die Flügelenden meiner Maschine sind nicht mehr sichtbar. Schwarze, dichte Wolken umgeben mich. Der Hagel sticht ins Gesicht. Nur mit Mühe kann ich meinen Geschwindigkeitsmesser ablesen.
Ich bin im Gewitter – mitten drin. Nach welcher Richtung fliege ich? Bevor ich in den Wolken verschwand, hatte ich den Wind im Rücken. Eigentlich müßte ich in wenigen Sekunden aus den Wolken herauskommen. Ich fühle dauerndes Steigen durch den Druckwechsel in meinen Ohren. Mein Flugzeug gleicht einem Blatt Papier, das in einem Kamin hochgezogen wird. Die Tatsache des fortgesetzten Steigens schaltet die Gefahr aus, plötzlich mit einem Berg, Wald oder anderem Hindernis in Berührung zu kommen.
Um mich ist tiefe Finsternis und ein Getöse, als stände ich unter einem Wasserfall. Sturmböen und Hagel finden am Sperrholzrumpf und an den Flächen gute Resonanz. Mein Hauptaugenmerk ist darauf gerichtet, die Beanspruchung der Maschine auf ein Minimum herabzudrücken. Ich versuche, sie nach Möglichkeit auf ihrer Eigengeschwindigkeit von 16 m/sec (58 km/h) zu halten. Plötzlich auftretende, aber lang anhaltende Windstöße von irgendwoher lassen es nicht vermeiden, daß der Fahrtmesser bis zu 20 m/sec anzeigt, sich dann überschlägt und danach nur 8 bis 10 m/sec gibt – also in Wirklichkeit über 30 m/sec (110 km)!
Jetzt heißt es Ruhe! Und wieder Ruhe! Ich brülle laut »Ruhe«, mehrere Male. Um jegliche Schwingungen der Flächen zu verhüten, ziehe ich ganz langsam und gleichmäßig die Maschine auf 16 m/sec.
Plötzlich – Totenstille um mich! Der Zeiger geht rapide auf 4 m/sec zurück und die Maschine rutscht nach hinten, nicht über die Fläche! Das Gefühl für die richtige Querlage habe ich noch immer. Ganz langsam und vorsichtig drücke ich wieder auf 16 m/sec. Das wiederholt sich mehrere Male!
Schmerzlich vermisse ich einen Höhenmesser, und endlos scheint mir die Zeit. Dann plötzlich sackt die Maschine unter dem Sitz weg – ein kräftiger Fallwind und dann wieder das Gefühl senkrechten Steigens. Könnte ich doch nur einen Augenblick die Erde sehen, um mich von der Lage der Maschine zu überzeugen! Es muß doch unendlich lange Zeit sein, daß mich schwarze Wolken umgeben.
Jetzt wird es heller – ein Wolkenloch huscht vorbei. Einen Augenblick nur, aber es genügte, um mich zu überzeugen, daß ich mich auf mein Gefühl für die richtige Querlage verlassen konnte.
Rechts von mir werden die Wolken heller, – noch ein Wolkenloch – ein leichter Druck ins Seitensteuer, und ich fliege in dieser Richtung. Nur noch Sekunden, und die Wolken nehmen ein Ende! Das schönste Wetter umgibt mich, und unter mir vielleicht 1500 bis 1800 m tief eine Landschaft im Sonnenschein.
Wo bin ich? Von der Wasserkuppe nichts zu sehen – kein bekannter Punkt. Das Korn steht in Garben auf den Feldern – als Tiefland. Fuldaer Gemarkung? Nein! Neustadt? Kann sein. Den Wind habe ich im Rücken, also auch die Wasserkuppe. Eine Freude! Geschmunzel! Neustadt und diese Höhe!
Dort Königshofen und da die Fränkische Saale. Herrlich und geräuschlos schwebe ich durch die Lüfte. Ich nehme Kurs auf Neustadt und schneide dann rechts ab nach Königshofen. In schnellem

◄◄ *261* Offizielle Postkarte des Badisch-Württembergischen Segelflugwettbewerbes 1926. Abgebildet ist die Grenze zwischen Baden und Württemberg bei Mühlhausen/Würm.

◄ *262* Fotokarte von Wolf Hirth mit Unterschrift. Wolf Hirth zur Zeit seiner größten Flugerfolge.

Fluge mit dem Winde im Rücken überfliege ich eine Ortschaft nach der anderen. Verstohlen schau ich ab und zu halbrechts hinter mich, wo das Gewitter zieht. Vor mir breitet sich der Thüringer Wald aus. Jetzt habe ich noch eine Höhe von 300–400 Metern, und unter mir liegt ein Kirchdorf. Mit lautem Hallo überfliege ich es. Zwei Kilometer südlich lädt eine wunderbare Wiese zum Landen ein. Wer weiß, ob ich noch einen so guten Landeplatz finde, also hinab! Im Kurvenflug gehe ich nieder, ein leises Rutschen, ein kurzer Ruck die »Kassel« steht. Langsam klettere ich aus dem Sitz. Durch herbeieilende Landleute erfahre ich, daß ich in Gompertshausen bei Coburg bin.«[68]

Dieser neue Weltrekord von 55,3 km, der Kegel den Spitznamen »Gewitter-Maxe« einbrachte, war ein beispielloser Triumph, da hier, ohne es zu ahnen, ein Thermik- und Wolkensegelflug gelungen war, was systematisch jedoch erst viel später durch Robert Kronfeld und Wolf Hirth erkannt wurde.

Neuer Schwung war wieder in die Segelfliegerei gekommen. Auch die kleinen Vereine und Landesverbände wurden aktiv. So fand an der Grenze zwischen Baden und Württemberg bei Mühlhausen/Würm am 28. November der 1. Badisch-Württembergische-Segelflugwettbewerb statt. Im Rahmen dieser Veranstaltung wurde zwischen 15 und 16 Uhr auch Luftpost mit Segelflugzeugen ins Tal geflogen. – Eine kleine Pioniertat.

Der 8. Rhön-Wettbewerb (1927) brachte ebenfalls

eine Neuerung. 71 Segelflugzeuge hatten sich – nach dem Erfolg von Max Kegel im letzten Jahr – gemeldet. Die Sensation dieses Jahres war jedoch kein neuer Weitflug, sondern eine neue Art des Startens. Gottlob Espenlaub – ein schwäbisches Original – demonstrierte den Fachleuten des Segelfluges den Motorschleppstart. Er hatte dabei sein Segelflugzeug durch ein langes dünnes Drahtseil mit einem Motorflugzeug verbunden und sich so in höhere Luftschichten hochziehen lassen. Bei beiden Flugzeugen bestand die Möglichkeit, zum gegebenen Zeitpunkt »auszuklinken«. Diese einfache, aber geniale Idee hatte einen ungeahnten Siegeslauf vor sich, da hierdurch die Segelfliegerei nicht mehr nur auf Berge mit Aufwinden angewiesen war, sondern nun auch in der Ebene durchführbar war.

1928 beim 9. Rhön-Segelflug-Wettbewerb gab es eine weitere Neuerung von entscheidender Bedeutung: das Variometer.

Alexander Lippisch und Prof. Georgii hatten die Idee, dieses aus dem Flugzeugbau stammende Gerät im Segelflugzeug zu benutzen, damit der Pilot schneller die Thermik erkennen konnte. Als erstem wurde es Robert Kronfeld mit der Auflage eingebaut, darüber Stillschweigen zu bewahren. Dieser deklarierte das Gerät kurzerhand als »Kaffeebehälter«. Während des Wettbewerbes gelang dann auch Kronfeld die Sensation. Sein »Himmeldunkberg-Flug« zeigte exemplarisch die große Überlegenheit des Variometers. Kronfeld ließ sich dabei von einer Kumuluswolke auf 170 m tragen, fand südöstlich einen zweiten Wolkenaufwind, der ihn auf 430 m Höhe über der Startstelle brachte und schaffte es dann, durch Hangsegeln am Himmeldunkberg eine Höhe von 540 m zu erreichen. Damit wurde zum erstenmal systematisch die Thermik der Wolkenaufwinde benutzt. Ein Jahr später erreichte Kronfeld bereits eine Höhe von 2550 m über der Startstelle.

Aber auch sonst vollbrachten die Teilnehmer des 9. Rhön-Segelflug-Wettbewerbes erstaunliche Leistungen. Nehring gelang ein neuer Weltrekord von über 70 km, und Wolf Hirth belegte mit 41 km den zweiten Platz. Er berichtet darüber: »Spät abends gestartet, geriet meine »Württemberg« nach kurzer Zeit in etwa 120 m Höhe über Start tief in die Wolken und verließ in ihnen das Wasserkuppenmassiv im Rückenwind. Nach einer Zeit, die mir sehr lang vorkam, wurde der Nebel um mich her dünner, und ich konnte die Gegend unter mir erkennen. Zweifellos hatten die Wolken etwas Höhengewinn gebracht, der mir aber nun schnell wieder verloren ging. Am »Himmeldunkberg« wurde 10 Minuten gesegelt, ohne viel Nutzen; dagegen brachte seine Rückseite einen derartigen Abwind, daß um ein Haar am »Arnsberg« eine Notlandung erfolgt wäre. Wenige Zentimeter über dem Boden streifte die Kufe durch das Gras einer hohen Wiese am Fuße des Berges, als mich eine kleine Mulde am Hang 20 m hoch warf und mir so Gelegenheit gab, nun zum nächsthöheren Hang hinaufzufliegen. Eine Anzahl Jungens, die Vieh hüteten, war mir schon johlend entgegengelaufen, um mich nach meiner Landung zu begrüßen. Zweifellos fühlten sie sich sehr an der Nase herumgezogen, als ich nun weiterflog. An einer günstigen Waldecke gab's mächtig Auftrieb, so daß im Handumdrehen die Wolken wieder erreicht waren. Im Nu war ich mitten in der weißen Nebelmilch und ging dem Gefühl nach in Rückenwindrichtung. Im leichten Dunst fliegend, ging's nun hinaus ins tiefe Tal bei Sandberg, weiter und weiter über Wälder und Berge. Links von mir in der Ferne entdecke ich beim Geländesuchen ein breites Tal mit ziemlich hohen Randbergen. Dorthin ging mein Sinn und infolgedessen auch mein Flug. Eine große Stadt in Sicht, ein Flugplatz mit Tribünen. Das weltbekannte Bad Kissingen. Dort war kurz vorher mein Kamerad Dittmar gelandet. Es kostete Überwindung, mich nicht auch auf dem bequemen Platz wieder der Erde anzuvertrauen. Aber es hieß: Kilometer schaffen. Also weg über Kissingen. Aus 40 m Höhe schrie ich auf den Bahnhof mein Hallo hinunter, so daß viele erstaunte Gesichter das lautlose Luftgespenst anstarrten. Nach Kissingen hört das Tal bald auf, aber noch einmal konnte ich Höhe gewinnen, da, wo die Straße und Bahn nach Schweinfurt die Höhe erklommen hatte. Dort laufen zwei Bergrücken im spitzen Winkel zusammen und pressen den Wind, so daß er den großen Vogel mit Leichtigkeit hinüberhob.

Auf der Straße ein Auto. Das bringt dich ans Telephon, sagte ich mir sofort. Schon habe ich auch ein Stoppelfeld im Auge. Eine Steilkurve in 10 m Höhe, abfangen. Sanft setzt sich mein edler Segler in 10 m Entfernung von der Straße auf den Grund.«[69]

263 **Fotokarte von Wolf Hirth's Autoschleppversuchen in der Segelflugschule Grunau im Riesengebirge.**

Autoschleppflug mit der Spezial-Maschine der Segelflugschule Grunau i. R.

264 **Das Fliegerlager Hornberg, Gaststätte. In der Luft, Wolf Hirth's »Moazagotl«. Entwurf: Reichardt.**

Neue Thermikflüge

Im Jahre 1930/31 ging Wolf Hirth auf Einladung von amerikanischen Segelfliegern nach Amerika. Die Reise führte mit seiner Klemm über Island und weiter mit dem Dampfer nach New York. Mit im Gepäck hatte er auch sein Segelflugzeug »Musterle«, das er nach New York hatte vorausschicken lassen. Er nahm hier an verschiedenen Veranstaltungen teil, und auf dem 1. Nationalen Segelflugwettbewerb in Elmira gelang ihm die Sensation. Er berichtet: »Es war ein klarer, blauer Tag ohne Wolken und mit herrlicher Fernsicht. Mit einigen anderen Segelfliegern flog ich im Hangwind des South Hill bei Elmira und erreichte dabei mit Gus Haller, der die »Schloß Mainberg« von Edgar Dittmar flog, eine Höhe von 400 Metern über Start. Als ich schon eine halbe Stunde in der Luft war, sah ich plötzlich, wie Haller am anderen Ende des Hanges rasch in die Höhe stieg. Sofort flog ich in dieselbe Gegend und beobachtete genau mein Variometer, das bis dahin auf 0 gestanden hatte. Kaum war ich in die Zone gekommen, die Haller kurz vorher durchflogen hatte, zeigte mein Variometer 2 m/sek Steiggeschwindigkeit an. Jetzt begann ich zum erstenmal zu kreisen und legte das Flugzeug bald so steil, wie man es normalerweise beim Hangfliegen nie macht. Ich stieg weiter und hörte nicht auf zu kreisen, bis mein Variometer endlich in 950 Meter Höhe wieder auf 0 zurückging. In dieser Höhe entschloß ich mich zum erstenmal in den USA, einen Streckenflug zu versuchen, und zog geradeaus nach Osten. Ich war sehr glücklich, weil ich nun wußte, daß wir großen Menschenvögel das Gleiche tun konnten wie die Adler und Geier. Bisher hatte die Fachwelt geglaubt, daß bei so steilem Kreisen die Sinkgeschwindigkeit eines Seglers viel zu groß sein würde, um im Thermikaufwind noch steigen zu können. Auch das Kreisen der Raubvögel, dessen Bedeutung bisher nur wenigen bekannt war, hatte nun seine praktische Bestätigung gefunden. Da die »Wärmeschächte«, die gleichsam wie unsichtbare Paternoster von der Erde aufsteigen, räumlich sehr begrenzt waren, so erforderte dieses »Wärmesegeln« die besondere Taktik des Steilkreisens. Kurze Zeit später begegnete ich zwei Bussarden, die etwas unter mir kreisten. Ich schloß mich ihnen an und hatte das Glück, dabei feststellen zu können, daß ich genau so eng kreiste wie sie und nicht weniger schnell stieg.

Zum drittenmal an diesem Tage stieg ich wieder bis auf 900 Meter hinauf. Im Süden zeichneten sich die Kämme des Alleghany-Gebirges ab, so daß ich mit mir kämpfte, ob ich nicht auch noch dorthin fliegen sollte. Aber schließlich gab ich mich mit dem Erreichten zufrieden. Ich glaube, es war der schönste Tag meines Lebens, als ich damals in fast 1000 Meter Höhe tief und beglückt aufatmete, nicht nur um des großen fliegerischen Erlebnisses wegen, sondern weil mir in diesem Augenblick bewußt geworden war, daß aus den Erfahrungen dieses Fluges heraus die ganze Segelfliegerei in Zukunft einen gewaltigen Aufschwung nehmen würde. Jetzt erst, nachdem wir nicht mehr nur eine dunkle Ahnung von der »Thermik« hatten, sondern wußten, wie sie »aussah« und wie sie bewußt genutzt werden konnte, waren wir frei von den Fesseln des Hangwindes, brauchten wir nicht mehr auf Wolken und Gewitterfronten zu lauern. Überall, wo es thermische Aufwinde gab, würden wir jetzt den Raubvögeln gleich steil in die Höhe kreisen können, um dann,

gleichsam von »Thermikblase zu Thermikblase« schwebend, über die Lande zu ziehen. Ich glaube nicht, daß Christoph Kolumbus, als er nach wochenlanger Seefahrt endlich Land erblickte, glücklicher gewesen sein kann als ich damals hoch in den Lüften über dem Susquehanna-Tal, als sich mir im »Flug mit dem Sonnenwind« ein neues Geheimnis der Natur offenbart hatte.«[70]
Dieser »Blauthermikflug«, bei dem Hirth die Technik des »Steilkreisens« entdeckte führte ihn über eine Strecke von 53 km.
Durch diesen Erfolg ermuntert, kam Wolf Hirth der Gedanke, die Thermik, die durch die Erwärmung über einer Großstadt entsteht, auszunutzen. Nach zähen Verhandlungen genehmigten ihm die New Yorker Behörden einen Flug über der Stadt. Er startete von einem winzigen Platz am Hudsonriver und kreiste 40 Minuten über dem Broadway. Da die Behörden ein Verkehrschaos befürchteten, wurde er durch Signale zum Landen aufgefordert.
Im Frühjahr 1931 kehrte Wolf Hirth nach Deutschland zurück und übernahm die Leitung der Segelflugschule in Grunau. Hier führte er Techniken ein, die er in Amerika erprobt hatte. So wurden regelmäßige Autoschlepp- und Schwanzspornschleppstarts durchgeführt und der Segelflug in der Ebene demonstriert.

Rhönwettbewerb 1931

Von Ende Juli bis zum 5. August findet 1931 der alljährliche Rhönwettbewerb statt, der typisch auch für die späteren Wettbewerbe werden wird. Die drei großen Flieger, Günter Groenhoff, Wolf Hirth und Robert Kronfeld beherrschen das Geschehen. Am 4. Tage kommt eine Wolkenfront auf die Rhön zu, und sowohl Groenhoff als auch Hirth starten sofort. Ihnen gelingt es, die Front zu erreichen, und neue Weltrekorde werden geflogen. Hier der Bericht von Günter Groenhoff: »In 7 Minuten werden die zwölf Maschinen in die Luft geschossen. Ich bin als zweiter losgekommen und sehe nun, wie einer nach dem anderen von unten heraufwächst. Der Aufwind ist überall so gut, daß sich die Segler an den Hängen der Wasserkuppe bis nach Gersfeld verteilen. Es wird schon ekelhaft bockig. Wolkenfetzen ziehen unter einem weg, und der Wind wird so stark, daß man wie angenagelt über einem Punkt auf der Erde stehen bleibt. Es fängt an zu regnen. Tief durchgewölbte und zerfetzte Wolken ziehen in gleicher Höhe heran. Ich stelle fluchend fest, daß wir alle die Front verpaßt haben. Es gibt nur noch eine Rettung: ihr schnell nach Osten nachfliegen. Ich muß der Front dicht auf den Fersen sein, denn nicht weit vor mir scheint schon die Sonne. Mit einem Mal liegt der »Fafnir« ruhig wie ein Brett und steigt mit vier bis sechs Meter pro Sekunde der nun gut sichtbar gewordenen Gewitterwalze zu. In nur 3 Minuten steige ich von 1000 auf 2000 m Höhe! In der ruhigen Luft vor der Front patrouilliere ich hin und her und habe Zeit, Umschau nach meinen Kameraden zu halten. An der Front scheint niemand zu sein, aber da unten dicht über dem Wald bewegt sich ein kleiner weißer Strich. Tatsächlich: da kurvt an den Hängen dicht vor Meiningen eine Segelkiste. Deutlich kann ich verfolgen, wie sie in den Frontaufwind kommt und sich schnell meiner Höhe nähert. Es vergehen ein paar Minuten, und schon segeln wir vielleicht nur 20 m aneinander vorbei: Wolf Hirth mit seinem »Musterle«. Mit der Front ziehen wir stundenlang gemeinsam weiter. Zuerst geht es über den Thüringer Wald, dann nach Gotha und nun erscheint Erfurt mit seinem mir so gut bekannten Flugplatz. Die Wolkenbildung vorm Gewitter wird oft so dicht, daß ich sehr aufpassen muß und das »Musterle« aus den Augen verliere.
Ich lege nun allen Wert darauf, möglichst große Höhe zu bekommen für den Höhenforschungspreis des Wettbewerbs, der eine Höhe von 2000 m über Start vorschrieb. Richtig erreiche ich mit viel Geduld 3000 m, das sind 2050 m über der Wasserkuppe. Dann fliege ich ein Stück von der Front fort, um zu sehen, welche Ausdehnung sie hat und wie stark sie überall ist. Geschlossen zeigt sich die ganze Gewitterwalze: in dieser Wolkenwand von vielleicht 300 m Höhe, in der unheimlich viel Bewegung und Turbulenz ist, bilden sich die Dunstmassen um. Wirbel entstehen, werden immer größer und verschwinden ins Gewitter. Manchmal drehen sich die ganzen Wolkenmassen in großen Walzen und werden wieder durch kleine Walzen, die quer dazu liegen, unterbrochen. Aber die ganze Front bildet einen geschlossenen Streifen, den ich, soweit es die

265 **Segelflugtage in Krummhübel am 25. und 26. Juli 1931. Segelflüge im Iser- und Riesengebirge. Entwurf: Matzker. Opferkarte des Bundes deutscher Flieger.**

◀◀ *266* **Rhön-Wettbewerb 1931. Streckenflug zweier Segelflugzeuge mit der Gewitterfront (Wolf Hirth auf »Musterle« und Groenhoff auf »Fafnir«). Herausgegeben vom Württembergischen Luftfahrt-Verband. Zeichnung: Siegfried Werner.**

◀ *267* **Günter Groenhoff, der Weltrekord-Segelflieger zur Zeit seiner größten Flugerfolge. Zeichnung: Hans Brähler, Fulda.**

diesige Luft zuläßt, ganz verfolgen kann. Weiter dahinter zucken, abwechselnd an der einen Stelle und dann wieder viel weiter weg, ein paar Blitze zum Boden. Der Donner folgt, bald schnell, bald langsam, mit eigenartigem Dröhnen. Es wird dunkler. Ich muß mich entscheiden, ob ich lieber eine sichere Landung noch bei Dämmerung oder einen Nachtsegelflugversuch am Gewitter machen will. Aber gerade dazu hatte ich mir ja den Scheinwerfer beim Start noch schnell eingepackt. Wo Hirth ist, weiß ich nicht. Es ist Wettbewerb. Ich muß alles versuchen.

Ich darf die Orientierung nicht verlieren. Armer »Fafnir«! Ich bin in eine vorgelagerte Gewitterwalze geraten, wo er in unbeschreiblicher Weise hin- und hergeworfen wird. Ich bin nicht angeschnallt und muß mich, wenn mich eine Böe vom Sitz hebt, mit gestreckten Armen fest am Steuer halten, um in der Maschine zu bleiben. So plötzlich die Böen wechseln, so wenig kann und darf ich sie durch Steuern ausgleichen, um nicht noch zusätzliche Beanspruchungen in die schon überstark belasteten Tragdecks zu bringen. In der Dunkelheit sehe ich nur schwach, wie die Flügelenden sich bis auf das Äußerste verbiegen! Ich fühle, wie die Steuerflächen am Schwanz in Schwingung kommen. Es ist ein Wunder, daß der »Fafnir« aushält.

Vier Minuten lang verbleibe ich in dieser turbulenten Zone. Sie erscheinen mir wie eine Ewigkeit. Noch einmal gewinne ich an Höhe, verliere aber im

268 **Rhön-Wettbewerb 1931. Fotokarte von dem Segelflugzeug »Fafnir« mit Günter Groenhoff in der Kurve. Adressiert an Sebastian Mendelsohn-Bartholdy, Fliegerschule Grunau.**

Dunkeln an der sehr unregelmäßigen Front den Anschluß und komme soweit herunter, daß ich an die Landung denken muß. Vor mir liegt ein Lichtermeer, das ich noch zu erreichen hoffe. Der Boden kommt näher. Ich suche nach einem Flugplatz, kann aber nichts erkennen und strebe deshalb den großen Ackerflächen eines Gutshofes zu. Es bremst stark, die Seitenwände des Rumpfes werden eingedrückt und eine Menge Ackererde fliegt mir ins Gesicht. Ich hatte mit diesem Flug den internationalen Streckenrekord mit 220 km und den deutschen Höhenrekord mit 2050 m gewonnen. Ich bin in Meitzendorf, dicht bei Magdeburg gelandet!«[71]

Hirth gelingt es in Friedensburg bei Halle, 175 km von der Wasserkuppe entfernt, zu landen. Damit schlägt auch er den bisherigen Entfernungsrekord von 165 km.

Von einem Flug, der in der darauffolgenden Woche stattfindet erzählt uns Wolf Hirth: »Am 2. August war eine für den Rhönwettbewerb seltene Wetterlage eingetreten, frischer Ostwind. Infolge eines besonderen Umstandes kam ich erst gegen Mittag an den Start, nachdem andere, voran der Breslauer Marcho-Silese Pfeiffer, vom Eube-Osthang aus schon Höhen von fast 1000 m über Start erreicht hatten. Auch Groenhoff war in großer Höhe verschwunden. Als ich startete, hatte der Wind bereits wesentlich nachgelassen, so daß mein Segler sich nur mit Mühe halten konnte.

Nach der von mir im vorhergehenden Jahre in Amerika erstmals versuchten Methode des gleichmäßigen Kreisens im thermischen Aufwind, die ich bei 5 Flügen in Grunau gründlich geübt hatte, gelang es mir auch dieses Mal wieder, ohne Wolkenhilfe und unabhängig vom Hangwind gleichmäßig weiterzusteigen. In etwa 200 m Höhe verließ ich die Kuppenhänge und gelangte in stetigem Kurven auf 600 m über Start. Die Wasserkuppe war schon etwa 8 bis 10 km entfernt, als die erste Thermikblase restlos erschöpft war und keinerlei Aufwind mehr spendete. Aber bald zeigten mir einige hochgetriebene Schmetterlinge, daß ein neues Aufwindfeld in der Nähe sei. Dies brachte mich zwar nicht viel höher, aber wenigstens einige Kilometer weiter. Es war dann etwas südlich von Fulda, wo ein 100 m tiefer fliegender Greifvogel mich auf neue hochdrängende Luftmassen aufmerksam machte. Als ich einige Kreise gedreht hatte und mich in der weiteren Umgebung umsah, sah ich eine Maschine aus Norden in geradem Fluge auf mich zukommen. Es war Groenhoff mit seinem »Fafnir«. Es war ein großer Zufall, der uns trotz verschiedener Startzeit, nach längerem Fluge zusammenbrachte. Natürlich blieben wir beisammen, was sich als Vorteil herausstellte, weil einmal dieser, einmal jener einen Aufwind fand, den wir dann beide ausnutzen konnten. So zogen wir oft zehnmal im engen Kreise umeinander herum, hintereinander her. Von unten muß es wie Luftkampf ausgesehen haben. Tatsächlich war es aber Luftzusammenarbeit.

Ein größerer Fluß tauchte unter uns auf. Nachdem wir etwa 1 bis 1½ Stunden zusammen gesegelt waren, hatte ich plötzlich den »Fafnir« aus den Augen verloren und konnte ihn trotz eifrigen Suchens nicht mehr entdecken. So mußte es eben allein weitergehen. Den Fluß hatte ich für den Main gehalten, merkte aber bald, daß das nicht stimmen konnte. Bisher hatten feine, weiße Wolkenfetzen gelegentlich noch die Kronen der Thermiksäulen angezeigt. Jetzt, gegen Abend, hörte das ganz auf. Um diese Zeit, etwa 3 ½ Stunden nach dem Start, erblickte ich fern in meiner Flugrichtung ein breites, silbernes Band, das sich in Schlangenlinien durch die Landschaft zog. Eine Ahnung wurde bald zur Gewißheit. Tiefbeglückt und von einem stolzen Gefühl beseelt, flüsterte ich mir selbst zu: »Junge, Junge, bis dorthin muß es noch reichen, bis an den Rhein.«

Das Gelände unter mir wurde freilich bald unfreundlicher. Langsam verlor ich Höhe. Bei Bad Ems war ich nur noch wenige hundert Meter über Grund. Sorgenvoll streifte der Blick umher. Schwer wurde die Entscheidung: Wie weiterfliegen? Aber noch einmal half mir das Glück. Nachdem ich kurze Zeit an einem der muldenförmigen Lahnberge gesegelt war, fand ich nochmals eine recht brauchbare Wärmeblase, mit der ich, eine endlose Spirale fliegend, stieg und weiterzog. Wohl 1000 m hoch überquerte ich den deutschen Strom zwischen Oberlahnstein und Koblenz. Dampfer qualmten den Fluß entlang. Oberhalb Koblenz lagen Tausende von Menschen am Ufer. Viele sahen wohl das erste Segelflugzeug im Fluge. Als ich die Mosel überquerte, war es aus mit dem Aufwind. Die Nase meines großen Holzvogels zeigte nun etwas mehr nordwärts. Da die Thermik am Abend nachließ, konnte nur Hangwind in der Eifel weiterhelfen. Aber die Eifel war zu weit. Schneller als mir lieb war, verlor ich meine Höhe und lenkte deshalb zurück zur Mosel, mehr in Richtung Süden. Eine schwere Aufgabe wartete noch auch mich, die Landung in einer Gegend, die nur kleine von Obstbäumen und elektrischen Leitungen umsäumte Felder kennt. Aber mit Glück konnte ich auch meinen 21. motorlosen Streckenflug bruchlos beenden. Leider gab es insgesamt vier »Brohl's« in dieser Gegend, so daß mich meine Transportmannschaft erst am anderen Morgen erreichte. 192 km ergab die Vermessung der Strecke. Zum ersten Mal in der Geschichte der Rhönsegelflüge flogen wir dieses Mal weit nach Westen. Immer weiter werden Streckenflüge; immer unabhängiger werden sie von Bodenformationen und Himmelsrichtung.«[72]

Der Segelflug hatte sich 1932 endgültig vom Hangfliegen »emanzipiert« und es ging nun, wie Peter Riedel es ausdrückte, über »sonnige Weiten«. Neue Namen tauchten auf, Heini Dittmar, Hanna Reitsch, Hermann Mayer, Kurt Schmidt, Wolfgang Späte und viele andere. Neue und leistungsfähigere Flugzeuge wurden konstruiert und neue Weltrekorde geflogen. Jedoch auch hier, mit zeitlicher Verzögerung im Vergleich zu der Motorfliegerei, gewann die Politik immer größeren Einfluß. Die Segelfliegerei wurde uniformiert. Es gab nun Segelflug-Sturmführer, Truppenführer und Scharführer, und damit vollzog sich der Wandel vom reinen Sportflug zur Vorschule der militärischen Fliegerei. Die Segelflugschulen wurden nun als Ausbildungsstätten zukünftiger Kriegsflieger mißbraucht.

Internationaler Segelflug

Ab 1933 wurde der Segelflug in Deutschland kräftig gefördert. Viele Pioniere, die bis dahin alles aus eigener Tasche bezahlt hatten, konnten nun »aus dem Vollen« schöpfen. Deutschlands Segelflugsport sollte nicht nur, sondern »mußte« die Nr. 1 in der Welt werden.

An der Technischen Hochschule Darmstadt wurde das ehemalige Forschungsinstitut von Prof. Georgii dem DLV (Deutscher Luftfahrtverband) angeschlossen und in »Deutsche Forschungsanstalt für Segelflug« (DFS) umbenannt. Hier wurden nun Lehrgänge für Blind- und Kunstflug abgehalten und Höchstleistungssegelflugzeuge konstruiert. Für diese Aufgabe waren in erster Linie der Rhönpionier Fritz Stamer, Ing. Hans Jacobs, sowie Alexander Lippisch verantwortlich. Segelflugzeuge wie »Wien«, »Fafnir«, »Condor«, oder »Windspiel« entstanden in diesen Jahren.

Die »Kanonen« der deutschen Segelfliegerei wurden (ähnlich wie 1925 nach Rußland) ins Ausland geschickt, um für den Segelflugsport zu werben. Wolf Hirth, Peter Riedel, Heini Dittmar und Hanna Reitsch fahren so 1934 unter Leitung von Prof. Georgii nach Südamerika. Hirths »Moazagotl« besteht in den argentinischen Anden seine Bewährungsprobe und Dittmar erringt einen neuen Höhenweltrekord von 4350 m über Start. Weitere Reisen mit verschiedenen Teilnehmern folgten nach Finnland,

269 **Hanna Reitsch, die bekannteste deutsche Segelfliegerin. Foto: Iffland 1934. »Meinem lieben Vater Hirth, von seiner Adoptiv-Enkelin Hanna«.**

270 **Rhön-Wettbewerb 1933. Hanna Reitsch auf Segelflugzeug Grunau Baby II »Christian«.**

Japan und Schweden. In Japan reißt die »Minimoa« – das erste in Serie gebaute Segelflugzeug der Welt – die Japaner zu wahren Begeisterungsstürmen hin. Wolf Hirth wird im Namen des Kaisers von Japan für sein Engagement hoch dekoriert.

Aber auch in der angrenzenden Schweiz wurde geflogen. 1935 fand hier das erste Internationale Segelfliegerlager auf dem Jungfraujoch statt. Hermann Schreiber aus Bern gelang dabei die erste Alpenüberquerung im Segelflugzeug. Gesamtsieger wurde Heini Dittmar. Die Überquerung des Alpenmassives wurde nun die Herausforderung vieler Piloten. Heini Dittmar gelang es 1936, das Tauernmassiv zu überqueren, und dann 1937 schafften es allein 7 Piloten, bis nach Norditalien zu fliegen. Eine von Ihnen, Hanna Reitsch berichtet darüber: »Fünfhundert Meter über dem Flugplatz Salzburg mußte sich jeder Teilnehmer vom Schleppseil der Motormaschine lösen. Gegen zehn Uhr vormittags war ich zum Start an der Reihe. Sobald ich mich vom Schleppseil gelöst hatte, flog ich die Ostseite des Untersberges an, die die meiste Sonnenwärme aufgespeichert haben mußte. Da plötzlich lupft es mich. Erst sanft, dann immer stärker, immer schneller, – das Variometer steigt einen Meter, dann zwei, dann drei Meter je Sekunde. Ich kreise steil und eng, ganz dicht am Hang, gerade so, als müßte meine Flügelspitze die Bäume berühren. Wir sind gerettet. Nun habe ich die Höhe des Watzmanngipfels erreicht. Ich kreise weiter. Die Wolkenbasis dehnt sich entlang seines Grates aus. Mich lockt und ruft die Gletscherwelt. Ob ich versuche, bis zu ihnen vorzustoßen? Dazwischen liegt noch eine Klippe: die schroffe Kette des Steinernen Meeres. Schon habe ich Kurs dorthin genommen. Doch kaum habe ich den Watzmann verlassen, geht es mit großer Sinkgeschwindigkeit, mit vier bis fünf Meter je Sekunde, nach unten. Der Abwind läßt nicht nach. Jede Sekunde wird spannender. Das eben noch so stolze Glück der selbsterrungenen Höhe ist wie weggefegt. Längst ist der Grat des Steinernen Meeres höher, als ich mich mit meinem Vogel befinde, und jeden Augenblick wächst er vor mir drohend steiler

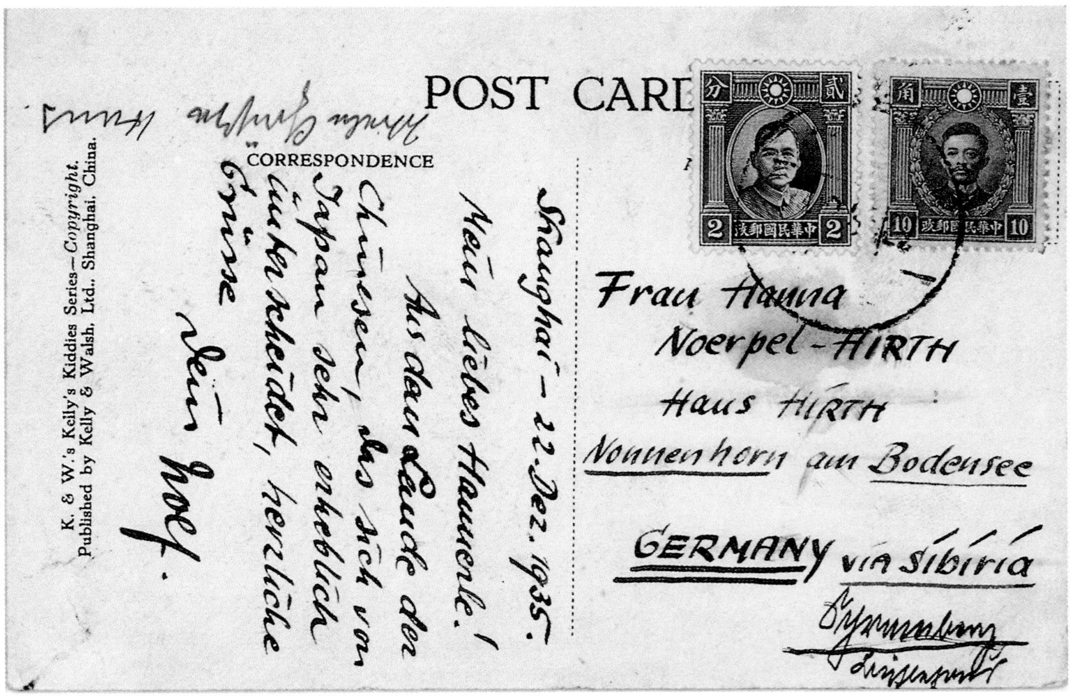

POST CARD

CORRESPONDENCE

K. & W.'s Kelly's Kiddies Series—*Copyright.*
Published by Kelly & Walsh. Ltd., Shanghai. China.

Shanghai – 22. Dez. 1935.
Mein liebes Hannerle!
Aus dem Lande der Chinesen, das sich von Japan sehr erheblich unterscheidet, herzliche Grüsse
Dein Wolf.

Frau Hanna
Noerpel-HIRTH
Haus HIRTH
Nonnenhorn am Bodensee
GERMANY via Sibiria

271 **Karte von der Japan-Exkursion Wolf Hirth's an seine Schwester Johanna. Dezember 1935.**

in die Höhe, da ich unaufhaltsam sinke. Jetzt bin ich von Bergen ganz umschlossen, und spüre, wie die Angst nach mir greift. Wenn dies das Ende meines Fluges bedeuten sollte...

Die Rumpfschnauze meines Vogels bleibt auf das Steinerne Meer gerichtet. Ich sinke weiterhin. Immer deutlicher vor mir erkenne ich das verwitterte, verwaschene Gestein seiner steilen Wände und Zakken. Doch über seinem Kamm bilden sich kleine Wolkenschleier, ein leiser Hoffnungsstrahl für mich. Werde ich sie aber je erreichen, bevor mein »Sperber« an den steinigen Hängen zerschellt?

Ein unheimliches Gefühl, die Bergwände immer höher anwachsen zu sehen! Unter mir keine Möglichkeit, den Vogel heil zu landen. Der blasse Schatten meines »Sperber-Juniors« zieht schon ganz nahe unter mir über den steinigen Boden. Die Angst würgt und schnürt meine Kehle. Da entdecke ich plötzlich, kaum dreißig Meter von mir entfernt, zwei Bergdohlen, die dicht an den Bergwänden kreisen. Ich fliege ganz nahe an sie heran, so nahe daß ich fürchte, mit den Flächen die Felsen zu streifen. Und nun lupft es auch mich. Ganz vorsichtig beginne ich zu kreisen, in jedem Augenblick wie ein Vogel darauf gefaßt, falls mich ein Windstoß zu nahe an die Felswand treibt, im »Turn« den »Sperber« abzukippen. Die Bergdohlen behalte ich ständig im Auge. Sie steigen schneller, sind schon über mir, sie können es besser. Wie einem Lotsen fliege ich ihnen nach. Dort, wo die Spalten des Gesteines vertikal gerichtet sind, scheinen sie am schnellsten Höhe zu gewinnen. Ich folge ihnen kreisend. Nach einer mühsamen halben Stunde überfliege ich in zweitausendsechshundertundsiebzig Meter Höhe den schneeblinkenden Grat des Steinernen Meeres. Über dem Steinernen Meer fliege ich von Wolke zu Wolke, um die letzte Höhe, in die der Aufwind reicht, auszunutzen. Über dem Hochkönig trägt mich eine Wolke bis auf dreitausendfünfhundert Meter Höhe hinauf. Das, was ich kaum erträumte, wurde Wirklichkeit. Ich flog jetzt auf den Hohen Tauern zu. Die ganze Bergwelt lag jetzt unter mir und schien wie für einen ewigen Feiertag in Licht und Glanz gehüllt. Einsam flog ich über die glitzernde, schweigende, schneebedeckte Pracht. Grünbläulich schillerten die Gletscher zu mir herauf. Ganz feierlich umflog ich den Großglockner, der mir wie ein mahnender Finger Gottes schien. »Du kleiner Mensch, – ist es nicht vermessen, was du hier tust?...« Ich schauderte vor Ehrfurcht. Es schien das Irdische mit aller Angst und Kleinheit von mir abzufallen. Zeit und Ewigkeit schienen sich zu berühren. Ich spürte nur, wie sich die Hände um den Steuerknüppel falteten und dicke Tränen mir die Wangen hinunterliefen. Als ich wie aus einem Traum erwachte, spürte ich, wie vor Kälte die Zähne aufeinanderschlugen und Hände und Füße so schmerzten, daß ich nur schwer Steuerknüppel und Pedale bedienen konnte. Ich mußte aber durchhalten. Meine Flugkarte konnte ich nicht mehr mit den klammen Händen greifen. Sie hätte mir auch nichts genutzt. Sie reichte nur im südlichsten Teil bis zum Großglockner. Ich hatte nicht geahnt, daß es mir beim ersten Versuch gelingen würde, so weit vorzudringen. Die Dolomiten wirken erschreckend aus meiner Höhe; geradeso als wollten sie mich aufspießen. Vor mir öffnet sich das Piavetal. Ich fliege nun im Gleitflug das versandete, steinige Flußbett der Piave entlang. Das Tal wird immer enger. Im Flußbett zu landen, verlockt mich nicht. Ich kehre um und versuche, die zuletzt überflogene Ortschaft zu erreichen. Es ist Pieve di Cadore. Ich wußte es damals nicht. Ich sah zu meinem Entsetzen, daß eine Wiese zum Landen nicht vorhanden war. Im Ort erkannte ich eine Kaserne, deren Hof von drei Seiten durch Gebäude eingeschlossen war und deren offene Seite in einen Fußballplatz verlief. Das müßte zum Landen ausreichen! Doch eine Pappelreihe, die den Platz abschloß, sollte mir fast zum Verhängnis werden. Ich mußte sie landend überfliegen. Eben, als ich kurz davor war, wurde ich von einer Fallböe erfaßt und hinuntergedrückt. Schon war ich tiefer als die Baumkronen. Der Vogel schien verloren. Jetzt mußte ich an meine eigene Rettung denken. Ich drückte in hoher Fahrt dicht an den Boden heran, um in der Mitte zwischen zwei Bäumen durchzurasen. Ich hoffte, daß die Flächen abreißen und der Rumpf mit mir am Boden entlang rutschen würde. Doch dicht vor den Bäumen spürte ich, wie ich in eine Aufwärtsböe gelangte, nutzte gleichzeitig den Fahrtüberschuß aus und zog mei-

272 **Heini Dittmar auf Fafnir II. Konstruktion Alexander Lippisch. Gebaut ab 1934. Das modernste Segelflugzeug in dieser Zeit.**

273 **Rhön-Wettbewerb 1935. Platz vor der »Hermann Göring-Halle«. Mehrere Segelflugzeuge vom Typ ›Condor‹.**

nen Vogel blitzschnell fast senkrecht in die Höhe. Er streifte leicht die Wipfel, sackte dahinter etwas durch und setzte etwas unsanft, aber heil am Boden auf. Ich glaube, ich blieb lange nur in der Stille dankend – in meinem Vogel sitzen, bis mich ein Stimmengewirr heranlaufender italienischer Soldaten wie aus einem Traum weckte. Ich war vor Kälte weder fähig, ein Wort zu sprechen, noch selbständig auszusteigen. Die Italiener hoben mich heraus. Meinen Vogel aber trugen sie in jubelndem Triumph auf ihren Schultern bis vor die Kaserne«.[73]

Die Rhönwettbewerbe waren in den dreißiger Jahren nach wie vor das Sportereignis von herausragender Bedeutung. 1933 siegte Wolf Hirth mit 176 km Strecke vor Peter Riedel 164 km. 1934 heißt der Gesamtsieger Ludwig Hofmann. Hervorzuheben sind jedoch auch in diesem Jahr die Streckenflüge von Dittmar und Hirth. Heini Dittmar, der zum Schluß die Nase vorn hat, gelang es Wolf Hirths Weltrekord, um 23 km zu brechen. Er schreibt darüber: »Endlich am Freitag, dem 27. Juli 1934, 12 Uhr mittags, brachten wir die Maschine an den Start. Schon nach 20 Minuten hatte ich die Residenzstadt Meiningen erreicht, die man leicht an dem in E-Form gebauten großen Schloß erkennen kann. Von nun an meist in den Wolken blind fliegend, unter genauester Beobachtung der Instrumente, um die Hauptflugrichtung nicht zu verlieren, erreichte ich bald den Thüringer Wald. Weil bisher alles so gut gegangen war – ich hatte fast durchweg eine Höhe von 1800 bis 2000 Meter –, wurde ich etwas leichtsinniger, durchflog verschiedene Aufwinde von 1 Sekundenmeter Stärke, um schnellere Fahrt zu gewinnen. Dabei und während ich mich bemühte, mein Mittagessen in Form eines Stückes trockenen Brotes aus der Tasche zu krabbeln, kam ich bis auf 700 Meter herunter. Nun hieß es gewaltig aufpassen, um den Flug nicht frühzeitig abbrechen zu müssen. Aber was nützt all das Aufpassen, wenn kein Aufwind mehr in der Nähe ist! Mehr und mehr sinkt mein treuer Vogel nach unten, da – plötzlich starker Aufwind. Ich freue mich schon, denn vorheriger Aufwind bedeutet kommenden Aufwind. Und schon merke ich ein leises Zittern in der Maschine. Gefühlsmäßig kurve ich nach einer Seite, um in den langersehnten Aufwind zu gelangen. Ein Blick auf das Variometer, das mir den Aufwind bestätigt, steiles Kurven, um in dem schmalen Aufwind zu bleiben, und nach 20 bis 25 Minuten habe ich meine alte Höhe von 1800 Meter wieder erreicht. Und nun ging's wieder mit großer Geschwindigkeit, als wenn mir jemand im Nacken säße, über das mir bekannte Skigelände Hof der tschechoslowakischen Grenze entgegen. Ich griff in meine Tasche, und – o Schreck, ich hatte wieder mal meinen Paß vergessen. Also entschied ich mich, die Grenze nicht eher zu überfliegen, bis es notwendig, d.h. nur dann, wenn es dadurch möglich wäre, den Rekord von Wolf Hirth zu brechen. Die Wolkenbasis war inzwischen auf 2200 Meter gestiegen. Bald hoch, bald tief fliegend ging's mit ziemlicher Fahrt, mit Seitenwind am Erzgebirge entlang. Bereits 4 Uhr war es geworden. Um mich über meinen unbequemen Sitz hinwegzutäuschen, sang ich oft vor mich hin. An Hand meiner Landkarte, die ich mir vor dem Start aus meinem Schulatlas herausgerissen hatte, stellte ich fest, daß ich bereits die 300 Kilometer-Grenze erreicht hatte. Da sich der Himmel über dem Erzgebirge mit einer Schicht von Stratokumulus-Wolken immer mehr bedeckte, die die Sonne nicht mehr durchscheinen ließen und dadurch jede Bildung von Aufwind unmöglich machten, so entschloß ich mich doch, in dem Bewußtsein, etwas Verbotenes zu tun, die Grenze zu überfliegen. Die Aufwindwolken waren drüben im böhmischen Flachland noch wesentlich günstiger, als über dem Erzgebirge. Schon aus großer Entfernung sah ich Prag liegen, und oftmals glaubte ich, landen zu müssen, fand aber immer noch einmal einen rettenden Aufwind: Aber auch hier bedeckte sich der Himmel nun mit Stratokumulus-Wolken, so daß ich nur noch einen langgestreckten Gleitflug nach Osten ausführen konnte, der sich bis auf die letzten 500 Meter vor die Ortschaft Ziban erstreckte. Ein Sprung über eine Telefonleitung, ein starker Slip, und meine treue »Sao Paulo« sitzt 375 Kilometer von der Wasserkuppe entfernt«.[74]

Die Strecken wurden immer länger und 1935 (16. Rhön) hatte man bereits die 500 Kilometer-Marke überschritten. 1936 (17. Rhön) waren zum erstenmal Zielflüge zu absolvieren. Gesamtsieger wurde hier Kurt Schmidt auf einer Mü 13d.

Größtes Ereignis im Segelflugsport vor dem II. Weltkrieg sollte jedoch der Internationale Segel-

207 **Werbekarte der Süddeutschen Lufthansa, 1926. Entwurf: Rudolf Lack.**

208 **Werbekarte der Süddeutschen Lufthansa. Winkende Frau mit Blumen. In der Luft eine Rohrbach Ro-8 »Roland«.**

◄ *209* Werbekarte der Deutschen Lufthansa von 1936 für die Südamerikaverbindungen, die mit Dornierflugbooten (Do J Wal) durchgeführt wurden. Entwurf: Hönig.

► *210* Werbekarte der Deutschen Lufthansa von 1936. »Auch im Winter wird geflogen.« In der Luft eine Junkers Ju 52/3 m. Entwurf: Meerwald.

► *223* Deutscher Rundflug, 31. Mai–9. Juni 1925, um den BZ-Preis der Lüfte. Entwurf: Ludwig Hohlwein, München.

◄ *224* Offizielle Postkarte vom Deutschen Seeflug, 1926. Gedruckt bei Hollerbaum & Schmidt, Berlin.

◀ *241* Deutschlandflug 1937 der vom 20.–27. Juni stattfand. Herausgegeben vom Nationalsozialistischen Fliegerkorps (NSFK). Abgebildet ist das Lilienthaldenkmal in Berlin mit Flugzeugen.

► *242* Me 108 ›Taifun‹. Die Maschine mit der Elly Beinhorn ihre Rekordflüge machte. Werbekarte des NSFK.

► *246* Deutschlandflug vom 22.–29. Mai 1938. Herausgegeben vom Nationalsozialistischen Fliegerkorps (NSFK). Klemm KL 35 und Bücker-Jungmann über einer Deutschlandkarte. Entwurf: K. Lorenz.

◄ *245* Flugtag Hannover, 25. September 1938. Herausgegeben vom Nationalsozialistischen Fliegerkorps (NSFK). Sportflugzeug Focke-Wulf FW 44 »Stieglitz« und Segelflugzeug »Minimoa« in der Luft. Entwurf: Jupp Wiertz.

◀ *251* Rhön-Wettbewerb, 1921. Künstlerpostkarte von K. Lindegreen. Abgebildet sind die Segelflugzeuge »Schwarzer Teufel« (Hang), »Espenlaub 1« (Boden), »Gothaer Doppeldecker« (Luft).

▶ *252* Rhön-Wettbewerb, 1922. Künstlerpostkarte von P. Schmiegelow. Die Wasserkuppe mit Segelflugzeugen. In der Bildmitte: Messerschmitt S 10 mit Wolf Hirth.

► *278* 18. Rhön-Segelflug-Wettbewerb vom 25. Juli–8. August 1937. Herausgegeben vom Nationalsozialistischen Fliegerkorps (NSKF). Entwurf: Hans Schmidt. Segelflugzeug D-Groenhoff (Type: Condor) im Fluge.

◄ *277* Werbekarte der Firma Sportflugzeugbau Schempp-Hirth, Göppingen. Segelflugzeug »Minimoa« das Flugzeug des Meisterfliegers! Entwurf: Siegfried Werner.

317 Douglas DC 3 der SAS (Scandinavien Airlines System). Es handelt sich um eine Leporello-Ansichtskarte aus Schwaben Anfang der 50er Jahre, zu einer Zeit in der die neue Lufthansa noch nicht gegründet war.

318 Douglas DC 6 der PAA (Pan American Airways). Dieses 4-motorige Verkehrsflugzeug wurde ab 1947 gebaut und verband in diesen Jahren Deutschland mit der Welt.

274 **Rhön-Wettbewerb 1935. Rhönadler »Oberst Reinhard« mit Steinhoff auf dem Flug zum Weltstreckenrekord Wasserkuppe-Brünn 502 km.**

flugwettbewerb auf der Wasserkuppe werden, der vom 4.–18. Juli 1937 stattfand. Auf Einladung des Istus (Internationale Studienkommission für Segelflug) kamen in diesen zwei Wochen sieben Nationen auf der Rhön zusammen (Schweiz, Österreich, Tschechoslowakei, England, Polen, Jugoslawien, Deutschland). Jedes Land durfte dabei höchstens fünf Flugzeuge melden. Dauerflüge, Höhenflüge und Zielflüge waren durchzuführen. Für die deutsche Mannschaft wurden Kurt Schmidt, Wolfgang Späte, Ludwig Hofmann, Heini Dittmar und Hanna Reitsch gemeldet, alles Piloten, die erfahrene Rekordflieger waren.
Am 4. 7. eröffnete Wolfgang von Gronau als Präsident des deutschen Aeroclubs feierlich den Wettbewerb. Am ersten Tag gingen Dittmar, Reitsch und der Pole Mynerski als Sieger hervor, die alle einen Flug bis Hamburg schafften. Leider waren die nächsten Tage verregnet, so daß erst am 8. Juli weitergeflogen werden konnte. In diesen nächsten Tagen wurde viel geleistet. Es kristallisierte sich allmählich eine Spitzengruppe heraus mit Dittmar, Hofmann und Späte. Am letzten Wettbewerbstag, den 17. August kam nochmals Spannung auf. Hanna Reitsch gelang ein Flug von 206 km, und es sah wie die Tagesbestleistung aus, doch eine ½ Stunde später kam die Meldung, daß Hans Sandmeier (Schweiz) ein Flug von 209 km gelungen sei. Damit konnte er den 4. Platz in der Endwertung verbuchen. Dem Dreiergestirn Dittmar, Hofmann und Späte wurde er jedoch nicht mehr gefährlich. Sie machten die ersten drei Preise in eben genannter Reihenfolge unter sich aus. Mit einem Gewinn von RM 2500,–, was dem Wert eines 6-Zylinder, 1,5-Liter-Autos entsprach, konnte Heini Dittmar auch recht zufrieden sein.
Dieser erste internationale Segelflugwettbewerb wurde später von der Istus als 1. Weltmeisterschaft des Segelflugsports anerkannt.
1938 und 1939 fanden die letzten Rhönwettbewerbe statt (19. und 20. Rhön). Es waren wieder nationale

275 **Istus-Vergleichsfliegen in Salzburg 1937. Pilot Hans Osann auf Segelflugzeug ›Windspiel‹. Start zur Überquerung der Alpen. Er landete in Buia, nördlich von Udine.**

276 **Rhön-Wettbewerb 1937. Pilot Felix Kracht auf I.V.A. 10b segelt am Nordhang. Kracht belegte bei diesem Wettbewerb den 4. Platz.**

Ausscheidungen, und interessante neue Flugzeugtypen kamen an den Start. Dazu gehörten die D-30 »Cirrus« der Akaflieg Darmstadt, ein Flugzeug, daß seiner Zeit weit voraus war, die »Weihe« von Hans Jacobs und das Nurflügelflugzeug »Horten II« und »Horten III«, mit welchem 1938 zwei schwere Unfälle passierten. Insgesamt gesehen waren es jedoch Wettbewerbe bei denen technische und militärische Fragestellungen im Vordergrund standen, während der sportliche Charakter spätestens seit Auflösung des DLV im April 1937 in den Hintergrund trat.
Als Beleg dafür, sei der »Flugsport« zitiert: »Nun ist auch die 20. Rhön beendet. Trotz der ungünstigen Wetterlage, wobei mit Ziel- und Dreiecksflügen besonders schwierige Aufgaben gestellt waren, wurden insgesamt 75 000 km zurückgelegt. Man müßte ein Buch schreiben, um die vielen Einzelleistungen festzuhalten. Zwischen den Spitzenfliegern Kraft, Schmidt, Braeutigam, Haase und Hofmann-Berlin entwickelte sich gegen Ende des Wettbewerbs ein scharfer Kampf. Die Nachwuchsflieger zeigten mit ihren Leistungen, daß sie der alten Garde in nichts nachstehen. Wenn man die Tagesberichte studiert, muß man staunen, was alles geleistet worden ist. Man erlebte alle Tage dasselbe Bild. Meistenteils war früh die Wasserkuppe noch in Nebel gehüllt, und doch standen schon die Mannschaften mit ihren Flugzeugen einsatzbereit am Hang, um bei Eröffnung des Startes möglichst schnell startbereit zu sein. Nach kurzer Zeit waren regelmäßig Kuppe und Hallen leer. Dann begannen die Lautsprecher, welche die ersten Landungen verkündeten, daran zu erinnern, daß die Segelflieger auf Strecke waren. Und dann füllte sich der Lande-Kasten vor dem Groenhoff-Haus mit den Meldungen. Die Entfernungszahlen stiegen – die Spannung wuchs –. Alles fieberte und wartete: Wer wird heute wieder die größte Leistung vollbringen? Und dann setzte der Rücktransport ein, der sich regelmäßig die Nacht durch bis zum Morgen hinzog. Schnell mußte geschlafen werden, um wieder am andern Tage ein-

279 **Rhön-Wettbewerb 1938. Pilot Otto Bräutigam auf »Weihe« erzielte in diesem Jahr den 4. Platz im Gesamtergebnis.**

280 **Rhön-Wettbewerb 1938. Flugzeug FS 18 von der Akaflieg Stuttgart. Hermann Ruthardt kam auf den 14. Platz.**

satzbereit zu sein. Es war ein steter Kampf. So kam Schmidt, von Cottbus zurückgeschleppt, kurz nach 11 h an. Schnell wurde seine Maschine wieder auf den Westhang gebracht und, ein Stück Brot verschlingend, setzte er sich 11 h 50 in die Maschine und orientierte sich über die Lage auf der Wasserkuppe, was überhaupt da oben gespielt wurde. Und dann wieder: Ausziehen! Laufen! Los! Schmidt war wieder verschwunden. Wer an der Spitze bleiben wollte, mußte sich eilen. Es war ein scharfer Endkampf. Unsere Segelflieger haben wieder einmal gezeigt, was sie können. Neben der fliegerischen Leistungssteigerung haben Forschung und technische Entwicklung Schritt gehalten. Für unseren Ingenieurnachwuchs war bisher die Konstruktionstätigkeit in der Segelfliegerei ein ausgezeichnetes Schulgebiet der erfinderischen und konstruktiven Betätigung. So war gemäß Absatz 44 u. 45 der Ausschreibung besondere Bewertung der technischen Leistung vorgesehen. Die Anträge auf technische Bewertung von Verbesserungen an Flugzeugen, in Flugzeugzubehör und Transportgeräten waren außerordentlich umfangreich und vielseitig. Die in der Ausschreibung aufgestellten Richtlinien zur Bewertung von Verbesserungen haben mehrfach zum Ziel geführt. Während des Wettbewerbs konnte man so richtig beobachten, wie schnell sich die einzelnen Segelflieger mit Blindflug-Ausrüstung, Funkgeräten zur Verständigung der Transportmannschaft und Höhenatmungsgerät (System Auer) für Höhenflüge vertraut machten. Eine bessere Vorschule für den Motorflug kann es wirklich nicht geben. Es ist begreiflich, wenn allerhöchste Stellen der Luftwaffe diesen Arbeiten in der Rhön größte Beachtung schenkten. Auf der Wasserkuppe hatten sich eingefunden der Chef der Ausbildungswesens der Luftwaffe, General der Flieger Kühl, Generalluftzeugmeister Udet, General der Flieger Kesselring, die Generale Dr. Weißmann, Andree, Zander, letzterer Präsident des Aero-Clubs von Deutschland. Man sah Generale, die vielfach in den Flugzeugen herumkletterten, sich die neugeschaffenen technischen

281 **Motorsegler Hirth ›Hi 20 Mo Se‹ mit dem seit 1941 Flüge durchgeführt wurden. Dieses Flugzeug wurde zum Ahnherrn eines neuen Flugzeugtyps.**

282 **Kunstsegelflugzeug ›Habicht‹, am 22. 5. 1943 im Fluge vor der Teck. Gebaut von der Wolf Hirth GMBH, konstruiert von Hans Jacobs. Der abgebildete 6 Meter-Stummelhabicht wurde zur Jäger- und Stuka-Vorschulung bei der Luftwaffe benutzt.**

Einzelheiten und Konstruktionen für Blindflug, Funkgeräte erklären ließen und sich mit den Jüngsten unterhielten. Ein zeitgemäßes Bild, welches die Verbundenheit der höchsten Spitzen der Wehrmacht mit dem Nachwuchs so recht zum Ausdruck brachte.

Am 6. 8., dem letzten Wettbewerbstag, nahm bei dichtestem Nebel unter starken Regenschauern der Stabsführer des NS-Fliegerkorps, NSFK-Gruppenführer Krüger, in Anwesenheit von Ehrengästen aus Partei, Staat und Wehrmacht, darunter auch wieder mehrere Generale, nach einem feierlichen Schlußappell die Preisverteilung vor. Stabsführer Krüger umriß in seiner Ansprache Zweck und Ziele des NS-Fliegerkorps und seine große Bedeutung als Horter des Fluggedankens in der deutschen Jugend, die in ihm die vormilitärische Ausbildung für die deutsche Luftwaffe erhielte. Er dankte allen Männern, die an der Lösung dieser Aufgaben mitgearbeitet haben«.[75]

Mit raschen Schritten in die Katastrophe

Aufbau und erste Erprobung der Luftwaffe

In der Weimarer Republik gab es zwar die Reichswehr, eine Fliegertruppe wurde jedoch – mitbedingt durch das Verbot des Versailler-Vertrages – nie geschaffen. Trotzdem erhielten einige Offiziere der Reichswehr, unter strenger Geheimhaltung, in der UdSSR eine Ausbildung als Flugzeugführer, aber erst mit der Machtübernahme der Nationalsozialisten 1933 wurde auch die Luftwaffe neu aufgebaut. Hermann Göring, dem Reichsminister für Luftfahrt, oblag diese Aufgabe. Maßgeblich beteiligt an dem organisatorischen Aufbau war dabei der Staatssekretär für Luftfahrt (der spätere Generalfeldmarschall) Erhard Milch, welcher sich als Organisator bereits beim Aufbau der Deutschen Lufthansa einen Namen gemacht hatte.

Deutschland wurde zunächst in 5 Luftkreise eingeteilt mit je einem kommandierendem General an der Spitze. Vordringlichste Aufgabe war es dabei, Fliegerverbände und die entsprechenden Bodenorganisationen zu installieren, und die Ausbildung neuer Flieger zu sichern. Dazu wurde von staatlicher Seite aus alles zentralisiert, gleichgeschaltet oder neu gegründet. So wurde aus dem DLV (Deutscher Luftsportverband) das NSFK (Nationalsozialistisches Fliegerkorps), aus der WGL (Wissenschaftliche Gesellschaft für Luftfahrt) die Lilienthal-Gesellschaft. Die DVL (Deutsche Versuchsanstalt für Luftfahrt) wurde neu organisiert und bekam Aufgaben, die vor allem im militärischen Bereich lagen. Die deutsche Luftfahrtindustrie wurde mit Aufträgen überhäuft, da aber diese Kapazitäten trotz erheblicher Produktionssteigerungen nicht ausreichten, griff man auf Werkanlagen zurück, die bisher nichts mit der Luftfahrt zu tun hatten. Es kamen, z.B. die Gothaer Waggon Fabrik, die Schiffswerft Blohm & Voss und die Lokomotivenfabrik Henschel zum Einsatz im Flugzeugbau. Georg Brütting schreibt dazu: »Durch die Aufträge der Luftwaffe konnten in wenigen Monaten mehrere Millionen Arbeitsplätze geschaffen werden. Der Aufbau der Luftwaffe wurde zugleich ein Hauptfaktor zur Beseitigung der Arbeitslosigkeit. Generalfeldmarschall Milch ist der Ansicht, daß die Luftwaffe in jenen Jahren zum größten Auftraggeber der deutschen Wirtschaft wurde.«[76]

Es entstanden Flugzeugmuster in einer Vielfalt, von denen man vor wenigen Jahren nur träumen konnte. Heinkel brachte als Jagdflugzeuge zunächst die ›He 51‹, später die ›He 112‹ heraus. Der Doppeldecker ›He 51‹ wurde zunächst das Standardjagdflugzeug der Luftwaffe. Als Bomber wurde die ›He 111‹ konstruiert die ebenfalls glänzende Flugeigenschaften besaß und das Standardflugzeug der Kampfflieger wurde.

Größter Konkurrent von Heinkel war Willy Messerschmitt. Er schaffte es, ein Jagdflugzeug zu konstruieren, das bis weit in den Krieg hinein das Standardflugzeug der Jagdflieger wurde – die legendäre Me 109. Bei einem Vergleichsfliegen im März 1936 in Travemünde konnte Pilot Hermann Wurster sich gegen Gerhard Nitschke auf He 112 klar durchsetzen. Als zweimotorigen Zerstörer brachte Messerschmitt die Me 110 heraus, die sich ebenfalls – auch als Nachtjäger – bewährte. Den Dornier-

283 **Jagdflugzeug Heinkel He 51, der letzte Doppeldeckerjäger der Luftwaffe. Gelaufen Okt. 1939: »Wir haben die ganze Woche noch nichts getan. Unsere Vorgesetzten stammen aus der Reserve. Grüße Flieger Karl-Heinz Bärfelde«.**

284 **Kampfflugzeug He 111, wie es in Spanien eingesetzt wurde. Gelaufen Sept. 1939: »Ich benötige unbedingt Unterwäsche sowie meine Sportschuhe«.**

Werken in Friedrichshafen gelang mit der zweimotorigen Do 17 eine außergewöhnliche Konstruktion. Als extrem schnelles Kampfflugzeug, bald bekannt als »fliegender Bleistift«, erreichte sie fast 400 Stundenkilometer. Spektakulär war dabei ihr Abschneiden auf dem IV. Internationalen Flugmeeting in Zürich, wo es den Piloten Polte/Milch gelang, den Wettbewerb in dieser Kategorie zu gewinnen und dabei sogar alle beteiligten ausländischen Jagdflugzeuge in der Schnelligkeit zu überrunden.
Junkers hatte natürlich mit der bewährten Ju 52 zunächst das Standardverkehrsflugzeug geschaffen, das nun als Transportflugzeug für die Luftwaffe in Großserie ging. In Dessau entstand ein neuer Bomber, die Ju 86, die als erstes Serienflugzeug mit dem Junkers-Schwerölmotor 205 ausgerüstet wurde. Aber auch die kleinen Flugzeugfirmen brachten neue Typen heraus, für die die Luftwaffe Bedarf hatte. So die Fieseler Werke ihren berühmten »Storch«, der als Aufklärungsflugzeug und »fliegender Feldherrnhügel« Geschichte machte, oder die Klemm-Werke ihre KL 35, die das Standardschulflugzeug der deutschen Luftwaffe wurde.
Alle diese neuen Kampfmaschinen hatten sich bei Probeflügen sehr gut bewährt. Der Sandkastenspiele überdrüssig, kam dem Militär die politische Lage 1936 wie gerufen. General Franco im faschistischen Spanien sandte einen Hilferuf an das befreundete Deutschland, und Hitler kam diesem Ansinnen gern entgegen. Auf zunächst freiwilliger Basis wurde so die »Legion Condor« gebildet. Die Militärs und die deutsche Luftfahrtindustrie waren zufrieden, denn nun konnten zum ersten Mal ihre Flugzeuge im Ernstfall erprobt werden – und sie wurden erprobt. Der spätere General Hannes Trautloff – einer der ersten Freiwilligen in Spanien – berichtet darüber: »Ostwärts von Pinto soll die Offensive wieder aufgenommen werden. So starten am frühen Morgen 10 Ju's, um die Stellungen der Roten zu bombardieren, zu ihrer Begleitung werden 18 He 51 plus meiner Wenigkeit eingesetzt.
Die Ju's und He's fliegen in gleicher Höhe, etwa 4000 Meter, ich hänge wieder 1000 Meter über

285 **Sturzkampfeinsitzer Henschel Hs 123 stößt zum Angriff durch die Wolken.**

286 **Kampfflugzeug Dornier Do 17. Bekannt unter dem Namen ›Fliegender Bleistift‹.**

ihnen und kann alles gut überschauen. Jedoch muß ich ständig kurven und drosseln, sonst würde meine Me 109 die anderen Flugzeuge bald weit hinter sich lassen. Südlich von Madrid sehe ich etwa 800 Meter über mir fünf Flugzeuge, die in langer Reihe in nördlicher Richtung fliegen. Sie scheinen mich nicht bemerkt zu haben, ich ziehe hinter ihnen her und erkenne, daß ich italienische Fiats vor mir habe; etwa 1000 Meter tiefer sehe ich noch eine ganze Anzahl, alle in Richtung Madrid fliegend. Zu den Ju's zurückkehrend, finde ich zu meiner Überraschung die eine He-51-Staffel in Auflösung vor. Die Maschinen fliegen mit unregelmäßigen Abständen und Zwischenräumen, so sieht das immer aus, wenn die Roten unsere Ju's angreifen wollen. Scharf beobachte ich den Luftraum nach allen Richtungen, kann jedoch nichts von roten Maschinen erkennen. Nur im Norden sehe ich hoch über mir in großer Entfernung fünf schwarze Pünktchen, das werden die fünf Italiener von vorhin sein.
Derweilen werfen die Ju's ihre Bomben ab. Ihre Wirkung kann ich aus dieser Höhe nicht erkennen, ich sehe nur Rauchwolken aufsteigen.
Unsere Bomber und die beiden Jagdstaffeln fliegen zurück, ich hänge wieder über ihnen. Im weiten Umkreis gibt es jetzt nur die fünf Italiener, die höher fliegen als ich. Ich suche sie. Rückwärts, schräg rechts über mir, das sind sie. Durch die Kabinenscheibe sehe ich sie schlecht, außerdem scheint mir die Sonne ins Gesicht. Um besser sehen zu können, kurve ich leicht nach Osten. Plötzlich setzt einer von den Fünfen zum Angriff auf mich an, er hat kein Fahrgestell, der zweite, der jetzt abkippt, auch nicht – verdammt, das sind fünf rote Ratas! Wie Habichte stürzen sich alle auf mich. Im Augenblick bleibt mir nur eins übrig: Nach unten wegdrücken! Ich fliege eine halbe Rolle, stelle mein Flugzeug senkrecht auf den Kopf. Die Ratas sind über mir, gleich muß es knallen. Unwillkürlich drücke ich mich in meiner Maschine zusammen, ein Punkt, ein winziger Punkt möchte ich werden. Unheimlich Fahrt mache ich bei diesem Sturzflug, ich rase auf die Erde zu. Nach hinten kann ich nicht

287 **Jagdflugzeug Messerschmitt Me 109. »Jagdmaschine nach getaner Arbeit«. Entwurf: Gotschke 1940.**

sehen, um so schärfer, alle Nerven aufs äußerste gespannt, beobachte ich nach rechts und links. Aber ich nehme nichts wahr, sehe keine Leuchtspurfäden von Geschossen, höre kein Knallen und Klatschen. Da beginne ich die Maschine abzufangen, in etwa 1000 Meter Höhe. Weiß Gott, so schnell bin ich noch nie von 5000 Meter heruntergekommen. Mein Schädel brummt, mir ist, als müsse er im nächsten Augenblick auseinanderplatzen. Trotzdem vermag ich einige steile Kurven zu fliegen, wobei ich mich – ein Problem für Mediziner – leidlich erhole. Von den Roten nichts mehr zu sehen. Also habe ich wieder mal Dusel gehabt, das richtige Schweinsglück. Dennoch bin ich wütend, daß ich die Ratas für Italiener gehalten habe, ich hätte sie unbedingt früher erkennen müssen. Weshalb die Kerls mich nicht verfolgt und erledigt haben, das mögen die Götter wissen.«[77]

Ausbruch des II. Weltkrieges

Im Jahre 1939 war Deutschlands Luftwaffe gerüstet. Nach Angaben des Generalquartiermeisters standen der Luftwaffe am 2. September 1939 folgende Einheiten zur Verfügung:

30 Kampfgruppen (18 mit He 111,
11 mit Do 17, eine mit Ju 86)
zusammen 1180 Kampfflugzeuge

13 Jagdgruppen (12 mit Me 109,
eine mit Ar 68)
zusammen 771 Jagdflugzeuge

9 Stukagruppen mit Ju 87
zusammen 336 Stukas

10 Zerstörergruppen mit Me 109
und Me 110
zusammen 408 Zerstörer

1 Schlachtfliegergruppe mit Hs 123
40 Schlachtflugzeuge

2 Transportgruppen mit Ju 52
(weitere Verbandsgruppen vorbereitet aus Schulen, Lufthansa usw.)
zusammen 552 Transportflugzeuge

23 Aufklärerstaffeln F (Fern) mit Do 17
zusammen 379 F-Aufklärer

30 Aufklärerstaffeln H (Heer)
mit He 45, He 46 und Hs 126
zusammen 342 H-Aufklärer

Marinefliegerverbände (14 Küsten-, 2 Bordflieger-, 2 Flugzeugträgerstaffeln)
zusammen 240 Marineflugzeuge

Sondereinheiten
zusammen 55 Flugzeuge

insgesamt 4303 Flugzeuge

Für diese Flugzeuge waren im deutschen Raum etwa 250 große Einsatzhäfen und rund 150 zweitklassige Flugplätze vorhanden, aber keiner besaß eine betonierte Rollbahn. Die Gesamtstärke der Luftwaffe bei Kriegsausbruch betrug 1,5 Millionen Mann, davon gehörten allein eine Million zur Flakartillerie. Von den 500000 Mann der eigentlichen Luftwaffe bildeten 10 bis 15 Prozent das fliegende Personal.«[78]
Als dann der »Blitzkrieg« gegen Polen begann, hatte die Luftwaffe ihren Anteil daran. Nach 3 Wochen hatten die Deutschen gegen das kleine Polen ganze Arbeit geleistet. Die militärische Führung war äußerst zufrieden, und der Reichsmarschall frohlockte. Solcher Erfahrungen gewiß, fühlte man sich seinem Erzrivalen England nun auch gewachsen. Als 1940 im Westen der Krieg begann, nahm Göring die Verantwortung für den Angriff auf England auf sich. Es war eine Prestigefrage für ihn geworden, da die Luftwaffe vor Dünkirchen versagt hatte. Nun wollte er zeigen, daß »seine Luftwaffe« alleine in der Lage sei, England in die Knie zu zwingen. Mit großsprecherischem Gehabe gab er Parolen heraus: »Meine Luftwaffe wird das machen« oder »Falls je

288 **Jagdflugzeug Me 109 über Smolensk. Foto: PK-Luftwaffe.**

289 **Nahaufklärer Henschel HS 126. Gemälde von Theo Matejko 1940.**

290 **Sturzkampfflugzeug Junkers Ju 87. Gemälde von Theo Matejko 1938.**

ein feindliches Flugzeug deutschen Boden überfliegt, werde ich fortan Maier heißen«. Die Verluste waren immens. Im Zeitraum vom 10. Juli bis 31. Oktober 1940 verlor die deutsche Luftwaffe bei der »Luftschlacht um England« 1634 Flugzeuge. Das bedeutete auch, daß 2062 Luftwaffenangehörige ihr Leben opferten, davon 376 Flugzeugführer. Bei der Tragik dieser Verluste ist es mehr als verständlich, daß Göring mit bitterer Ironie im Volke nun als »Herr Obermaier« tituliert wurde.

Einer der bekanntesten Jagdflieger war zu dieser Zeit Major Werner Mölders, der bei der Luftschlacht um England 81 Feindflüge machte. Er berichtet von seinem ersten Einsatz: »Mein erster Flug nach England wird mir immer in Erinnerung bleiben. Ich flog mit meinem Adjutanten, Oberleutnant Kircheiß, zusammen. Schon nördlich Dover trafen wir auf eine tiefer fliegende Kette Spitfires, und hinter ihr tauchten noch mehr Maschinen aus dem Dunst auf. Wir griffen die erste Kette an und ich schoß eine Spitfire in Brand. Nun aber saß ich in

Junkers-Ju 52, das bewährte Transportflugzeug

Kampfflugzeug Dornier Do 215

Fi 156 „Storch"

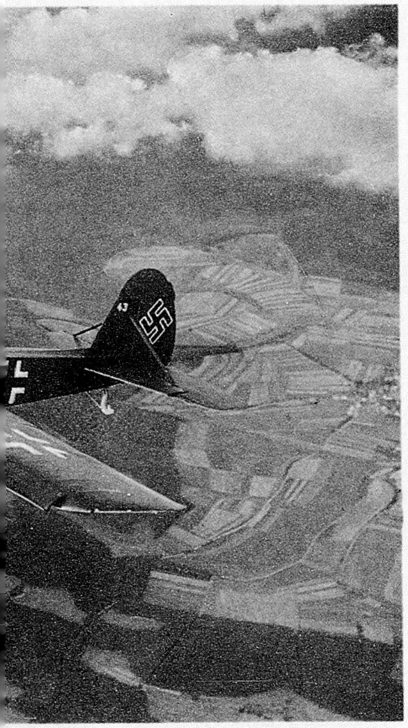

Focke-Wulf
Fw. 58 „Weihe"

◀◀◀ *291* Junkers Ju 52, »das bewährte Transportflugzeug«, wie es tausendfach bei der Luftwaffe während des gesamten Krieges eingesetzt wurde.

◀◀ *294* Kampfflugzeug Dornier Do 215 über dem Bodensee. Im Hintergrund die Insel Mainau.

◀ *295* Focke-Wulf Fw 58 »Weihe«. Das Mehrzweckflugzeug mit zwei 240 PS Argus AS 10c-Motoren. Es wurde vor allem als Übungsflugzeug für den Blindflug eingesetzt.

◀ *293* Junkers Ju 34, Kurierflugzeug zum Einsatz bei der Luftwaffe.

◀◀ *296* Fieseler Fi 156 ›Storch‹. Beobachtungsflugzeug mit extrem kurzen Start- und Landeeigenschaften sowie Langsamflug. Beinamen: »Fliegender Feldherrnhügel«.

◀◀◀ *292* Fallschirmjäger bei der Landung. Insbesondere bei der Eroberung von Kreta sind Fallschirmjäger zum Einsatz gekommen.

297 **Focke-Wulf Nahaufklärer Fw 189 mit zwei Argus-Flugmotoren. »Das Auge der Front bei Tag und Nacht«.**

Focke-Wulf Nahaufklärer Fw 189

einem Haufen von acht bis zehn Engländern mittendrin, und die waren sehr böse auf mich. Alle stürzten sich auf mich, und das war mein Glück. In dem Bestreben, auf dem einzelnen Deutschen billige Lorbeeren zu ernten, behinderte einer den anderen. Ich fuhrwerkte erheblich zwischen ihnen herum und brachte sie noch mehr durcheinander. Trotzdem konnte es nicht ausbleiben, daß ich Treffer bekam. Es klapperte toll in meiner Maschine. Der Kühler und der Brennstoffbehälter waren zerschossen, und es blieb mir nichts übrig, als mit 700 Sachen nach dem Kanal wegzudrücken. Die ganze Mahalla wie ein Wasserfall hinter mir her. Oberleutnant Leppk hatte den Rummel beobachtet und konnte die Spitfire, die mir am nächsten im Kreuz saß, abschießen. Dadurch war ich sofort entlastet. Zum Glück hielt der Motor durch bis zur französischen Küste. Dann erst begann er zu meckern. Als ich landen wollte, ging das Fahrwerk nicht heraus. Landen wir eben ohne! Es gab eine glatte Bauchlandung. Als ich aus der Maschine klettern wollte, waren meine Beine merkwürdig schwach. Als ich sie näher in Augenschein nahm, stellte ich erhebliche Blutspuren fest. Die Untersuchung im Lazarett ergab: drei Splitter im Oberschenkel, einen im Kniegelenk und einen im linken Fuß. In der Hitze des Kampfes hatte ich nichts von diesen Verletzungen gemerkt. Der Splitter im Kniegelenk steckt übrigens noch drin. Auch bei dieser Gelegenheit erfuhr ich wieder die väterliche Fürsorge unseres Reichsmarschalls. Im Flugzeug ließ er mich zum Luftwaffenlazarett Berlin überführen. Die elf Tage im Lazarett waren eine prächtige Zeit der Erholung für mich. Ich glaube, ich war ein wenig das gute Stück des Lazaretts, und die Schwestern haben mich bemuttert, wie es meine eigene Mutter nicht besser hätte tun können. Ich habe den guten Kindern später einen Sack Beutekaffee geschickt.«[79]

298 **Focke-Wulf Fw 200 c ›Condor‹ mit 4 BMW-Bramo-Motoren. Dieser 4-motorige Langstreckenbomber war eine Militärausführung des Verkehrsflugzeuges Fw 200 ›Condor‹ für die deutsche Luftwaffe.**

Der viermotorige Langstreckenbomber der deutschen Luftwaffe Focke-Wulf Fw 200 C „Condor“ mit 4 BMW-Bramo-Motoren

Neue technische Entwicklungen

Bei der »Luftschlacht um England« war Deutschland auf einen ebenbürtigen Gegner gestoßen, der sich gekonnt verteidigt hatte und dessen »Spitfires« und »Hurricanes« es durchaus mit den Me's aufnehmen konnte. So wurde nun auf deutscher Seite mit allem Nachdruck an neuen Flugzeugtypen und Motoren gearbeitet.
Eine Maschine, die zwar schon seit 1936 im Einsatz der Luftwaffe war, aber jedoch vom Kriegstaktischen her eine neue Kampfrichtung darstellte, war das Sturzkampfflugzeug Ju 87. Dieses als »Stuka« bekannt gewordene Flugzeug hatte exzellente Zielflugeigenschaften. Mit der eingebauten »Sturzflugbremse« war der Abfangradius sehr gering und, dadurch bedingt, entstand auch eine kleine Abwurfhöhe, wodurch das militärische Ziel sicher getroffen werden konnte. Daneben hatten die eingebauten Sirenen («Jericho-Trompete») eine psychologisch niederschmetternde Wirkung für die feindlichen Truppen. Dieses Flugzeug hat sich zu Ende des Krieges besonders als Panzerzerstörer unter Oberst Rudel einen Namen gemacht.
Für die deutsche Flugzeugindustrie war es jedoch die vordringlichste Aufgabe, einen neuen Jäger zu entwickeln. Hier gelang diesmal Prof. Kurt Tank von Focke-Wulf die entscheidende Konstruktion. Mit der FW 190 besaß Deutschland das »schnellste Jagdflugzeug der Welt«. Mit ihrem BWM-Doppelsternmotor erreichte diese Maschine 700 Stundenkilometer und zeichnete sich zudem durch eine enorme Steiggeschwindigkeit aus. Dieses Flugzeug wurde so beliebt, daß bis 1945 ca. 25000 Exemplare davon gebaut wurden.
Zum Ende des Krieges bekamen die als sogenannte Geheimwaffen eingestuften Projekte eine immer größere Bedeutung. Die Messerschmitt-Werke in

299 **Oben: Sturzkampfflugzeug Blohm & Voss Ha 137B. Konstruktion Dr. Richard Vogt. Von diesem Flugzeug wurden lediglich 6 Prototypen hergestellt.**

300 **Unten: Jagdflugzeug Heinkel He 100D-1. Mit einem Muster dieses Typs (He 100 V8), holte Hans Dieterle am 30. März 1939 mit 746 km/h erstmals den absoluten Geschwindigkeitsrekord nach Deutschland.**

301 **Raketenflugzeug Me 163 B-1. Triebwerk, Walter HWK 509 A–2 mit 1700 kp Schub. Konstruktion Alexander Lippisch. Heini Dittmar überschritt mit diesem Typ erstmals die 1000 km/h. Dieses Flugzeug befindet sich seit 1965 im Deutschen Museum.**

Augsburg entwickelten neben ihren Standardtypen das erste in Serie gebaute Raketenflugzeug der Welt, die Me 163. Am 17. April 1941 wurde mit dem bekannten Segelflieger Heini Dittmar der erste Flug absolviert. Das Flugzeug war mit einem Walter-Triebwerk ausgerüstet, das der Maschine 750 Kilopond Schub verlieh. Allerdings war der Treibstoffverbrauch entsprechend hoch (2000 Liter bei 5 Minuten Flugzeit). Die Maschine erreichte damit eine Höhe von 10000 Metern und mußte dann als Gleitflugzeug wieder landen. Am 2. Oktober 1941 hatte man die Maschine soweit erprobt, daß Heini Dittmar zum erstenmal in der Geschichte der Fliegerei ein Flug mit einer Geschwindigkeit von 1004 km/h gelang. Ein weiterer Meilenstein zum Überschallflug war erreicht. Die Me 163 wurde militärischerseits vor allem zum Schutz für größere Industrieanlagen eingesetzt.
Der Verdienst, das erste Raketenflugzeug der Welt, die He 176 konstruiert zu haben (Erstflug Juni 1939), gebührt Ernst Heinkel. Diese Maschine wurde jedoch nie in Serie gebaut. Heinkel war auch der Schöpfer des ersten Strahlflugzeuges der Welt, der He 178, mit dem im August 1939 der Erstflug durchgeführt wurde.
Aber auch bei den Strahlflugzeugen hatte Willy Messerschmitt die glücklichere Hand. Sein Entwurf des Düsenjägers Me 262 leitete eine neue Epoche in der Fluggeschichte ein. Den Entwicklungen des Auslandes war dieses Flugzeug damals um Jahre voraus. Am 18. Juli 1942 gelang Fritz Wendel der Erstflug. Obwohl noch einige Verbesserungen notwendig waren – so erhielt die Maschine die neuen Jumo-Turbinen 004 B-1 sowie ein einziehbares Bugradfahrgestell – überzeugte die Maschine restlos. Sie erreichte mit ihren beiden Triebwecken von je 890 Kilopond Schub eine Geschwindigkeit von 870 km/h

302 **Düsenjäger Me 262 A–1a. Das Flugzeug war mit 2 Junkers Strahltriebwerken Jumo 004 B mit je 890 kp Schub ausgerüstet. Als erstes Jagdgeschwader erhielt das JG 7 unter Oberst Johannes Steinhoff diese Maschine. Das abgebildete Flugzeug befindet sich im Deutschen Museum.**

und war äußerst wendig. Der General der Flieger, Adolf Galland, war einer der Ersten, der diese Maschine flog. Er berichtet darüber: »Der 22. Mai 1943, an dem ich zum erstenmal in meinem Leben ein Düsen-Flugzeug flog, ist mir unvergeßlich. Am frühen Vormittag traf ich mich mit Messerschmitt auf seinem Versuchsplatz Lechfeld nahe dem Stammwerk in Augsburg. Neben seinen Konstrukteuren und Technikern sowie den Junkers-Triebwerkspezialisten waren der Kommandeur der Luftwaffen-Erprobungsstelle Rechlin und sein Jäger-Erprobungsleiter, Behrens, erschienen. Nach den einleitenden Vorträgen der an der Konstruktion beteiligten Fachingenieure herrschte erwartungsvolle Spannung.

Wir fuhren hinaus zur Startbahn. Da standen die beiden Düsen-Jäger Me 262, Anlaß und Mittelpunkt unserer Zusammenkunft und gleichzeitig unser aller große Hoffnung. Ein ungewohnter Anblick, diese Flugzeuge ohne Luftschraube. In den stromlinienförmig verkleideten beiden Zylindern unter den Tragflächen steckten die Rückstoßtriebwerke. Keiner der Ingenieure hatte uns genau sagen können, wieviel PS sie entwickelten. Auf unsere Fragen hatten sie ihre Rechenschieber emsig betätigt und sich nur auf soundso viel hundert Kilogramm Schub bei der und der Fluggeschwindigkeit in einer bestimmten Höhe festgelegt, die bei dem vorliegenden Fluggewicht einem Aufwand von soundso viel PS Luftschraubenantrieb entspräche. Das machte uns Piloten, die wir noch nicht auf die Eigenarten der bisher unbekannten Schubkraft umgeschaltet hatten, anfänglich mißtrauisch. Doch die Ingenieure hatten mit ihren seltsamen Kalkulationen schon recht. Vergleiche mit der Antriebsleistung für Luftschrauben waren tatsächlich unangebracht. Trafen die von der Firma angegebenen, errechneten und zum Teil schon erflogenen Leistungen auch nur annähernd zu, dann öffneten sich ungeahnte Möglichkeiten. Und um diese allein ging es!

Die damals phantastische Fluggeschwindigkeit von 850 km/h im Horizontalflug bedeutete einen Vorsprung von mindestens 200 km/h gegenüber den schnellsten Propellerjägern der Welt. Außerdem waren Flugzeiten zwischen 50 und 70 Minuten zu erwarten. Als Kraftstoff konnte minderwertiges, dieselähnliches Öl verwendet werden statt des hoch raffinierten, immer schwerer zu beschaffenden klopffesten Fliegerbenzins.

Zunächst führte der Chefpilot des Werkes einen der beiden Vögel im Fluge vor. Nach erneutem Auftanken stieg ich ein. Mit zahlreichen Handgriffen ließen Mechaniker die Turbinen an. Ich verfolgte den Vorgang mit größtem Interesse. Die erste lief glatt an. Die zweite fing Feuer. Im Nu stand die Turbine in Flammen. Aber als Jagdflieger ist man zum Glück schnelles Aus- und Einsteigen gewöhnt. Der Brand war schnell gelöscht. Die zweite Maschine machte keinen Ärger. Ich rollte auf der 50 Meter breiten Startbahn mit immer größerer Geschwindigkeit ohne jede Sicht nach vorn. Das kam von dem konventionellen Spornrad, mit dem diese ersten Flugzeuge noch ausgestattet waren an Stelle des Bugradfahrwerkes, das die Me 262 in der Serie erhielt. Man konnte daher auch nicht mit dem Seitenruder die Richtung einhalten. Dazu mußten einstweilen die Bremsen benutzt werden. Die Startbahnläge reicht ja niemals aus! 150 km/h habe ich etwa drauf. Da hebt sich endlich der Schwanz des Vogels. Die Sicht wird frei. Das Gefühl, im Dunkeln mit dem Kopf gegen die Wand zu rennen, ist vorbei. Bei vermindertem Luftwiderstand steigert sich schnell die Geschwindigkeit. 200 km/h sind überschritten. Dann läßt sich die Maschine weit vor dem Ende der Startbahn gutmütig vom Boden abheben.

Ich fliege zum erstenmal mit Rückstoßantrieb! Kein Motor vibriert. Kein Drehmoment und keine peitschenden Geräusche der Luftschraube. Von einem pfeifenden Schall begleitet schießt mein »Turbo« in die Luft. – »Es ist, als wenn ein Engel schiebt«, sage ich später, als man mich fragt, wie's war.

Doch die nüchterne, kriegsbedingte Wirklichkeit läßt mir nicht viel Zeit, das bisher unbekannte Gefühl, rückstoßgetrieben zu fliegen, auszukosten. Flugzeugeigenschaften, Wendigkeit, Höchstgeschwindigkeit, Steigfähigkeit – in wenigen Minuten soll das Urteil über dieses neue Flugzeug geformt sein.

Da fliegt gerade die viermotorige Messerschmitt über Lechfeld. Sie wird das Objekt meiner ersten übungsmäßig durchgeführten Düsenjäger-Angriffe. Ich weiß, daß man mich von unten mehr mit technischen als mit taktischen Augen beobachtet, und daß man meine Manöver nicht ohne Sorge verfolgt. Rohe Eier konnte man sorgloser behandeln als diese ersten Produkte einer hochgezüchteten Technik. Aber was mit ihnen zu erreichen war, übertraf alle bisherigen Begriffe und Vorstellungen so weit, daß vorläufige Unsicherheitsfaktoren überhaupt nicht interessierten.

Nach meiner Landung war ich beeindruckt und begeistert wie noch nie. Doch nicht Gefühle und Eindrücke waren maßgebend, sondern die festgestellten Leistungen und Eigenschaften. Das war kein Schritt, das war ein großer Sprung nach vorn!«[80]

Obwohl dieses Flugzeug nach Ansicht der meisten Fachleute kriegsentscheidend hätte eingesetzt werden können, waren Unstimmigkeiten in der obersten Führung dafür verantwortlich, daß die Me 262 nicht mehr entscheidend die Geschicke des II. Weltkrieges beeinflussen konnte. Insgesamt wurden 1443 Flugzeuge dieses Typs gebaut, die zum Schluß allein wegen der prekären Treibstoffsituation nicht mehr vom Boden abheben konnten. Ein neues Zeitalter in der Luftfahrt war jedoch angebrochen.

Endgültiger Zusammenbruch

Die Jahre 1943, 1944 und 1945 stellten kaum zu lösende Aufgaben an die deutsche Luftwaffe. Die Luftüberlegenheit war verloren und alle Anstrengungen waren notwendig, den Angriffen der alliierten und russischen Flugzeuge entgegenzusetzen. Dies war natürlich nur mit einem hohen Blutzoll möglich. Tausende von jungen Fliegern wurden in diesen Tagen in einer aussichtslosen Lage in den Tod geschickt.

Der deutschen Flugzeugindustrie gelang es trotz Rohstoffmangels und ungünstigster Produktionsbedingungen – so mußten die Produktionsstandorte öfters verlegt werden, um vor feindlichen Bombern geschützt zu sein – die Zahl der Jagdflugzeuge (Me 109 und FW 190) von ca. 2000 Einheiten im Jahre 1942 auf über 10000 Einheiten Ende 1944 hochzuschrauben. Aber entsprechend groß waren natürlich auch die Verluste. Allein im Zeitraum Dezember 1944 bis 1945 hatte die Luftwaffe fast 1400 gefallene oder vermißte Jagdflieger zu beklagen. Besonders schwer hatten es die Flieger an der Ostfront. Hier waren in dieser Zeit für einen einzelnen Jagdflieger 6–8 Einsätze oder 5 Stunden Flugzeit am Tag keine Seltenheit. Nur so ist zu erklären, daß Flieger wie Erich Hartmann und Hans Ulrich Rudel auf 1404 bzw. 2530 Feindflüge kamen.

Der Flieger, der als erfolgreichster Jagdflieger der Welt in die Militärgeschichte einging, war Erich («Bubi») Hartmann. Zum Ende des Krieges, am

303 Focke-Wulf Fw 190, ›das schnellste Jagdflugzeug der Welt‹. Hier ein Flugzeug des Jagdgeschwaders I./JG 54. »Grünherzjäger« unter dem Kommodore Johannes Trautloft über der Sowjetunion.

304 Focke-Wulf Fw 190. Staffel eines Schlachtfliegerverbandes an der Ostfront in Polen 1943.

0 Squadriglia tedesca di apparecchi da combattimento Me 110 in volo verso il nemico

L'apparecchio tedesco Ju 88, da bombardamento e da picchiata, al rifornimento

▲ *307* **Dornier Do 18 beim Küstenflug. Dieses Flugzeug wurde vor allem als Seenotrettungsflugzeug eingesetzt. Entwurf: Gotschke 1940.**

305 **Oben mitte: Kampfflugzeug Messerschmitt Me 110 im Staffelflug.**

◀ *306* **Junkers Ju-88, Horizontal- und Sturzbomber der deutschen Luftwaffe.**

308 **Junkers Ju 52 im winterlichen Einsatz. Zeichnung: Obergefreiter Fritz Brauner.**

8. Mai 1945 erzielte er seinen letzte Abschuß. Er hatte damit die unglaubliche Zahl von 352 »Luftsiegen« errungen. Von einem dieser Einsätze, die er zusammen mit seinem Rottenkameraden Günther Capito unternahm und dabei von zwei höher fliegenden russischen Staffeln angegriffen wurde, berichtet er: »Ich ließ die russischen Jäger bis auf Schußentfernung herankommen und rief Capito zu, dicht bei mir zu bleiben. Als die Russen anfingen zu schießen, drehte ich auf gleicher Höhe in einer steilen Kurve auf sie zu, aber Capito konnte mir dabei nicht folgen. Er flog eine weite Kurve – wie bei den Bombern üblich. Nach 180° waren er und die angreifenden Airacobras mir genau gegenüber. Jetzt rief ich ihm zu, in entgegengesetzter Richtung zu kurven, damit ich die roten Jäger auseinandertreiben könne. Aber bei dieser zweiten, nach Bombermaßstäben geflogenen Kurve, erwischte es ihn bereits. Ich sah das Ganze und befahl ihm, zu stürzen und sofort auszusteigen. Zu meiner großen Erleichterung sah ich ihn aus dem Flugzeug aussteigen und den Fallschirm aufgehen, aber ich war über seine Unfähigkeit, sich an Anweisungen zu halten, verärgert.

Ich setzte mich hinter die Airacobra, ging nahe heran und brachte das gegnerische Jagdflugzeug nach einem kurzen Feuerstoß zum Absturz. Es zerbarst in einer enormen Explosion etwa drei Kilometer von dem Punkt entfernt, an dem Capito mit dem Fallschirm gelandet war, und etwa 1½ Kilometer von unserem Platz entfernt. Ich war glücklich, diese Airacobra heruntergeholt zu haben, aber ich machte mir auch den Vorwurf, gegen mein Gefühl gehandelt zu haben – nämlich nicht mit Günther Capito zu fliegen.

Hartmann flog zum Platz zurück, nahm sich einen Wagen und holte den zerknirschten Capito ab. Sie fuhren zu dem abgeschossenen Jagdflugzeug hinüber. Der russische Pilot, ein Hauptmann, war bei dem Aufprall aus der Maschine geschleudert und getötet worden.

Dies war der einzige von 1400 Kampfeinsätzen, bei

309 **Hochsee-Großflugboot Dornier Do 24. Standardflugzeug des deutschen Seenotdienstes. Dieses Flugboot (hier mit niederländischem Hoheitszeichen) konnte bis Seegang Stärke 6 eingesetzt werden.**

310 **Flugboot Blohm & Voss BV 138. Dreimotoriger Fernaufklärer, bekannt unter dem Namen ›fliegender Pantoffel‹. Teilweise auch im Einsatz beim Seenotdienst.**

dem einem Rottenkameraden Hartmann's etwas zugestoßen war.
Günther Capito überlebte den Krieg unverletzt und diente wie Erich Hartmann als Oberst in der neuen Luftwaffe.«[81]

An dieser Stelle sei noch an den selbstlosen Einsatz der Piloten des Seenotdienstes der deutschen Luftwaffe erinnert. Zum Einsatz kamen sie an der Atlantikküste, der Nord- und Ostsee, im Mittelmeer, dem Schwarzen Meer und bis hinauf nach Norwegen, Finnland und den russischen Seen. Zunächst noch unter dem Schutz des Roten Kreuzes, dann ab Ende 1940 vom Gegner angegriffen, holten sie bis Kriegsende über 12000 Menschen aus den Fluten der See. Darunter befanden sich über 5000 ehemalige Gegner. Ausgerüstet mit der He 59, der Do 18, vor allem jedoch mit der Do 24, die bis zu einem Seegang der Stärke 6 zum Einsatz kam, setzten sie tagtäglich ihr Leben für jene ein, die in Seenot geraten waren. Besonders groß war der Verdienst dieser Piloten bei dem Rückzug der deutschen Zivilbevölkerung aus Ostpreußen.
Deutschland lag im Mai 1945 am Boden. Im Gegensatz zum I. Weltkrieg, bei dem kein feindlicher Soldat deutschen Boden betreten hatte, lag nun die Heimat in Schutt und Asche. Am 25. April erreichten die amerikanischen Soldaten von Westen und die sowjetischen von Osten die Elbe. Die letzten noch funktionsfähigen Flugzeuge unter der Führung von Oberst Galland zogen sich auf den Flugplatz Salzburg zurück und gingen hier am 3. Mai 1945 in Flammen auf. Tausende und abertausende junger Flieger hatten ihr Leben einer wahnwitzigen Idee geopfert.

Der Aufbau der Fliegerei nach dem Kriege

Gründung des Deutschen Aero-Clubs

Waren 1918 im Versailler-Vertrag die Deutschen mit einem Verbot des motorisierten Fliegens belegt worden, so war 1945 in der Proklamation der Siegermächte nicht nur der Betrieb, sondern auch die Herstellung, die Unterhaltung, der Besitz von Flugzeugen und sogar von Bestandteilen davon, verboten. Die deutsche Flugzeugindustrie lag zerstört am Boden. Alles was nicht niet- und nagelfest war und von Bombenangriffen verschont geblieben war, wurde anschließend als Reparationszahlung beschlagnahmt und ins Ausland verfrachtet. Die Flughäfen wurden enteignet und von den Alliierten besetzt. Deutsche Konstrukteure und Wissenschaftler wurden von den Siegermächten verpflichtet oder gingen in andere Länder – eine deutsche Luftfahrt gab es nicht mehr.
Nun, nach Ende des Krieges hatten die Menschen auch andere Sorgen und Bedürfnisse, und so überbrückten kleinere Firmen, z.B. im Segelflugbau, diese Zeit mit der Produktion von Kunststoffschüsseln, Kinderwagen, Sesseln, Kücheneinrichtungen oder Wohnwagen, alles Sachen die ein geschickter Flugzeugtischler mit Sperrholz und Leim anfertigen konnte. Den Fliegern blieben in dieser Zeit nur ihre Erinnerungen und die Sehnsucht, sich wieder in die Lüfte erheben zu dürfen. Georg Brütting schreibt über diese Zeit: »Das Schicksal von Freunden und Bekannten war ungewiß. Jahre gingen ins Land, ehe man überhaupt wußte, wer den Krieg überstanden hatte. Wolf Hirth, der Unermüdliche, der politisch Wagemutige zu allen Zeiten, der Künder des Segelfluges in Japan und USA, in Afrika und Südamerika, hatte Freunde in aller Welt. Viele bekannten sich auch jetzt zu ihm. Wolf Hirth begann unter seinen deutschen Freunden mit seinen »Rund-Briefen« mit der ersten Sammlung der Getreuen, aber auch unentwegter neuer Freunde, die trotz Verbot beginnen wollten. Freunde fanden sich und unterhielten sich über die Fliegerei, bildeten lose Vereinigungen unter allen möglichen Namen. 1947 waren die Segelflieger auf der Wasserkuppe. Wolf Hirth sprach davon, daß es eine Vereinigung der »Roten Falken« gäbe und »wir« doch einen »Ring der weißen Möven« bilden könnten. Begeisterung und Zustimmung. Die Vorstellungen von einem neuen Anfang wurden klarer«.[82]
Dann war es endlich soweit, am Freitag, den 4. August 1950 konnten in einem Nebenzimmer des Gasthauses »Zur Krone-Post« in Gersfeld der Deutsche Aero-Club gegründet werden. Wolf Hirth wurde zum 1. Präsidenten gewählt, Fritz Stamer zum Vizepräsidenten. »Noch am Freitagabend verkündeten Rundfunk und Presse diese Nachricht. Zu gleicher Stunde machten sich in allen Teilen Deutschlands, vom nördlichsten Schleswig bis zu den südlichsten Bergländern; alte ehemalige Flieger der Rhön und junge flugbegeisterte Menschen auf, um mit Autos und Omnibussen, Lastautos und Dreirädern, Motorrädern und Fahrrädern, mit der Eisenbahn oder per Anhalter zur Wasserkuppe zu kommen. Von den frühen Morgenstunden des Sonnabends an trafen sie in Gersfeld ein, und

311 **Segelflugzeug Doppelraab. Bei diesem Schulflugzeug saß der Fluglehrer hinter dem Flugschüler. 1951 wurde beim ersten Rhöntreffen mit dem Flugzeug ›Start‹ der erste Windenstart durchgeführt.**

312 **Segelflugzeug Gö 4 der Segelfluggruppe Dettingen-Teck, wie es in den 50er Jahren als Schulflugzeug eingesetzt wurde.**

schließlich glich das kleine Hessenstädtchen einem aufgewühlten Ameisenhaufen. Aus Brüssel kam der französische Weltrekordflieger Guy Marchand, von der Weltmeisterschaft der Segelflieger in Schweden der amerikanische Prof. Dr. Klemperer und, unabhängig davon, der amerikanische Meister MacCready.

Inzwischen ging die Zahl der alten und jungen Flugbegeisterten aus ganz Deutschland in die Tausende. Die große Turnhalle in Gersfeld bot nicht Platz, sie alle aufzunehmen, als am Samstagabend Wolf Hirth die Gründung des Deutschen Aero Clubs unter nicht endenwollendem Beifall bekanntgab und Fritz Stamer das alte Segelflieger-Startkommando »Ausziehen! laufen! – los!« als Startzeichen für eine neue Epoche deutscher Fluggeschichte in den Saal rief. Vom frühen Morgen des anschließenden Sonntag zog sich ein ständiger Strom von Besuchern von Gersfeld hinauf zur Wasserkuppe und fand sich schließlich am Felsgestein des Fliegerdenkmals ein. Rhönvater Ursinus sprach Worte des Gedenkens. Fritz Stamer erinnerte an die Pioniere, Präsident Wolf Hirth gedachte der toten Flieger in aller Welt. Keiner, der an dem Gründungsakt teilnahm, wird ihn je vergessen. Es war die größte, die erhabendste Huldigung, die der Flugsport je in Deutschland erlebt hat«.[83]

Hauptaufgabe des neuen Aero-Clubs war es nun, für die Rückgewinnung der deutschen Lufthoheit zu kämpfen. Mit Unterstützung des neuen Bundestages, besonders des Bundesverkehrsministeriums, wurde zunächst auf die Freigabe des Segelflugsportes bei der Hohen Kommission hingewirkt. Und endlich, am 19. Juni 1951 war es soweit – nun konnten zunächst wieder Segelflugzeuge hergestellt werden, und, was für die Flieger wichtig war, auch geflogen werden. Beim 2. Luftfahrertag am 20. April 1952 hatten sich im Deutschen Aero-Club bereits 35000 Mitglieder in über 700 Vereinen orga-

313 **Deutschlandflug 1957. Flugzeug ›Motor-Möwe‹ von Heini Dittmar, welches er Mitte der 50er Jahre aus einem Segelflugzeug entwickelte. Bei diesem Wettbewerb belegten Edgar Dittmar und Georg Brütting zusammen den 5. Platz. 1960 stürzte Heini bei einer Vorführung dieser ›Möwe‹ tödlich ab.**

314 **Karte des Deutschlandfluges 1967. Der Flug führte von Friedrichshafen nach Mönchengladbach. Sieger wurde E. Wuggazer/R. Schmidt auf Elster B von der Luftwaffensportfluggruppe in Leipheim.**

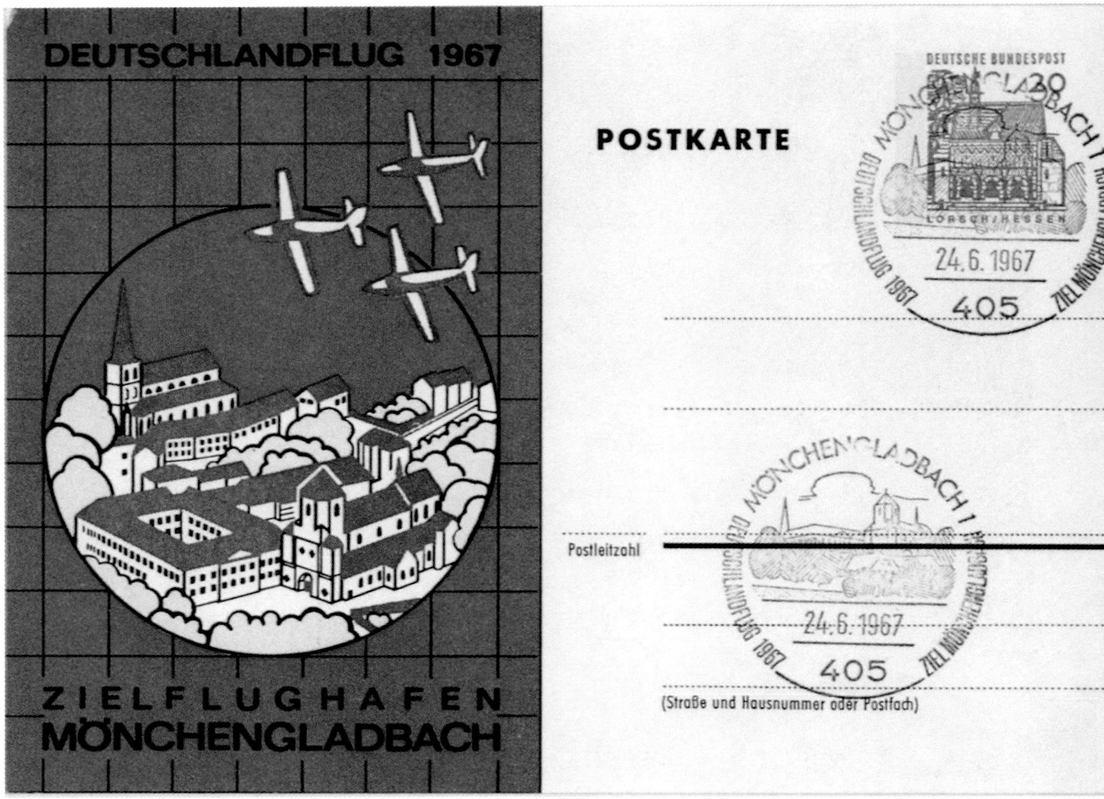

nisiert. 54 Fluggelände waren anerkannt, 134 Segelflugzeuge flugbereit, und an über 400 wurde gebaut. Ein neuer Anfang war gelungen. 1955 wurde dann der Motorflug freigegeben, so daß sich auch hier das fliegerische Leben langsam normalisierte.

Bereits 1956 wurde an die alte Tradition angeknüpft und ein Deutschlandflug ausgeschrieben. Nicht weniger als 71 Maschinen erschienen am 22. Juni 1956 in Bonn zum Start. Verkehrsminister Dr. Seebohm gab persönlich jeder einzelnen Maschine das Startzeichen. Der Flug führte dann in Tagestouren nach Norddeutschland und Süddeutschland. In Stuttgart wurden die Piloten von mehr als 60000 Zuschauern erwartet. Sieger wurde die Mannschaft Claus Kühl/Emil Schmelzinger (Mannheim) mit einem halben Punkt Vorsprung vor Elly Beinhorn/Gerd Maier (Freiburg).

Beim Deutschlandflug 1957 waren bereits 100 Flugzeuge am Start. Ausgangspunkt war diesmal Stuttgart. Die Strecke führte über den Schwarzwald zum Bodensee, dann nach Bayern, weiter zum Rhein bis nach Braunschweig. Pünktlichkeitsanflüge, Ziellandungen und Orientierungsaufgaben waren zu erledigen. Gesamtsieger wurde Fluglehrer Kurt Müller (Kempten) mit seiner Tochter Ingrid, die damit auch den ›Burda-Preis der Lüfte‹, eine Piper J 3c gewannen. Edgar Dittmar/Georg Brütting gewannen den Ehrenpreis des Bundesverbandes der deutschen Luftfahrtindustrie, da sie die erfolgreichste Besatzung auf einem nach dem Kriege in Deutschland konstruierten Flugzeugtyp waren.

Der Deutschlandflug ist bis heute die größte Flugveranstaltung für den Motorflug geblieben, zu der sich jährlich die besten Besatzungen der Luftfahrtvereine zusammenfinden.

Neubeginn bei der Lufthansa

Der Verkehrsleiter der alten Lufthansa Hans M. Bongers hatte sich im Auftrage des Bundesverkehrsministeriums bereits 1951 mit weiteren Luftverkehrsfachleuten zusammengetan und im sogenannten Büro Bongers in Köln eine Arbeitsgemeinschaft gegründet, die Analysen und Untersuchungen unternahm um Anhaltspunkte für einen Bedarf an Fluggerät, personellem Aufbau, Streckenführung und Schulung zu bekommen. Dann, am 6. Januar 1953, wurde die Gesellschaft zunächst unter dem Namen »Aktiengesellschaft für Luftverkehrsbedarf« (Luftag) gegründet. Wichtigste Aufgabe war zunächst die Beschaffung von modernen Verkehrsflugzeugen. Der erste Typ, der wieder die gelb-blauen Farben und das Emblem der Lufthansa tragen durfte, war die Convair CV 340. Heimathafen der Lufthansa wurde der traditionelle Hamburger Flughafen Fuhlsbüttel, auf dem ab 1953 die Werftanlagen zur Wartung und Instandsetzung der neuen Passagierflugzeuge entstanden. Dieser Anfang war gewiß nicht leicht, da seit der Vorkriegszeit die internationalen Fluggesellschaften in Punkto Sicherheit und Service große Fortschritte gemacht hatten, Erfahrungen, auf die die Lufthansa nicht zurückblicken konnte. So wurden zunächst einmal im Januar 1954 vier bewährte Lufthansakapitäne (Walter Blume, Rudolf Mayr, Johannes Rathje und Herbert Topp) zur Schulung für die neuen Flugzeugtypen nach England geschickt.

Der innerdeutsche Flugverkehr begann am 1. April 1955 zwischen Hamburg und München mit einer Convair CV 340. Der erste planmäßige Transatlantikflug erfolgte dann schon am 8. Juni 1955. Als Flugzeug hatte sich die Lufthansa dabei für die Lockheed L-1049 G Super-Constellation entschieden, einem Flugzeug, das sich einen legendären Ruf erwarb. Als »Königin der Lüfte«, auch liebevoll als »Super-Conny« betitelt, war dieses Flugzeug durch formvollendete Schönheit und Zuverlässigkeit gekennzeichnet. Das besondere Markenzeichen war das 3geteilte Seitenleitwerk sowie die »Wing-tiptanks«, die als Zusatztanks die Reichweite des Flugzeuges beträchtlich erhöhten. Bei einer Reisegeschwindigkeit von 450 km/h waren hiermit Flugzei-

315 **Lockheed Super-6-Constellation. 4-motoriges Langstreckenflugzeug der Deutschen Lufthansa. Reisegeschwindigkeit 530 km/h.**

ten von über 20 Stunden möglich.
Bereits ein Jahr später, im August 1956, wird der Südatlantikverkehr aufgenommen, und im September 1956 eröffnet die Lufthansa ihren Orient-Dienst.
Als kleine Würdigung an die Pioniertaten ehemaliger Piloten, nehmen an diesen Eröffnungsflügen jeweils alte Pionierflieger teil. So der irische Major Fitzmaurice, der 1928 zusammen mit Hermann Köhl und Freiherr von Hühnefeld als erster den Atlantik in Ost-West-Richtung überquerte.
Das Streckennetz wurde zügig ausgebaut und bereits nach einem Jahr (31. März 1956) kann die Lufthansa auf 15 500 Flugstunden, das sind 5 066 000 Flugkilometer, zurückblicken. Sie hatte in dieser Zeit 104 000 Fluggäste, 1000 Tonnen Fracht und 500 Tonnen Post befördert – eine grandiose Leistung und ein gelungener Start. Dieser war natürlich nur durch die Vergrößerung der Flugzeugflotte möglich, durch die zweimotorige DC 3, die im Zubringerverkehr eingesetzt wurde oder durch die neue Turbo-Propeller Maschine Vickers Viscount 814, die bei den Passagieren besonders durch ihre ovalen Panoramafenster beliebt war, und die die Lufthansa Ende 1955 in Dienst stellte. 1959 meldete die Lufthansa, daß ihre Flugzeugflotte bereits auf 32 Einheiten angewachsen sei. Bei den Langstreckenflügen waren nun schon Städte wie Karatschi oder Bangkok aufgeführt. Das regelmäßig beflogene Liniennetz umfaßte eine Länge von 100 000 km, wobei 28 Länder und 44 Städte angeflogen wurden. Dann, am 2. März 1960, nicht einmal 5 Jahre seit Aufnahme des Flugbetriebes, traf in Hamburg-Fuhlsbüttel das erste Düsenflugzeug der Lufthansa ein. Die Boeing 707–430 (Kennzeichen D-ABOB) leitete damit bei der Lufthansa die Ära des Jetzeitalters ein. Lufthansa-Vorstandsmitglied Gerhard Höltje berichtet darüber: »Die Umstellung unserer Flotte auf Düsenflugzeuge brachte uns eine Fülle technischer Probleme. Durch rechtzeitige Umschulung des fliegenden Personals und Einweisung des technischen Bodenpersonals konnten alle technischen Schwierigkeiten

316 **Vickers V–814 ›Viscount II‹ Verkehrsflugzeug für 44 bis 70 Passagiere. Dieses Turbo-Propeller-Flugzeug war vor allem wegen seiner ovalen Fenster beliebt.**

319 **Douglas DC 3 der Swiss Air-Lines. Dieses über Jahrzehnte beliebte Flugzeug wurde von den Fluggesellschaften in erster Linie als Zubringer benutzt.**

gemeistert werden. Die auf dem Rhein-Main-Flughafen errichtete Basis für die Umkehrwartung der Düsenflugzeuge hat sich hervorragend bewährt. Die von uns für die Boeing 707 ausgewählten Rolls-Royce-Strahlentriebwerke haben den an sie gestellten Anforderungen entsprochen. Mit täglich 10,5 Flugstunden pro Düsenflugzeug befinden wir uns hinsichtlich der Ausnutzung des Geräts in der Spitzengruppe der Benutzer«.[84]

Die Umstellung brachte weitere erhebliche Vorteile mit sich. So verkürzte sich durch die Einführung der Düsenflugzeuge (z.B. auf der Strecke nach Teheran) die Flugzeit um ein Drittel. 1964 bei der Einführung der Boeing 727, wurde der Atlantik von Seattle nach Hamburg in 11 Stunden und 16 Minuten überquert.

Im innerdeutschen Flugverkehr wurde 1965 zum erstenmal in einem Jahr die Millionenmarke bei den

▼ *320* **Boeing B-707–420. Das erste Jet-Verkehrs-Flugzeug der Lufthansa. Damit konnten 140 Passagiere bei einer Geschwindigkeit von 970 km/h befördert werden.**

▼ *322* **Flughafen Echterdingen (Stuttgart). Aufgenommen in den 80ziger Jahren.**

321 **Flughafen Kloten (Zürich). Aufgenommen im Sept. 1956. Auf dem Rollfeld eine Vickers Viscount, 2 DC 4, 3 DC 3 und 2 Convair CV 340.**

Passagieren überboten. Die Lufthansa hatte sich zu diesem Zeitpunkt im internationalen Luftverkehr auf den sechsten Rang vorgearbeitet. Stolz kann sie seit 1963 daher auch melden, daß sie kein Zuschußunternehmen mehr darstelle, sondern ihre Kosten wieder voll einfliege.

Die Lufthansa gehörte auch in den nächsten Jahren zu den überaus schnell expandierenden Unternehmen. 1966/67 besteht die Flugzeugflotte aus 41 Düsenflugzeugen und 23 Propellermaschinen. Hierzu sind 294 Flugkapitäne unter Vertrag. 1969 beförderte die Lufthansa bereits 5,9 Millionen Passagiere und erzielte einen Überschuß von 69 Millionen DM. Mit diesem Geld im Rücken konnte man zu neuen Taten schreiten, und so begann 1970 für die Lufthansa das Zeitalter der Großraumflugzeuge. Der Vorstand hatte sich als erste Gesellschaft in Europa für die Boeing 747–130 entschieden, dem

323 **Boeing 727 Europa Jet. Dieses Flugzeug wurde ab 1964 als Mittelstreckenflugzeug von der Lufthansa eingesetzt.**

Lufthansa

Condor

◄◄ *324* **Boeing 747–200. Das erste Großraumflugzeug der Lufthansa, mit dem bis zu 361 Passagiere befördert werden.**

◄ *326* **Douglas DC 10. Ein weiteres Großraumflugzeug der Lufthansa. Die DC 10 hat 3 Triebwerke, da sie vor allem auf der Nordatlantikstrecke eingesetzt wird.**

»Jumbo-Jet«. Er folgte damit weiter der Maxime, größere und schnellere Flugzeuge für die Flotte anzuschaffen. Dies bedeutete jedoch auch, daß der Anschaffungspreis in die Höhe schnellte. Für ein Exemplar dieses Flugzeugtyps mußten 80 Millionen DM investiert werden. Als dann am 30. März 1970 der erste »Jumbo« in Hamburg eintrifft, bekommen die begeisterten Hamburger aber auch Großartiges zu sehen, was sich nur mit Maßstäben der Superlative messen läßt. Ein Flugzeug mit über 70 Meter Länge, annähernd 60 Meter Spannweite, einer Kabinenbreite von 6,20 m und einem Fassungsvermögen von 178700 Liter Kerosin ist bisher einmalig in der Fluggeschichte. In der Version, wie die Lufthansa das Flugzeug einsetzt, können 361 Passagiere damit befördert werden, und dies unter äußerst angenehmen Bedingungen. Der Fluggast wird dabei exzellent verpflegt, zu seiner Bequemlichkeit stehen eine Bar oder ein Kino zur Verfügung. Der in diesen Jahren einsetzende Flugtouristikboom wird daher von der Lufthansa zusammen mit ihrem Tochterunternehmen »Condor« bestens bewältigt. Im Jubiläumsjahr 1976 feiert sie den 50. Gründungstag der alten Lufthansa. Ein Geburtstagsgeschenk hat sie sich zu diesem Termin selbst gemacht. Die neue Generation der umweltfreundlicheren und auf Treibstoffersparnis konstruierten Großraum-Jets stehen zu ihrer Verfügung. Diesmal hat sich die Lufthansa für ein europäisches Flugzeug entschieden, den Airbus A 300 B 2, dem in den folgenden Jahren weitere Typen der Airbusfamilie folgen.

325 **Untere Reihe links: Boeing 737–300. Ein Kurzstreckenflugzeug, welches als ›City-Jet‹ seit 1968 bei der Lufthansa im Dienst ist. Hier in den Farben des Tochterunternehmens Condor.**

327 **Untere Reihe mitte: Airbus A 300B. Das erste Flugzeug der Lufthansa aus gemeinschaftlicher europäischer Produktion.**

328 **Untere Reihe rechts: Airbus A 310. Flugzeug der ›neuen Generation‹ umweltfreundlicher Flugzeuge.**

Aufbau der Bundesluftwaffe

Selbstverständlich war jegliche militärische Tätigkeit nach dem verlorenen II. Weltkrieg von den Alliierten strengstens verboten. Dies bezog sich besonders auch auf die industrielle Produktion von Flugzeugen oder Flugzeugteilen. Die früheren deutschen Flugzeugfirmen mußten daher entweder die Betriebe stillegen oder, wie die Firma Dornier, nach Spanien übersiedeln. Nachdem sich jedoch die Fronten im »Kalten Krieg« zwischen Ost und West immer mehr verhärteten und gleichzeitig in der Bundesrepublik eine stabile politische und ökonomische Entwicklung eintrat, wuchs die Einsicht bei den (West-) Alliierten, daß Deutschland mehr und mehr Verantwortung für seine politischen Belange bekommen sollte, auch was den Beitrag für die Verteidigung des Landes anbelangte. Dies war nicht nur finanziell zu verstehen, sondern im Zuge einer immer engeren Einbeziehung in das westliche Bündnis auch praktisch durch den Aufbau einer Armee. Im Pariser Abkommen vom 23. Oktober 1954 wurde dazu der Grundstein gelegt. Damit nahm die 3. fliegerische Kraft (neben Sport und Verkehrsflug) – die Militärfliegerei – langsam Gestalt an. Neben den planerischen Aufgaben war ein Hauptproblem, erfahrene Piloten für den militärischen Dienst zu gewinnen. Die Mehrzahl war in einem fortgeschrittenen Alter, hatten einen neuen Beruf ergriffen, und was für alle noch lebenden Piloten der ehemaligen Luftwaffe galt, sie hatten seit 10 Jahren kein Flugzeug mehr geflogen.
Die US-Airforce bot zunächst an, in Fürstenfeldbruck und Landsberg das Training der ehemaligen Piloten zu übernehmen. Zu den Männern dieser ersten Stunde gehören Oberst Arabak, Oberst Kuhlmeg, Oberst Steinhoff, Major Barkhorn, Major Krupinsky und Major Wehnelt, die bereits 1955–56 in den USA und England geschult wurden. Im Januar 1956 trafen weitere Weltkrieg II-Piloten

329 **Oben: Schulflugzeug Harvard T 6. Eines der ersten Flugzeuge der neuen Bundeswehr 1956.**

330 **Unten: Dornier Do 27. 6-sitziges Reiseflugzeug, wie es bei der Luftwaffe und beim Heer benutzt wurde (hier Zivilversion).**

331 **Fairey Gannet AS 4. Marine-Aufklärer und U-Boot-Bekämpfer der Bundesmarine.**

in Landsberg ein. Dazu gehörten Major Schröder und Oberst Dudeck, die bereits über 40 Jahre alt waren. Der jüngste dieser Gruppe war Leutnant Forster mit 29 Jahren. Er wurde 1943, als er gerade 16 Jahre alt war, zur Luftwaffe eingezogen und flog noch bis Kriegsende die Me 109, die FW 190 sowie die He 162.
Der Mann, dem damals die Gesamtverantwortung für den Aufbau der Bundesluftwaffe übertragen wurde, war Generalleutnant Josef Kammhuber. Als Inspekteur der Luftwaffe nahm er in einer ehemaligen Kaserne in der Nähe von Bonn am 6. Juni 1956 seinen Dienst auf. Kammhuber hatte während des Krieges als Kommandant der 2. Luftflotte die Nachtjäger-Verteidigung aufgebaut. Nachdem er bei der obersten Führung in Ungnade gefallen war, befehligte er die 5. Luftflotte und wurde von Göring als Berater für Strahlflugzeuge herangezogen. Die Fortführung seiner Laufbahn ist umso bemerkenswerter, da er zu diesem Zeitpunkt bereits 60 Jahre alt war und eine gute Position in der Industrie inne hatte.
Ebenfalls im Juni 1956 übernahm die neue Luftwaffe ihre ersten Propellermaschinen, 27 L 18 C Super-Cups, die als Trainingsflugzeuge eingesetzt wurden. Im nächsten Monat folgten dann 19 T6-Harvards. Diese Flugzeuge waren noch ohne Insignien, denn erst im September 1956 wurde feierlich als neues nationales Hoheitszeichen das schwarze »Eiserne Kreuz« der Militärflieger des I. Weltkrieges wieder eingeführt. General Kammhuber stand beim Aufbau der Bundesluftwaffe vor der Aufgabe, den Vorstellungen der Politiker zu folgen, und eine große Luftmacht zu schaffen, der jedoch wichtige Einrichtungen und Personal fehlen würden. Er entschied sich für eine andere Lösung. Die Sollstärke der Bundesluftwaffe sollte kleiner als ursprünglich geplant werden, dafür jedoch mit bestem Material und höchster Ausbildung ausgerüstet sein. Dies war auch sinnvoll, da in diesen Jahren der Bundesluftwaffe praktisch eine ganze Generation junger Flieger fehlte und erst langsam wieder ausgebildet werden mußte. Außerdem gab es starke politische Kräf-

332 **Armstrong-Whithworth ›Sea Hawk‹ F 100. Marine-Mehrzweck-Flugzeug der Bundesmarine.**

333 **Fouga CM 170 R ›Magister‹. 2sitziger Düsen-Trainer, Höchstgeschwindigkeit 710 km/h.**

te, die sich zu diesem Zeitpunkt überhaupt gegen eine Militarisierung der Bundesrepublik wandten. Der 24. September 1956 kann als offizieller Gründungstag der Bundesluftwaffe angesehen werden. An diesem Tag wurde in einem Festakt in Fürstenfeldbruck je ein Exemplar der bis dahin vorhandenen Flugzeugtypen (L-18, T 6 und T 33 A) symbolisch der Luftwaffe überreicht. Diese Maschinen trugen nun zum erstenmal auch wieder ein deutsches Hoheitszeichen. Gleichzeitig erhielten bei dieser Feier die ersten 10 ehemaligen Kriegspiloten ihr neues Flugzeugführerabzeichen ausgehändigt.
Der erste Fliegerhorst, der eine Landebahn von 7900 Fuß (Nato-Standard) bekam, war Memmingen. Nach Abzug der US-Luftwaffe folgten die Flugplätze Fürstenfeldbruck und Landsberg, die von der Luftwaffe in Eigenregie übernommen wurden. Auf diesen 3 Flugplätzen wurden auch die ersten Flugzeugführerschulen eingerichtet. Das Ausbildungsprogramm für einen jungen Piloten umfaßte 20 Flugstunden auf der Piper L-18 c Super-Cup in Memmingen, dann folgten 110 Flugstunden auf der T 6-Harvard in Landsberg und schließlich als Jet-Pilot 110 Flugstunden auf der Lockheed T 33-A in Fürstenfeldbruck.
Besonders was Düsenflugzeuge anbetraf, hatte man großen Bedarf. Bereits 1957 folgten die Fouga-Magister CM 170 R und die Propellermaschine Piaggio P 149 D als Trainingsflugzeuge. Ebenfalls 1957 kamen die ersten modernen Jagdflugzeuge, wie die Republic F 84 F-Thunderstreak und kurz später die RF 84 F-Thunderflash dazu. Damit besaß die Bundesluftwaffe Flugzeuge, wie sie auch bei anderen Nato-Verbündeten geflogen wurden.
In Form von Lizenzbauten wurde die deutsche Luftfahrtindustrie an diesem Geschäft der Luftwaffe beteiligt. Es kristallisierten sich zunächst verschiedene Zentren heraus. Im Norden war der Hamburger Flugzeugbau (früher Blohm & Voss) und der Weserflug in Bremen mit dem Lizenzbau des Transportflugzeuges N 2501 Noratlas sowie dem F-84-F-Programm beschäftigt. Focke-Wulf baute die einmotorige Piaggio P 149-D. Heinkel

334 **Lockheed Starfighter F-104 G. Abgebildet ist ein Flugzeug des Jagdbombergeschwaders 34 (Memmingen).**

335 **RF-4 E ›Phantom‹. Abgebildet ist ein Flugzeug des Aufklärungsgeschwaders 52 (Leck/Nordfriesland).**

und Messerschmitt (Flugzeug Union Süd) bauten in Lizenz den Trainer, Fouga-Magister. Lediglich Dornier in München und Immenstaad/Bodensee produzierten eine Konstruktion von Prof. Dornier, die Do 27. Dieses Flugzeug, von dem 428 Exemplare gebaut wurden, kam neben der Luftwaffe vor allem beim Heer zum Einsatz, wo es das Standardflugzeug wurde.

Als letzte Waffengattung erhielten 1958 die Marineflieger ihre ersten Flugzeuge. Die Marine hatte sich unter Führung von Kapitän Gaul für die englischen Typen Armstrong-Whitworth Sea Hawk F 100 und Fairey Gannet A.S. 4 entschieden. Zusammen mit der dänischen Marine hatten die Marineflieger nun als Nato-Mitglieder die Verteidigung in der Baltischen Region zu übernehmen.

Überhaupt wurde eine Vereinheitlichung der Rüstungssysteme bei den Nato-Bündnispartnern immer wichtiger. Dies hatte zweifellos Vorteile – jedoch auch Nachteile, wie die Starfighter-Affäre beweisen sollte, von der die Bundesluftwaffe in den sechziger Jahren erschüttert wurde.

Der Starfighter F 104 A war ursprünglich eine Konstruktion, die auf den Erfahrungen des Koreakrieges aufbaute und als Jäger konzipiert, der »in kürzester Zeit eine maximale Höhe erreichen sollte«. Schon bei der Konstruktion traten bei Lockheed immense Schwierigkeiten auf, da vom aerodynamischen Standpunkt aus gesehen die Flügel bei einer Geschwindigkeit von Mach 1 ein völlig anderes Profil benötigten, als bei der doppelten Geschwindigkeit. Die US-Airforce zogen daher diesen Jäger Anfang der sechziger Jahre wieder zurück, weil die Verlustrate zu hoch war.

Die europäischen Verbündeten setzten nun auf eine Weiterentwicklung dieses Typs, den Super-Starfighter F-104 G, der als »Allwetter-Jagdbomber« mit den unterschiedlichsten Aufgaben in Einsatz kommen sollte. Der Starfighter bekam, bedingt durch die kürzeren europäischen Rollbahnen, ein neues Bremssystem, einen größeren Bremsfallschirm und ein neuentwickeltes elektronisches Radarsuchsy-

336 **Panavia ›Tornado‹. Schwenkflügelflugzeug. Abgebildet ist ein Flugzeug des Jagdbombergeschwaders 31 (Nörvenich) im Fluge über Kanada.**

stem (NASARR). Im Oktober 1958 entschied sich die Bundesluftwaffe unter Verteidigungsminister Franz Josef Strauß, nachdem dreizehn andere Konkurrenzmuster ausgeschieden waren, für dieses Flugzeug. Beeindruckend waren die Daten. Zum Beispiel leistete die General Electric J 79–11 A-Turbine mit Nachbrenner 15 800 lb Schub und brachte den Starfighter auf eine Geschwindigkeit von über Mach 2. Summa summarum kostete das neue Prestigeflugzeug pro Stück 5,2 Millionen DM.
Am 12. Februar 1960 wurden die ersten sechs Exemplare an Deutschland ausgeliefert. Oberstleutnant Günther Rall durfte damit an diesem Tag den Erstflug durchführen. In einer Euphorie sondersgleichen wurde dieses Flugzeug nicht nur als Wunderwerk der Technik, sondern auch als Schlußstein in der Flugzeugentwicklung überhaupt angepriesen. Lizenzverträge wurden vergeben an Holland, Belgien, Italien und Deutschland. Bis zum Jahre 1965 wurden an die Bundesluftwaffe und Bundes-Marine 749 Exemplare ausgeliefert. Zu jenem Zeitpunkt war jedoch das Absturzrisiko des Starfighters längst bekannt. Allein 1965 mußte die Luftwaffe ca. 30 Maschinen als Verlust durch Absturz melden. Zeitungen gaben täglich neue Schreckensmeldungen und Statistiken heraus. 1967 war man bereits bei 73 Totalverlusten seit Einführung dieser Maschine angelangt. Da über 50 % der Piloten diese Abstürze mit dem Leben bezahlten, bekam der Starfighter im Volksmund den Beinamen »Witwenmacher«, und man erzählte sich, daß Meterologen vor »Starfighter-Regen« warnen. In einer Reihe von Zivilprozessen wurde die Bundesregierung und später die Firma Lockheed zu Zahlungen an die Hinterbliebenen verurteilt.
Die Luftwaffe stand dem ganzen Vorgang zunächst hilflos gegenüber. Als Hauptgrund für die Abstürze wurden die ungenügenden Ausbildungsmöglichkeiten in Deutschland angesehen. Daher wurde in Zusammenarbeit mit den US-Airforces ein deutsches Ausbildungscamp in Arizona errichtet, in dem jeweils 60 deutsche Piloten in einem 6-wöchigen Kursus geschult wurden. Die Abstürze nahmen in den nächsten Jahren langsam ab, jedoch blieb der Starfighter das Problemkind der Luftwaffe bis hinein in die 70er Jahre, wo er dann gegen neuere Typen nach und nach ausgetauscht wurde. Als Schlußbilanz stehen 917 gelieferten Exemplaren des Starfighters 269 Abstürze entgegen.
Die neuen Flugzeuge hießen nun McDonnell F-4 F »Phantom«, der zunächst die Aufgaben des Starfighters mitübernahm und der Dornier/Brequet »Alpha Jet«, der als Trainingsflugzeug eingesetzt wurde.
Das Prestigeflugzeug für die 80er Jahre und damit der direkte Nachfolger des Starfighters wurde dann jedoch die Panavia MRCA »Tornado«. Ein Schwenkflügelflugzeug bei dessen Konstruktion die neuesten technischen Innovationen verwirklicht wurden. In Bezug auf die Unfallhäufigkeit hatte die Luftwaffe mit diesen Maschinen mehr Glück, allerdings kostete inzwischen solch ein Wundervogel auch 45 Millionen DM.

Neue Innovationen im Flugzeugbau

Die 60er, 70er und 80er Jahre hatten zum Teil erhebliche innovative Einflüsse auf den Flugzeugbau und die Flugzeugproduktion. Hier wurden neue Baustoffe und Fertigungstechniken eingeführt, von denen man zu früheren Zeiten nur träumen konnte. Besonders ein Mann hat sich dabei einen Namen gemacht, Ludwig Bölkow.
Bereits in den 50er Jahren hatte er zusammen mit Klemm das Sportflugzeug Bölkow (Klemm) KL-107c herausgebracht. Dieser freitragende Tiefdekker, den Hans Klemm bereits 1941 als Prototyp gebaut hatte, wurde nun in Nabern zur Serie geführt. Die innovativen Leistungen, lagen in erster

337 **FS 24 ›Phönix-T‹. Erstes Segelflugzeug der Welt, das in GFK-Bauweise hergestellt wurde. Spannweite 16 Meter, Gleitzahl 40. Eine Entwicklung der Akaflieg Stuttgart, die von Bölkow in Serie gebaut wurde.**

338 **Bölkow (Klemm) Kl 107c. Privatreiseflugzeug für 3 Personen. Höchstgeschwindigkeit 235 km/h.**

Linie in der Verfeinerung und industriellen Einführung der GFK-Bauweise für die Luftfahrt. Neben Segelflugzeugen fanden bei der Bölkow 207 glasfaserverstärkte Kunststoffe (GFK) zum erstenmal in größerem Umfang Verwendung. Das erste Vollkunststoff-Motorflugzeug wurde jedoch die LFU 205, die in Laupheim, am 29. März 1969, den Erstflug absolvierte. Aber nicht nur im Flugzeugbau, sondern vor allem im Hubschrauberbau hat sich Bölkow bewiesen. Auch hier waren es die GFK-verstärkten Rotorblätter, die auf einem gelenklosen Rotor das besondere Markenzeichen des Bölkow-Hubschraubers Bo 105 ausmachen. Dieser Hubschrauber hat in seinem Frachtraum Platz für zwei Krankentragen, und er erreicht eine Reisegeschwindigkeit von mindestens 220 km/h. Die Bo 105 startete zu ihrem Erstflug im Februar 1967 und wurde auf Anhieb so beliebt, daß sie inzwischen mit weit über 1600 Exemplaren, die in 36 Länder geliefert wurden, das meistgebaute Nachkriegsfluggerät der Bundesrepublik Deutschland ist. Aber auch neue Firmen, die auf keine Tradition im Flugzeugbau zurückblicken können, haben in den letzten Jahren Akzente gesetzt. Hier ist besonders Burkhart Grob zu nennen, der seit 1976 die Herstellung von Flugzeugen aufnahm. Die Astir als Segelflugzeug, die G 109 ein Motorsegler, sowie die G 115 als Sportflugzeug, alles in GFK-Bauweise erfreuen sich großer Beliebtheit und werden in Serie gebaut. Insgesamt hat das Unternehmen in diesem Zeitraum bereits über 3000 Flugzeuge ausgeliefert. Die neueste Innovation der Firma Grob in Zusammenarbeit mit der amerikanischen Firma E-Systems ist das Höhenforschungsflugzeug EGRETT. Dieses Flugzeug mit einer Spannweite von 33 Metern besitzt eine Druckkabine und soll in Zukunft Forschungsaufgaben übernehmen. Es wurden damit bereits Höhen von über 16 500 Metern erreicht.
Ausgangspunkt all dieser Neuentwicklungen war der Segelflug in den 50er Jahren, der neue Maßstäbe setzte. Verschiedene Konstrukteure wetteiferten miteinander, um die technisch perfektesten und leistungsfähigsten Flugzeuge zu bauen. Diese Super-

339 **Bölkow Bo 105c. Hubschrauber zum Einsatz bei der Polizei, im Rettungsdienst (ADAC) Seenotrettung und bei der Luftwaffe.**

340 **Motorflugzeug Grob G 115. Das erste in Serie gebaute GFK-Sportflugzeug.**

flugzeuge waren in erster Linie das Ergebnis aufwendiger Forschungsarbeiten, die den Flugzeugbau zwar mit großen Schritten weiterbrachten, für den privaten Segelflieger war so ein Flugzeug durch die hohen Anschaffungskosten aber nicht mehr erschwinglich. Wie überlegen diese Neuerungen den herkömmlichen Konstruktionen waren, zeigte die Weltmeisterschaft von 1958 in Laszno (Polen). »Vom ersten Wettbewerbstag am 15. Juni an führte Ernst Günther Haase auf seiner HKS 3 und gab diese Spitzenstellung bis zum letzten Tag am 25. Juni nicht mehr ab. Es war ein doppelter Erfolg für ihn. Zum einen als Pilot, und zum anderen als Konstrukteur der HKS 3. Haase sagt selbst: Die HKS 3 haben wir in erster Linie für den Wettbewerb gebaut. Wir erreichten den Gleitwinkel von 1:40 mit vielen Kleinigkeiten. Die Flächen sind in Sandwichbauweise angefertigt. So konnten wir eine so gute Oberflächenqualität erreichen, die auf 6 cm nicht mehr als 2/100 mm Abweichung aufwies. Aus aerodynamischen Gründen verzichteten wir auf konventionelle Querruder. Sie wurden durch die auf der Welt einzigartige variable Flügelverwindung ersetzt«.[85]

Als Höhepunkt und Abschluß der Sperrholz-Konstruktionen kann die Ka 6 von Rudolf Kaiser angesehen werden, die über Jahre hinaus das leistungsfähigste Segelflugzeug der Welt in der Standardklasse wurde.

Die eigentliche Revolution im Flugzeugbau war dann jedoch mit der GFK-Bauweise erreicht. Bei dieser von Prof. Eppler und Dipl. Ing. Nägele bereits 1955 eingeführten Technik wurden die Flugzeuge nicht mehr in herkömmlicher Weise »gebaut«, sondern mit glasfaserverstärktem Kunststoff »gegossen«. Das Flugzeug, das diese Revolution einleitete, war die »Phönix« von der Akaflieg in Stuttgart. Spätestens seit 1957 war damit eine neue Epoche im Segelflugzeugbau angebrochen. »Von entscheidender Bedeutung für die Weiterentwicklung waren auch die Forschungsarbeiten der Akademischen Fliegergruppen an deutschen Hochschulen. Dazu

341 **Segelflugschule Hornberg. Ausbildungszentrum auf der Schwäbischen Alb. Doppelsitzer ›Kranich‹ (1955), Schleppflugzeug Jodel DR 400 und der ›Cirrus‹ von Schempp-Hirth.**

342 **Segelflugzeug ›Discus‹. Das neue Standardklassenflugzeug von Schempp-Hirth. Seit 1984 in Produktion, wurden mit diesem 15 Meter-Flugzeug zahlreiche Rekorde geflogen. Fotographie: Hiroshi Seo**

kam, daß die Konstrukteure der jungen Generation zugleich hervorragende Flieger waren, ihre eigenen Testpiloten, die ihre Konstruktionen bis zu Meisterschaften flogen. So auch Rudolf Kaiser, der die Gold-C mit drei Brillanten, das höchste Leistungsabzeichen des internationalen Segelfluges, trägt. Ein Musterbeispiel war die Arbeitsgemeinschaft an der D 36 in der Akaflieg Darmstadt. Wolf Lemke übernahm den Rumpf, Gerhard Waibel die Fläche und Klaus Holighaus Berechnung und Konstruktion der Leitwerke als Diplomarbeit. Nach Abschluß ihres Studiums gingen alle drei ihre eigenen Wege und schufen aus der Erfahrung mit der D 36 neue Flugzeuge. Gerhard Waibel führte als Technischer Leiter beim Segelflugzeugbau Schleicher in Poppenhausen (Rhön) die Kunststoffbauweise ein und schuf die Leistungsflugzeuge ASW 12, 15, 17, 19, und schließlich 1981 die ASW 22. Klaus Holighaus entwickelte bei Schempp-Hirth in Kirchheim/Teck die SHK weiter und erarbeitete Cirrus, Nimbus 2, 3 und den Doppelsitzer Janus. Beide wurden mit ihren Konstruktionen Deutsche Meister. Und Wolf Lemke tat sich mit seinem Freund Walter Schneider in Egelsbach (Hessen) zusammen, konstruierte die LS 1 und LS 3 und, für die neugeschaffene 15 m-Klasse, die LS 4.«[86]
Mit dieser neuen Generation von »Super-Orchideen« bei denen in den 80er Jahren zur weiteren Leistungssteigerung die Glasfaser durch Carbonfaser ersetzt wurde, gelangen Leistungen, die kein Segelflieger noch vor Jahren für möglich gehalten hätte.
Um nur ein paar Namen zu nennen: Hans-Werner Grosse erflog 26 Weltrekorde, darunter einen Streckenflug von 1460,8 km, der ihn von Lübeck bis nach Biarritz in Frankreich führte. Prof. Dr. Helmut Reichmann (Saarbrücken) wurde als erster Segelflieger dreimal Weltmeister und zusätzlich dreimal Deutscher Meister; und Klaus Holighaus zeichnete sich durch Erfolge wie die Vizeweltmeisterschaft,

343 **Die Segelflugzeuge ASW 12 (rechts) und ASW 15 (links) der Firma Alexander Schleicher im Fluge. Konstruktion: Gerhard Waibel, Fotographie: Sandor Alex Aldott.**

den 3fachen Europameistertitel sowie durch den 5fachen Deutschen Titel, aus.
Mitbedingt durch den Fortschritt im Flugzeugbau, durch differenziertere aerodynamische Erkenntnisse, vor allem aber durch neue Materialien, wie Glasfieber oder Nylongewebe, etablierte sich Anfang der 70er Jahre eine neue Sportart, die Drachenfliegerei. Dieser zunächst in den USA entwickelte Sport fand weltweit rasch Anhänger, da nun Fliegen nicht mehr nur mit technischer Perfektion und kaum zu bezahlenden finanziellen Aufwendungen verbunden war, sondern jedem, der näher mit der Natur verbunden, wieder die Möglichkeit eröffnete, sich in die Lüfte zu erheben. Menschen die begeisterte Bergsteiger, Skifahrer oder Wassersportler waren schlossen sich in großer Zahl diesem Sport an. Bereits bei der ersten Weltmeisterschaft 1975 in Kössen stellte Deutschland mit 58 Teilnehmern das größte Team. Sieger wurde damals der Amerikaner David Cronk mit einem Zeitflug von 6:05 Minuten. In den letzten 14 Jahren ist hier jedoch eine immense Leistungssteigerung – ähnlich wie beim Segelflug erzielt worden. Neue Flugtechniken waren ausschlaggebend. »Die Umstellung auf die heute fast ausschließlich praktizierte Liegendposition des Piloten im Hängegleiter begann 1976/1977. (Bis 1974 wurden die Drachen fast ausschließlich durch einen Start auf Skiern in die Luft gebracht. Danach ging man zum Laufstart über, der die Unabhängigkeit von Schnee und Skiern brachte. Vorher wurde überwiegend mit Sitzbrett, oder wie heute noch in der Anfängerausbildung, hängend geflogen.) Gleichzeitig wurden vom Segelflug Instrumente wie Variometer, Höhen- und Geschwindigkeitsmesser übernommen. Mit der Entwicklung der Technik änderte sich allmählich auch das Wesen der Drachenfliegerei. Zunächst wurden reine Gleitflüge durchgeführt, die in ihrer Dauer sehr begrenzt waren. Ab der zweiten Hälfte der siebziger Jahre ging man langsam dazu über, den Hangaufwind und vor allem die Thermik auszunutzen und dadurch immer längere und auch höhere Flüge zu machen. Ab 1977 tauchten die ersten sog. Doppelsegler auf. Das heute gängige Konstruktionsprinzip von leistungsstarken Hängegleitern, die mittlerweile eine Gleitzahl von bis zu 1:12 erreichen, kam aus den USA und ist gekennzeichnet durch ein schwimmendes Querruder, das in das Doppelsegel integriert ist. Aber erst mit dem »Comet« setzte sich ab 1980 dieses Prinzip durch.«[87]
Ein Mann hat besondere Verdienste für sich und seine Heimat im Drachenflugsport erworben, Josef Guggenmos (d' Allgäuer Drachenflieger). Neben der Welt- und Europameisterschaft konnte er sechsmal den deutschen Titel gewinnen. Mitbedingt durch seine Erfolge entwickelte sich der Tegelberg bei Schwangau zum Mekka des deutschen Drachenfluges. Die Weltmeisterschaft, die 1983 hier ausgetragen wurde, vereinte 148 Teilnehmer aus 29 Nationen.
Die Streckenflüge wurden immer länger und die Höhenflüge laufend überboten. So konnte sich Rainer Scholl am 3. August 1983 in die Rekordliste eintragen. Mit einem Streckenflug von 233,8 km und einer Startüberhöhung von 3650 m erhielt er als erster Hängegleiterpilot der Welt das Goldene Delta-Leistungs-Abzeichen der FAI (Fédération Aéronautique Internationale).
Als besondere Entwicklung auf diesem Gebiet sei noch das Ultra-Leicht-Fliegen aufgeführt. Mit motorisierten Drachen, die auch fest konstruierte Flü-

344 **Der neue Hochleistungsmotorsegler DG 400 der Firma Glaser-Dirks. Dieses Flugzeug besitzt einen einklappbaren Hilfsmotor. Fotographie: Hiroshi Seo**

gel haben können, gelingt es Ul-Piloten heute Weiten von 600 km und mehr zu erfliegen. Wie bei vorangegangenen Innovationen ist das Maximum an Leistungen bestimmt noch lange nicht erreicht.
Mit diesen Entwicklungen schließt sich jedoch der Kreis. Ausgehend von Otto Lilienthal, der 1891 seine ersten Gleitflüge absolvierte, über die rasante Entwicklung der Motorflugzeuge bis hin zum Großraumjet oder zum Weltraumgleiter, und dann in Rückbesinnung auf den Altmeister und den Hängegleitflug, mit dem heutzutage bereits die Alpen überquert werden, war es ein weiter Weg. Wenn wir uns jedoch klar machen, daß diese faszinierende Entwicklung mit ihren positiven und negativen Seiten erst vor gerade 100 Jahren begonnen hat, so dürfen wir gespannt sein, was das nächste Jahrhundert in der Geschichte der Fliegerei uns bringen wird.

345 Oben: Drachenflieger am Tegelberg. Im Hintergrund Schloß Neuschwanstein. Karte aus den Anfangsjahren des Drachenfluges, zu einer Zeit in der noch mit Ski gestartet wurde.

346 Unten: Der Welt-, Europa- und mehrmalige Deutsche Meister im Drachenflug, Josef Guggenmos im Fluge.

Literatur

1 Bröckelmann, R.: Wir Luftschiffer. Berlin 1909, S. 34

2 Dierlamm, Alfred: Gordon Bennett-Wettbewerbe. Stuttgart 1912, S. 33

3 Schaeck, Oberst in: Bröckelmann, S. 188

4 v. Abercron, Hugo in: H. Hoernes. Buch des Fluges, Band I, Wien 1911, S. 455

5 Schlein, Dr. A. in: H. Hoernes, Band I, S. 473

6 Rieper, Peter in: W. v. Langsdorff. Flieger am Feind (Flieger II). Gütersloh 1942, S. 317

7 v. Parseval, Dr. A. in: Denkschrift der ersten internationalen Luftschiffahrt-Ausstellung, Frankfurt 1909, Band I, Berlin 1910, S. 135

8 v. Parsefal, Dr. A. in: Bröckelmann, S. 408

9 Basenach; Ing. in: Bröckelmann, S. 240

10 Zeitschrift »Die Gartenlaube« 1900, S. 520

11 Preiss, Theodor in: E. A. Lehmann. Auf Luftpatrouille und Weltfahrt. Berlin 1936, S. 139

12 v. Zeppelin, Graf Ferdinand in: W. v. Langsdorff. Flieger und was sie erlebten (Flieger I). Berlin 1935, S. 30

13 Presseberichte: Landeszeitung »Deutschland«. Weimar 1908

14 Ellerkamm, Heinz in: Langsdorff (Flieger II), S. 58

15 v. Schiller, Hans in: H. Hildebrandt. Zeppelin-Denkmal für das Deutsche Volk. Stuttgart 1925, S. 325

16 Berliner Lokalanzeiger, 31. Oktober 1909

17 Flugsport 1911, S. 530

18 Hirth, Hellmuth: 20000 km im Luftmeer. Berlin 1913, S. 151

19 Grade, Hans: Flugsport 1911, S. 195

20 Hirth, Hellmuth: S. 65

21 Lindpaintner, Otto in: Langsdorff (Flieger I), S. 56

22 Hailer, Franz in: P. Supf. Das Buch der deutschen Fluggeschichte. Band I, Stuttgart 1956, S. 403

23 Hirth, Hellmuth: S. 189

24 Vollmoeller, Hans in: Langsdorff (Flieger I), S. 62

25 Hailer, Franz in: Supf, Band I, S. 406

26 Flugsport 1911, S. 703

27 Hirth, Hellmuth: S. 113

28 Hirth, Hellmuth: S. 127

29 Mahncke, Alfred in: Supf, Band I, S. 471

30 Hirth, Hellmuth: S. 190

31 Hirth, Hellmuth: S. 194

32 Hirth, Hellmuth: S. 183

33 Hirth, Hellmuth: S. 201

34 Nationalflugspende: Jahresbericht 1913, S. 24

35 Stoeffler, Viktor in: Langsdorff (Flieger I), S. 101

36 Flugsport 1913, S. 400

37 Heinkel, Ernst: Stürmisches Leben. Stuttgart 1953, S. 51

38 Flugsport 1913, S. 697

39 Langer, Bruno in: Supf II, S. 74

40 Ingold, Charles in: Supf II, S. 76

41 Hirth, Hellmuth: Meine Flugerlebnisse. Berlin 1915, S. 206

42 Hirth, Hellmuth: Meine Flugerlebnisse. Berlin 1915, S. 222

43 Braun, Carl in: Langsdorff (Flieger I), S. 60

44 Siegert, Wilhelm in: Neumann. Die deutschen Luftstreitkräfte im Weltkrieg. Berlin 1919, S. 114

45 Supf, Peter: Das Buch der deutschen Fluggeschichte. Band II, Stuttgart (1958), S. 475

46 Immelmann, Max in: Langsdorff (Flieger II), S. 33

47 Boelcke, Oswald in: Langsdorff (Flieger II), S. 40

48 v. Richthofen, Manfred in: Langsdorff (Flieger II), S. 160

49 Udet, Ernst in: Langsdorff (Flieger II), S. 314

50 Flugsport 1921, S. 306

51 Heinkel, Ernst in: Kettel, Paul. Kampf um das Luftmeer. München 1937, S. 239

52 Persönliche Mitteilung von Wilhelm Reutter

53 Knauß, Robert in: Langsdorff (Flieger I), S. 244

54 v. Uhde, Sophie in: Malina, J. B. Luftfahrt Voran. Berlin 1933, S. 106

55 Klemm, Hans in: Supf, Peter; Klemm Hans. Stuttgart 1955, S. 38

56 Flugsport 1921, S. 323

57 Fuchs, Otto in: Langsdorff (Flieger I), S. 161

58 v. Gronau, Wolfgang: Weltflieger. Stuttgart 1955, S. 7

59 Udet, Ernst: Mein Fliegerleben. Berlin 1935, S. 154

60 Köhl, Hermann; Fitzmaurice; v. Hünefeld: Unser Ozeanflug. Berlin 1928, S. 57

61 v. König-Warthausen, Freiherr in: Langsdorff (Flieger I), S. 212

62 Strassmann, Antonie in: Malina, S. 227

63 Brütting, Georg: Taschenbuch des Motorfliegens. Stuttgart 1966, S. 23

64 Flugsport 1938, S. 307

65 Beinhorn, Elly: Ich fliege um die Welt. Berlin 1952, S. 114

66 Hirth, Wolf in: Der Motorlose Flug, Denkschrift 1921 des Flugtechnischen Vereins Stuttgart, S. 6

67 Schulz, Ferdinand in: Langsdorff (Flieger I), S. 184

68 Kegel, Max in: Riedel, Peter. Start in den Wind. Stuttgart 1977, S. 272

69 Flugsport 1928, S. 364

70 Hirth, Wolf und Supf, Peter: 12 Gebote für Segelflieger, Esslingen 1951, S. 28

[71] Groenhoff, Günter: Ich fliege mit und ohne Motor. Frankfurt 1932, S. 76

[72] Hirth, Wolf: Die Hohe Schule des Segelfluges. Berlin 1935, S. 87

[73] Reitsch, Hanna: Fliegen – Mein Leben. Stuttgart 1951

[74] Dittmar, Heini: Mein Weltrekordflug. In: Der Segelflieger 1934

[75] Flugsport 1939, S. 427

[76] Brütting, Georg: Das Buch der deutschen Fluggeschichte. Stuttgart 1979, S. 351

[77] Trautloft, Hannes: Als Jagdflieger in Spanien. Berlin 1944, S. 231

[78] Brütting, Georg: Das Buch der deutschen Fluggeschichte. Stuttgart 1979, S. 359

[79] Forell, Fritz v.: Mölders und seine Männer. Graz 1941, S. 151

[80] Galland, Adolf: Die Ersten und die Letzten. Darmstadt 1953, S. 346

[81] Toliver/Constable: Holt Hartmann vom Himmel. Stuttgart 1971, S. 66

[82] Brütting, Georg: Fliegen ist unser Sport. Wiesbaden 1987, S. 11

[83] Brütting, Georg: Fliegen ist unser Sport. Wiesbaden 1987, S. 14

[84] Wachtel, Joachim: Die Geschichte der deutschen Lufthansa. Köln 1975, S. 91

[85] Brütting, Georg: Fliegen ist unser Sport. Wiesbaden 1987, S. 56

[86] Brütting, Georg: Fliegen ist unser Sport. Wiesbaden 1987, S. 57

[87] Brütting, Georg: Fliegen ist unser Sport. Wiesbaden 1987, S. 267

(Die hier aufgeführten Texte, die im Buch zitiert werden, wurden teilweise vom Autor gekürzt).

Danksagung

An dieser Stelle möchte ich denjenigen meinen Dank aussprechen, die mir bei der Entstehung dieses Buches sowie meiner Sammlung mit Rat und Tat zur Seite standen.
An erster Stelle meiner Frau Karin, die mit viel Liebe und erheblichen Energien das Manuskript durchsah, mir wertvolle Ratschläge gab und während der Entstehung viele lästige ›Nebensächlichkeiten‹ von mir fernhielt. Auch gilt mein Dank Sabine Czech, die viel Freizeit für die unangenehmen Schreibarbeiten opferte. Nicht zuletzt einen besonderen Dank an Hans-Joachim Lindstädt, Bremen, der mir zu jeder Tages- und Nachtzeit mit wertvollen Informationen und Hinweisen zur Seite stand. Ferner den Herren Martin Arndt, Offingen; Martin Bernhardt, Hamburg; Ralf-Peter Hagedorn, Limburg; Friedbert Henn, Kiel; Klaus Heyn, Schlierbach; Walter Matthiesen, Minden; Endre Nagy, Köln; Erwin Regele, Ludwigsburg; Erich Schröder, Köln; Peter Selinger, Stuttgart; Günter Welzhofer, Günzburg.
Die hier reproduzierten Foto- und Ansichtskarten sind sämtlich der Sammlung des Verfassers entnommen.

Der Autor

Dr. Stefan Blumenthal wurde 1947 in Stuttgart geboren. Nach seiner Schulzeit in Immenstaad/Bodensee und Summerhill/England erlangte er 1966 den Gesellenbrief als Maschinenbauer. Anschließend besuchte er das Wirtschaftsgymnasium in Ravensburg und studierte dann Psychologie an der Universität Mannheim. Nach langjähriger Forschungstätigkeit promovierte er 1987 zum Doktor der Humanbiologie an der Universität Ulm.
Seine Beziehung zur Luftfahrt begann schon sehr früh, als er als 6jähriger Bub in den zerbombten Dornierwerken am Bodensee auf »Schatzsuche« war. Aber auch die fliegerischen Aktivitäten seiner Vorfahren, Flugtage und Flüge mit der Lufthansa in den 50er Jahren, hinterließen bei ihm unauslöschbare Eindrücke. Schon als Schüler, später als Student, begann er leidenschaftlich historisches über die Luftfahrt zu sammeln und verfügt heute über ein umfassendes Archiv zur Geschichte der Aviatik. Er ist Autor verschiedener Artikel, insbesondere über die Anfänge des Flugsport in Deutschland.
In seiner Freizeit widmet er sich seiner Familie, seinen fünf Kindern und, wenn es die Zeit noch erlaubt, seiner »heimlichen Liebe«, der Luftfahrt.

Der Autor als Zehnjähriger 1957, vor seinem ersten Flug nach England

Bewertung der Karten

Da Personen, die sich für die Geschichte der Fliegerei und die Entwicklung der Aviatik interessieren, meist eigene Archive anlegen, fangen sie früher oder später auch an zu sammeln. Von diesem Stadium, das dem bloßen Interesse für einen Sachverhalt folgt, bis zu der Frage: »Welchen Marktwert besitzen die von mir mit viel Liebe und teils mit vielen Opfern zusammengetragenen Stücke denn?« ist es nur ein kleiner Schritt. All diejenigen Leser, die sich nicht für die »Sammelei« interessieren, können getrost diesen Abschnitt des Buches überspringen. Um dem berechtigten Interesse derjenigen Leser jedoch, die eine eigene Sammlung aufgebaut haben, gerecht zu werden, sei an dieser Stelle dem Buch eine Bewertung der Ansichtskarten beigefügt, wie sie sich zum Zeitpunkt der Drucklegung ergab. Dabei handelt es sich ausschließlich um Schätzpreise, die in etwa die Marktsituation wiedergeben. Da die Ansichtskarten dieser speziellen Thematik keine Massenware sind, kann es durchaus vorkommen, daß ein Sammler Jahre benötigt, um spezielle Stücke für seine Sammlung zu bekommen. Bei den Karten, die zusätzlich mit einem (+) gekennzeichnet sind, handelt es sich um »autographische Karten«, die mit einem Text oder einer Signatur des Piloten versehen sind. Diese Tatsache ist bei der Bewertung der Karten nicht berücksichtigt worden, steigert jedoch den Wert der Karte um ein Vielfaches, da es sich meist um ›Unikate‹ handelt.

1	40,–	36	30,–	71	25,–	106	40,–	141	120,–	176	120,–
2	40,–	37	30,–	72	20,–	107	120,– (+)	142	50,–	177	50,–
3	40,–	38	20,–	73	40,–	108	50,–	143	40,–	178	50,–
4	40,–	39	70,– (+)	74	15,–	109	30,–	144	50,–	179	40,–
5	40,–	40	50,–	75	35,–	110	40,–	145	200,–	180	60,–
6	40,–	41	100,–	76	35,–	111	40,–	146	40,–	181	60,–
7	50,–	42	80,–	77	35,–	112	40,–	147	40,–	182	40,–
8	50,–	43	80,–	78	35,–	113	50,–	148	30,–	183	60,–
9	40,–	44	50,–	79	35,–	114	30,–	149	25,–	184	60,–
10	40,–	45	30,–	80	35,–	115	40,–	150	25,– (+)	185	50,–
11	40,– (+)	46	35,–	81	120,–	116	40,–	151	40,–	186	25,–
12	40,– (+)	47	25,–	82	70,–	117	40,–	152	40,–	187	30,–
13	60,–	48	25,–	83	70,–	118	200,–	153	200,–	188	40,–
14	60,–	49	25,–	84	30,–	119	40,–	154	120,–	189	40,–
15	30,–	50	30,–	85	40,–	120	25,–	155	45,–	190	25,–
16	40,– (+)	51	30,–	86	40,–	121	40,–	156	60,–	191	20,–
17	30,–	52	30,–	87	40,–	122	40,–	157	50,–	192	20,–
18	30,– (+)	53	50,–	88	30,–	123	200,–	158	50,–	193	20,–
19	40,–	54	25,–	89	20,–	124	80,–	159	20,–	194	30,–
20	40,–	55	60,–	90	25,–	125	100,–	160	20,–	195	20,–
21	30,– (+)	56	150,–	91	25,–	126	80,–	161	200,–	196	30,–
22	40,– (+)	57	120,–	92	25,–	127	50,–	162	120,–	197	20,–
23	70,–	58	60,–	93	60,–	128	50,–	163	60,–	198	30,–
24	70,–	59	35,–	94	40,–	129	50,–	164	70,–	199	20,–
25	40,–	60	35,–	95	30,–	130	35,–	165	60,–	200	30,–
26	40,–	61	25,–	96	25,–	131	200,–	166	70,–	201	30,–
27	50,–	62	40,–	97	30,–	132	30,–	167	200,–	202	30,–
28	20,–	63	40,–	98	20,–	133	100,–	168	25,–	203	120,–
29	40,–	64	25,–	99	20,–	134	50,–	169	20,–	204	25,–
30	30,–	65	20,–	100	30,–	135	70,–	170	30,–	205	25,–
31	100,–	66	20,–	101	20,–	136	20,–	171	30,–	206	20,–
32	150,–	67	25,–	102	40,–	137	120,–	172	70,–	207	60,–
33	40,–	68	100,–	103	40,–	138	120,–	173	200,–	208	60,–
34	40,–	69	15,–	104	30,–	139	50,–	174	30,–	209	80,–
35	40,–	70	15,–	105	40,–	140	30,–	175	120,–	210	60,–

211	20,–	234	25,–	257	25,–	280	20,–	303	30,–	326	5,–
212	20,–	235	20,–	258	30,– (+)	281	20,–	304	30,–	327	5,–
213	20,–	236	50,–	259	30,–	282	20,–	305	30,–	328	5,–
214	40,–	237	20,–	260	40,–	283	20,–	306	30,–	329	10,–
215	40,–	238	20,–	261	50,–	284	20,–	307	25,–	330	10,–
216	50,–	239	20,–	262	25,– (+)	285	20,–	308	25,–	331	10,–
217	40,–	240	10,–	263	25,–	286	20,–	309	20,–	332	10,–
218	30,–	241	150,–	264	70,–	287	25,–	310	20,–	333	10,–
219	50,–	242	60,–	265	50,–	288	25,–	311	20,–	334	5,–
220	50,–	243	20,–	266	40,–	289	25,–	312	20,–	335	5,–
221	30,–	244	20,–	267	25,–	290	25,–	313	25,–	336	5,–
222	30,–	245	100,–	268	20,–	291	20,–	314	10,–	337	5,–
223	50,–	246	150,–	269	25,– (+)	292	20,–	315	20,–	338	5,–
224	120,–	247	25,–	270	20,–	293	20,–	316	10,–	339	5,–
225	50,–	248	20,– (+)	271	20,– (+)	294	20,–	317	25,–	340	5,–
226	60,–	249	25,–	272	20,–	295	20,–	318	20,– (+)	341	5,–
227	20,–	250	25,–	273	20,–	296	20,–	319	20,–	342	5,–
228	30,–	251	30,–	274	20,–	297	20,–	320	10,–	343	5,–
229	20,–	252	30,–	275	20,–	298	20,–	321	10,–	344	5,–
230	20,– (+)	253	25,–	276	20,–	299	20,–	322	5,–	345	5,–
231	20,– (+)	254	40,–	277	80,–	300	20,–	323	5,–	346	5,–
232	30,–	255	80,–	278	150,–	301	10,–	324	5,–		
233	25,–	256	120,–	279	20,–	302	10,–	325	5,–		